Creo 三维设计项目教程

主　编　庄　竞　姜海鹏
副主编　吕传硕　张朝彪　纪　红
　　　　许振珊　刘春朝（企业）

北京理工大学出版社
BEIJING INSTITUTE OF TECHNOLOGY PRESS

内容简介

本书为职业教育国家在线精品课程"Creo 三维设计"的配套用书，以典型机械产品为载体，将课程重构为"产品对接、能力递进"的七个学习项目，包括初识 Creo 软件、草绘二维截面、基础特征设计、工程特征设计、特征的编辑、装配特征和创建工程图。本书详细讲解了从产品构思到工程出图的三维机械设计流程和方法，融汇了企业真实数字化设计项目、新技术等前沿技术。因地制宜，采用"线上线下混合式、理实练一体化"的学习方式和模块化的系统训练，有助于学习者轻松掌握草图、实体建模、装配和工程图等模块的使用方法和技巧。

本书选用全球业界高端品牌 Creo10.0 为数字化设计平台，适用于高等院校、高职院校各专业的"产品三维造型与结构设计""产品数字化设计""机械 CAD/CAM 应用""机械产品三维模型设计"等课程的教材，也可供工程技术人员参考。

版权专有　侵权必究

图书在版编目（CIP）数据

Creo 三维设计项目教程 / 庄竞, 姜海鹏主编. -- 北京：北京理工大学出版社, 2023.12
　　ISBN 978-7-5763-3262-9

Ⅰ. ①C… Ⅱ. ①庄… ②姜… Ⅲ. ①机械设计-计算机辅助设计-应用软件-教材 Ⅳ. ①TH122

中国国家版本馆 CIP 数据核字（2024）第 002712 号

责任编辑：多海鹏　　**文案编辑**：辛丽莉
责任校对：周瑞红　　**责任印制**：李志强

出版发行 /	北京理工大学出版社有限责任公司
社　　址 /	北京市丰台区四合庄路 6 号
邮　　编 /	100070
电　　话 /	（010）68914026（教材售后服务热线）
	（010）68944437（课件资源服务热线）
网　　址 /	http://www.bitpress.com.cn
版 印 次 /	2023 年 12 月第 1 版第 1 次印刷
印　　刷 /	涿州市京南印刷厂
开　　本 /	787 mm×1092 mm　1/16
印　　张 /	18.5
字　　数 /	391 千字
定　　价 /	79.90 元

图书出现印装质量问题，请拨打售后服务热线，负责调换

前　　言

　　三维数字化表达是工程设计人员进行设计交流的桥梁，也是机械产品设计人员必备的基本技能。本书选用全球业界高端品牌、功能强大的 Creo 软件为数字化设计平台，可作为装备制造类计算机辅助设计专业的教材使用，也可供工程技术人员参考或自学。

　　本书作为职业教育国家在线精品课程"Creo 三维设计"的配套用书，历经 2009 年国家精品课程、2016 年国家级精品资源共享课程和 2022 年国家在线精品课程建设的数次提升优化，对接党的二十大报告提出的"推动制造业高端化、智能化、绿色化发展"、《"十四五"智能制造发展规划》和装备制造业数字化转型升级对三维设计岗位能力的新要求，遵循学生认知规律，以典型机械产品为载体，将课程重构为"产品对接、能力递进"的七个学习项目，包括初识 Creo 软件、草绘二维截面、基础特征设计、工程特征设计、特征的编辑、装配特征和创建工程图，详细地讲解了从产品构思到工程出图的三维机械设计流程和方法。

　　本书依据专业教学标准、人才培养方案、课程标准，融入"1+X"机械产品三维设计等级证书考核标准、技能大赛赛点要求，以机械产品设计师核心素养"精操作、懂工艺、善协作、能创新"为导向，基于三维设计工作流程，以学生为中心，以成果为导向，开发了"学习、改善、创新、超越"四级进阶式工作任务，融汇了企业真实数字化设计项目，以及新技术、新方法、新标准、新工艺和节能减排新设计理念等前沿技术。因地制宜，采用"线上线下混合式、理实练一体化"的学习方式和模块化的系统训练，有助于学习者轻松掌握草图、实体建模、装配和工程图等模块的使用方法和技巧。

　　本书德技并修，融入拓展内容，服务可持续发展。围绕"三维建构机械情，设计筑基中国梦"，以"培养大国工匠担当和文化自信"为核心，以"自信自强、敬业乐群、精益求精、守正创新、勇毅前行"为主线，让"中国优秀传统文化、机械行业企业文化"进课堂，融入"劳模精神、劳动精神、工匠精神"，实现"家国情怀、专业素质、职业素养、个人发展"四维育人目标。

　　本书采用数智引领，赋能新形态教学，纸质教材与网络资源一体化的设计。"Creo 三维设计"先后上线爱课程、优慕课在线教育平台、学银在线、国家职业教育智慧教育等课程平台，资源得到及时更新补充，满足交互式、泛在式教学新需求。与本书配套的教学资源均可通过扫描二维码获得，方便学习者随时随地学习。

　　本书由全国劳模、二级教授庄竞和省技能大赛一等奖指导教师姜海鹏担任主编，一线教师吕传硕、张朝彪、纪红、许振珊和泰山产业领军人才、企业技术专家刘春朝担任副主编。

感谢校企合作行业企业提供了丰富的机械产品典型案例与资源，也感谢同行们的支持和帮助。由于时间有限，书中难免有不足之处，敬请广大读者批评指正，以便改进。

职业教育国家在线精品课程"Creo 三维设计"门户

目　　录

项目一　初识 Creo 软件 ... 1
　　任务　初识 Creo Parametric 10.0 ... 1

项目二　草绘二维截面 ... 20
　　任务一　绘制简单截面 ... 20
　　任务二　绘制复杂截面 ... 46
　　任务三　绘制对称截面 ... 62

项目三　基础特征设计 ... 72
　　任务一　拉伸特征建模——底座 ... 72
　　任务二　拉伸特征建模——阀体 ... 81
　　任务三　旋转特征建模——连杆头 ... 94
　　任务四　扫描特征建模——弯管 ... 103
　　任务五　混合特征建模——棱台 ... 119
　　任务六　扫描混合特征建模——吊钩 ... 127
　　任务七　螺旋扫描特征建模——弹簧 ... 139

项目四　工程特征设计 ... 148
　　任务一　倒圆角特征建模——挡圈 ... 148
　　任务二　倒角特征建模——平键 ... 156
　　任务三　孔特征建模——圆螺母 ... 163
　　任务四　壳特征建模——漱口杯 ... 176
　　任务五　筋特征建模——底座 ... 185
　　任务六　拔模特征建模——烟灰缸 ... 196

项目五　特征的编辑 ... 207
　　任务一　创建箱体模型 ... 207
　　任务二　创建支架模型 ... 220

项目六　装配特征 ... 235
　　任务　齿轮泵装配 ... 235

项目七　创建工程图 259
任务一　创建 A4 图纸 259
任务二　创建阀体零件图 271

附录 288

参考文献 289

项目一　初识 Creo 软件

项目描述

本项目将介绍软件的工作环境和基本操作，包括熟悉用户界面、设置工作目录、文件管理、软件模块和显示控制操作等内容，目的是让读者尽快熟悉 Creo 的用户界面和掌握基本技能。本项目内容是软件建模的基础，建议读者熟练掌握。

项目目标

1. 了解 Creo Parametric 10.0 软件的启动与关闭。
2. 了解软件功能特点、用户界面等基础知识。
3. 熟悉显示控制、快捷键使用方法。
4. 能够独立完成任务实施中的操作任务。
5. 养成良好的操作习惯，形成缜密的系统思维方式。
6. 鼓励学生在学习和工作中做好个人发展规划。
7. 培养学生自信自强的优良品质。

课程思政案例一

任务　初识 Creo Parametric 10.0

课程思政案例二

任务下达

创建"密封圈"三维模型，完成以下操作任务。
1. 设置工作目录为 E:\Creo 练习。
2. 新建模型文件，命名为密封圈，选择公制尺寸模板。
3. 绘制圆环。
4. 保存文件至工作目录。

初识 Creo 软件

任务解析

O 型橡胶密封圈是一种截面为椭圆形的橡胶圈，因其截面为 O 型，故称其为 O 型密封圈。图 1-1 所示为一个内径为 29.7，线径为 ϕ3.1 的圆环，该模型比较简单，通过完成建模任务，可以激发大家的学习热情和学习主动性。

图 1-1　绘制圆环

任务实施

1. 启动 Creo Parametric 10.0

双击桌面上的快捷方式图标▇，启动 Creo Parametric 10.0，关闭资源中心网页链接，关闭浏览器链接，进入用户初始界面，如图 1-2 所示。

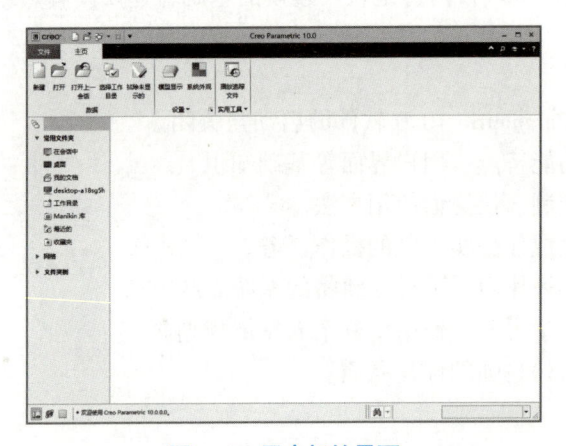

图 1-2　用户初始界面

2. 设置工作目录

单击［主页］→［数据］→［选择工作目录］，在选择工作目录对话框中选取工作目录，如图 1-3 所示。

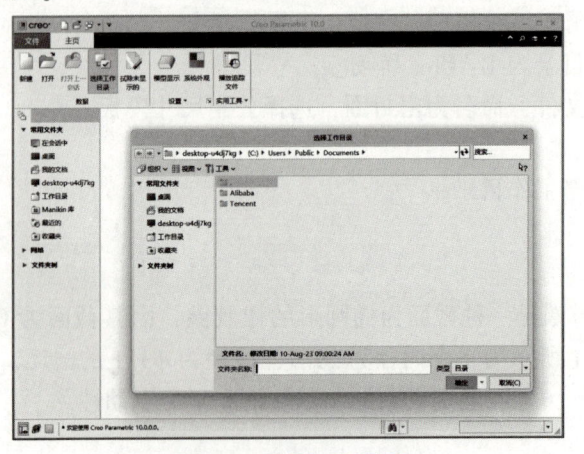

图 1-3　设置工作目录

3. 创建新文件

单击［文件］→［新建］命令，弹出［新建］对话框，选择文件类型为［零件］，［子类型］为［实体］。

在［文件名］文本框中输入文件的名称"密封圈"，取消勾选［使用默认模板］复选框，单击［确定］按钮。弹出［新文件选项］对话框，选择公制模板［mmns_part_solid_abs］选项，单击［确定］按钮，如图1-4所示。

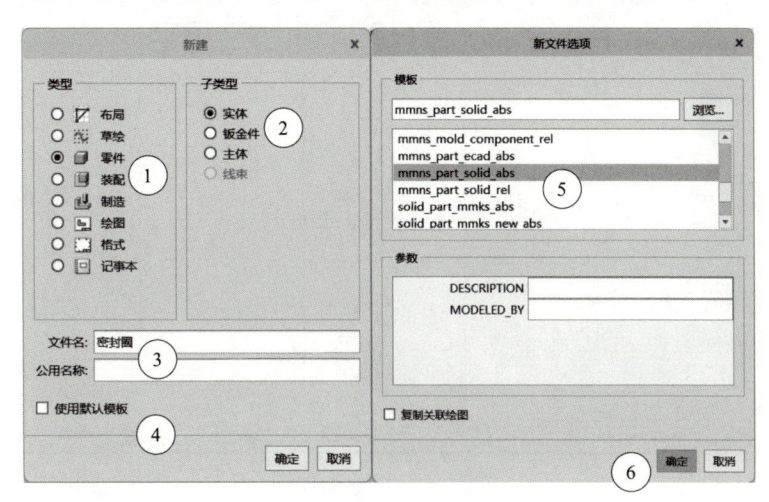

图1-4 创建新文件

4. 创建密封圈模型

单击［模型］选项卡［形状］工具组中［旋转］按钮，通过模型树选择RIGHT基准平面作为草绘平面，如图1-5所示。

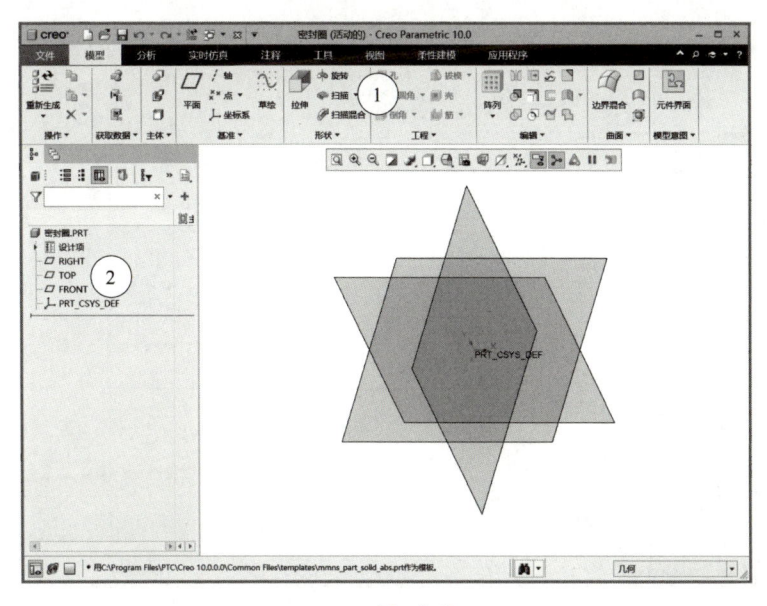

图1-5 选择草绘平面

项目一 初识 Creo 软件 3

随即打开［旋转］和［草绘］选项卡，系统自动进入草绘环境，单击［草绘］选项卡［设置］组中的［草绘视图］按钮，将草绘平面调整为与显示器平面平行状态，如图1-6所示。

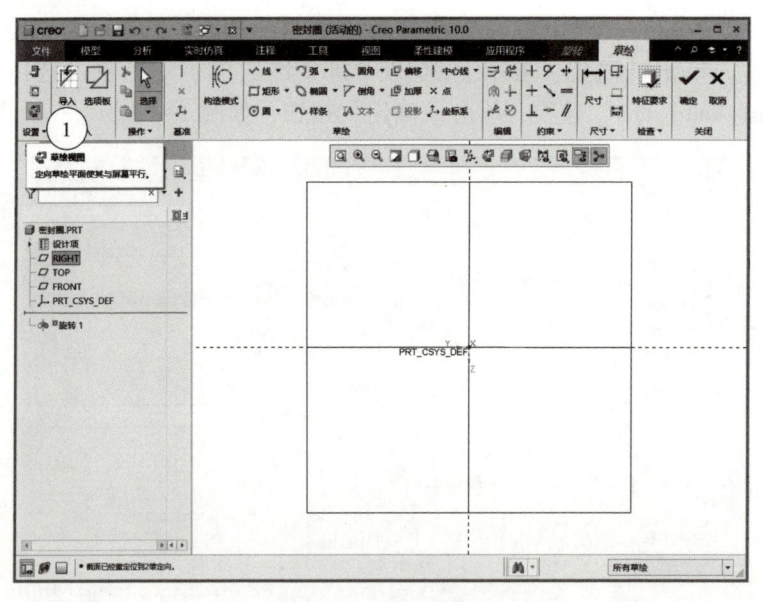

图1-6　草绘平面

单击［草绘］组中的［中心线］按钮，绘制一条竖直的中心线，单击［草绘］组中的［圆心和点］按钮在中心线的一侧绘制φ3.1的圆，圆心到中心线的距离为31.25，如图1-7所示。单击［关闭］工具组中的［确定］按钮，保存并退出草绘环境。

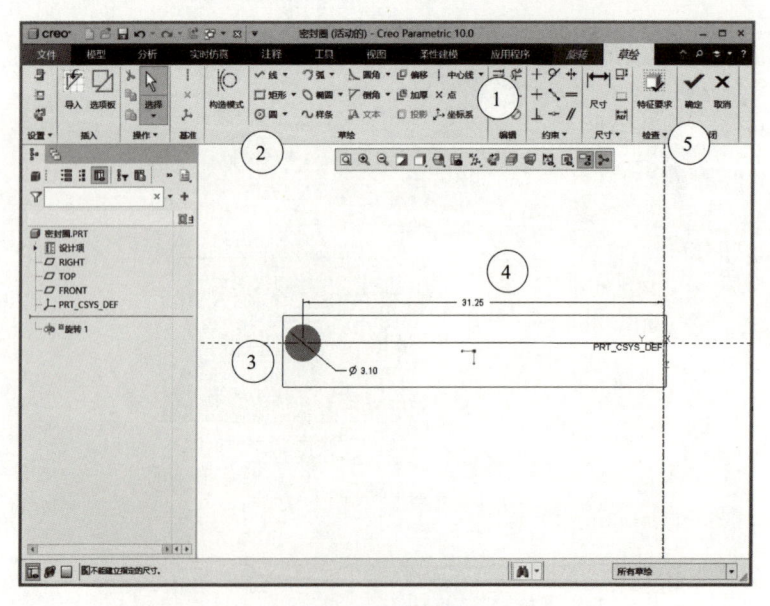

图1-7　绘制圆

在［旋转］选项卡［角度］处输入旋转角度360°，单击［确定］✓按钮或者按鼠标中键确认，系统退出［旋转］命令，并完成密封圈三维模型的创建，如图1-8所示。

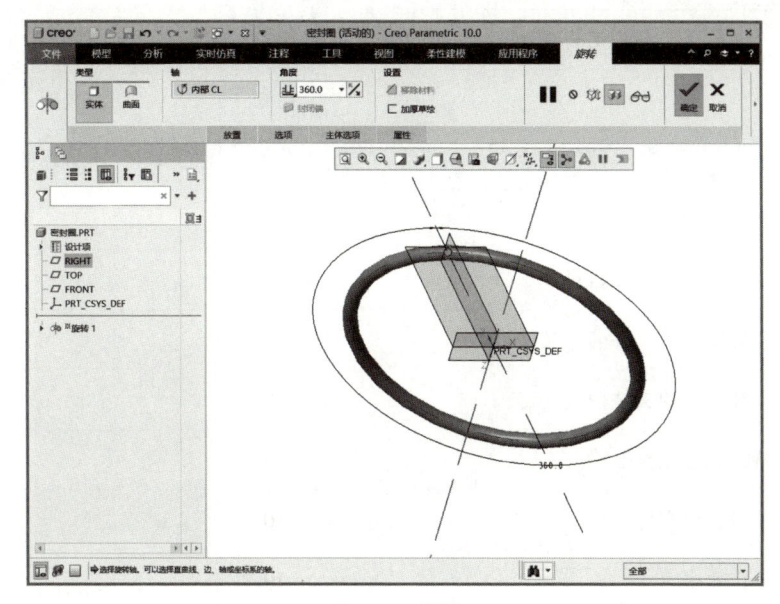

图1-8 旋转

5. 保存模型

单击［快速访问工具栏］中的［保存］按钮，将三维实体模型保存至工作目录中，如图1-9所示。

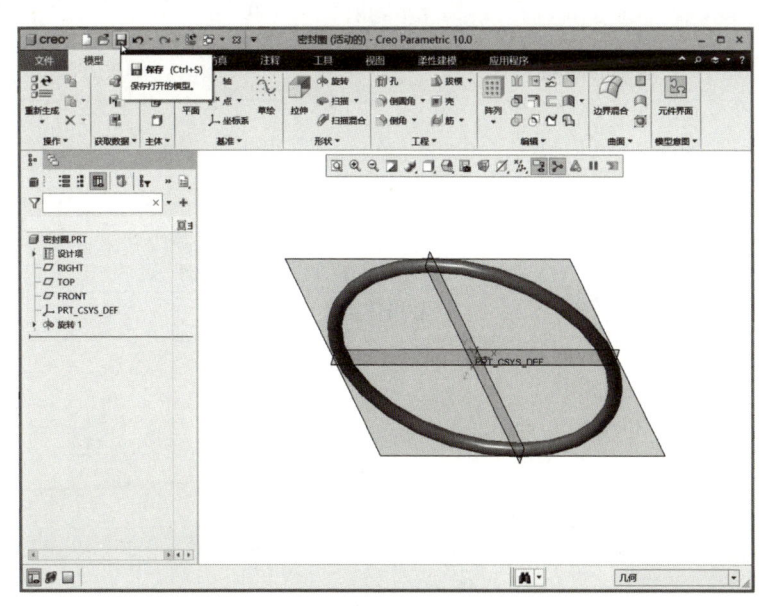

图1-9 保存模型

项目一 初识Creo软件 5

学习笔记

任务评价

项目	项目一　初识 Creo 软件	日期	年　　月　　日		
任务	任务　初识 Creo Parametric 10.0	组别	第　　小组		
班级		组长		教师	
序号	评价内容	分值	学生自评	小组评价	教师评价
1	敬业精神	10			
2	正确地选择工作目录	10			
3	正确地设置文件名、文件类型	10			
4	选择正确的文件模板	10			
5	特征创建完整准确	10			
6	及时保存文件	10			
7	工作效率	10			
8	工作过程合理性	10			
9	学习成果展示	20			
10					
合计		100			

遇到的问题	解决方法

心得体会

知识链接

1. 用户界面

双击桌面上的快捷方式图标 ![img]，启动 Creo Parametric 10.0，关闭资源中心网页链接，关闭浏览器链接，进入用户初始界面。用户初始界面由快速访问工具栏、标题栏、文件菜单、主页选项卡、导航器、图形窗口、状态栏等组成，如图 1-10 所示。

用户界面

（1）自定义快速访问工具栏

自定义快速访问工具栏由［新建］、［打开］、［保存］、［撤销］、［重做］、［重新生成］、［窗口］、［关闭］等组成，如图 1-11 所示。单击快速访问工具栏最右侧的下拉按钮，弹出下拉列表，如图 1-12 所示，勾选或取消勾选列表中的复选框可以添加或删除快速访问工具栏中的按钮。

图 1-10　用户初始界面　　　　图 1-11　自定义快速访问工具栏

图 1-12　下拉列表

（2）标题栏

标题栏位于 Creo 操作界面的正上方，用于显示当前活动窗口的名称及当前文件的状态，如图 1-13 所示。

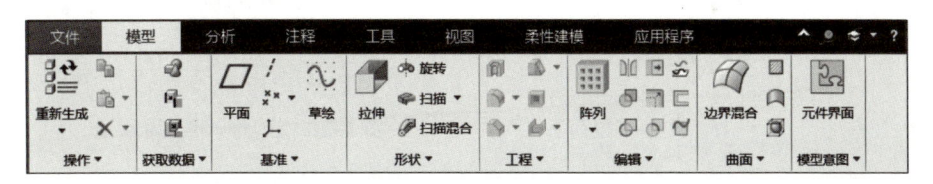

图 1-13　标题栏

（3）文件菜单

文件菜单如图 1-14 所示。在 Creo Parametric 10.0 中，文件的管理包含新建、

项目一　初识 Creo 软件　　7

打开、保存、另存为、打印以及关闭等诸多文件管理方式。在用户操作界面中的［文件］选项卡的下拉列表中，选择相应的命令即可进行文件管理，如图 1-15 所示。

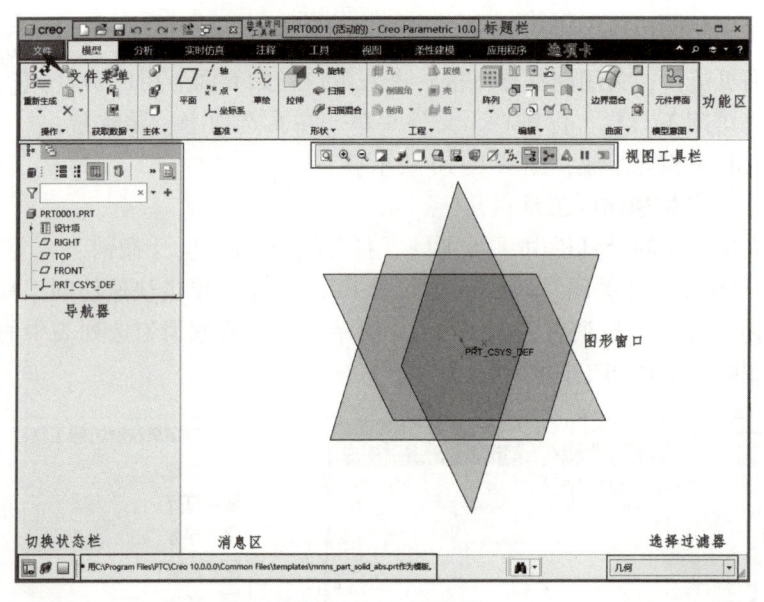

图 1-14　文件菜单

（4）选项卡

选项卡包括［模型］、［分析］、［注释］、［工具］、［视图］、［柔性建模］、［应用程序］等选项卡。在选项卡中的任意一项上右击，弹出快捷菜单，选择快捷菜单中的［选项卡］选项，弹出［选项卡］下拉列表，如图 1-16 所示。可以勾选或取消勾选列表中的复选框来自定义选项卡中选项的显示状态。

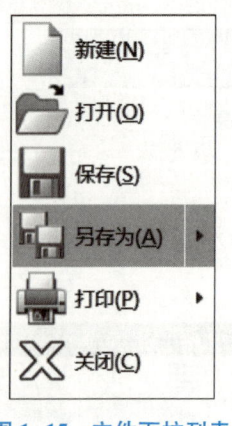

图 1-15　文件下拉列表　　　　图 1-16　选项卡下拉列表

选项卡对应的功能区中提供了各种实用而直观的命令，下面介绍各选项卡的功能，如表 1-1 所示。

表1-1 选项卡的功能

选项卡	含 义
模型	包括所有的零件建模具
分析	模型分析与检查工具
注释	创建和管理模型的3D注释
工具	建模辅助工具
视图	模型显示的详细设定
柔性建模	对模型的直接编辑
应用程序	切换到其他应用模块

（5）导航器

导航器有3个选项卡，分别为［模型树］、［文件夹浏览器］和［收藏夹］，如图1-17所示。

［模型树］选项卡可以按顺序显示创建的特征，用户可以在该选项卡中快速查找所需编辑的特征、查看各特征生成的先后次序等。

［文件夹浏览器］选项卡可以浏览计算机中的文件并打开。

［收藏夹］选项卡可以打开个人收藏的网页等。

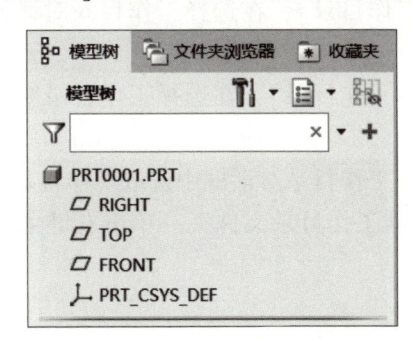

图1-17 导航器选项卡

（6）图形窗口

图形窗口是指模型显示的窗口，是显示模型、坐标系、基准平面等区域，是设计工作的主要区域，如图1-18所示。

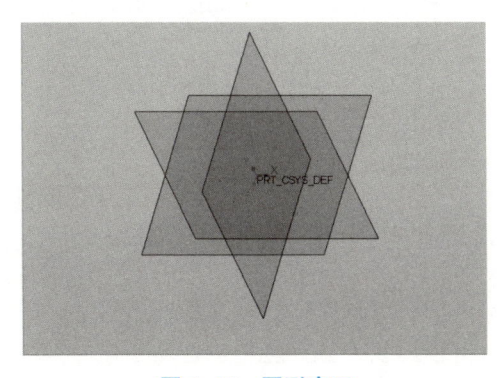

图1-18 图形窗口

项目一 初识Creo软件 9

（7）视图工具栏

视图工具栏处在图形窗口正上方，用于编辑视图视角、模型显示方式、视图颜色以及窗口的控制等，如图1-19所示。

图1-19　视图工具栏

（8）状态栏

状态栏处在图形窗口下方，主要用于显示执行操作的状态信息，具体包括提示、信息、警告、出错、危险等。

2. 工作目录

（1）设置临时工作目录

命令功能：选择在哪个文件夹下进行接下来的设计活动，有助于管理属于同一设计项目的模型文件，存储和读取模型文件较为方便。当退出Creo时，系统不会保存工作目录的设置。

命令调用：

①功能区：［主页］→［数据］→［选择工作目录］，在选择工作目录对话框中选取工作目录。

②菜单：［文件］→［管理会话］→［选择工作目录］，在选择工作目录对话框中选取工作目录。

③菜单：［文件］→［选项］→［环境］，在工作目录对话框中选取工作目录。

④导航区：［文件夹浏览器］→右击所需工作目录文件夹→单击右键菜单［设置工作目录］，设置工作目录。

命令操作：

①单击［主页］选项卡，在［数据］组中单击［选择工作目录］按钮，在选择工作目录对话框中选取工作目录，如图1-20所示。

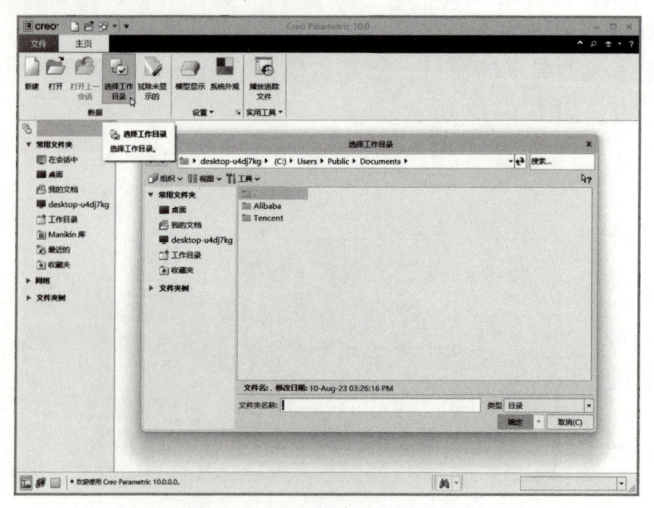

图1-20　从主页选取工作目录

②单击［文件］选项卡，单击［管理会话］按钮，单击［选择工作目录］按钮，在选择工作目录对话框中选取工作目录，如图 1-21 所示。

图 1-21　从文件选取工作目录（1）

③单击［文件］选项卡，单击［选项］按钮，在 Creo Parametric 选项对话框中单击［环境］按钮，在普通环境工作目录对话框中选取工作目录，如图 1-22 所示。

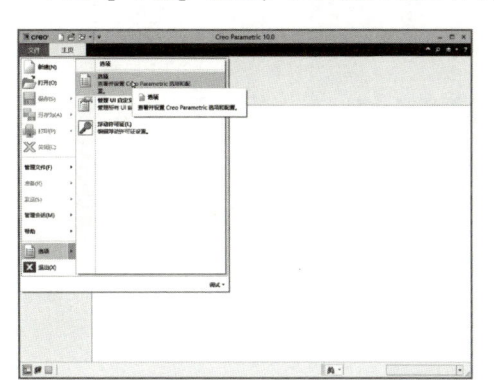

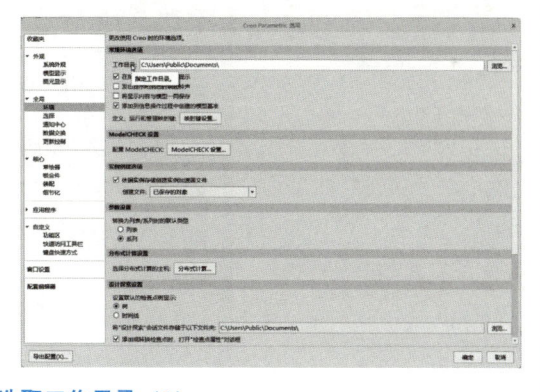

图 1-22　从文件选取工作目录（2）

④在导航区［文件夹浏览器］中右击所需工作目录文件夹，单击右键菜单［设置工作目录］按钮，设置工作目录，如图 1-23 所示。

（2）设置默认工作目录

命令功能：用户可以根据需要更改系统启动时的默认工作目录。

命令调用：［右键菜单］→［属性］→［快捷方式］，输入工作目录有效路径。

命令操作：右击桌面上 Creo Parametric 10.0 图标 ，选择［属性］命令。在［快捷方式］选项卡［起始位置］文本框中输入有效的路径。单击对话框［确定］按钮完成设定，如图 1-24 所示。

项目一　初识 Creo 软件　　11

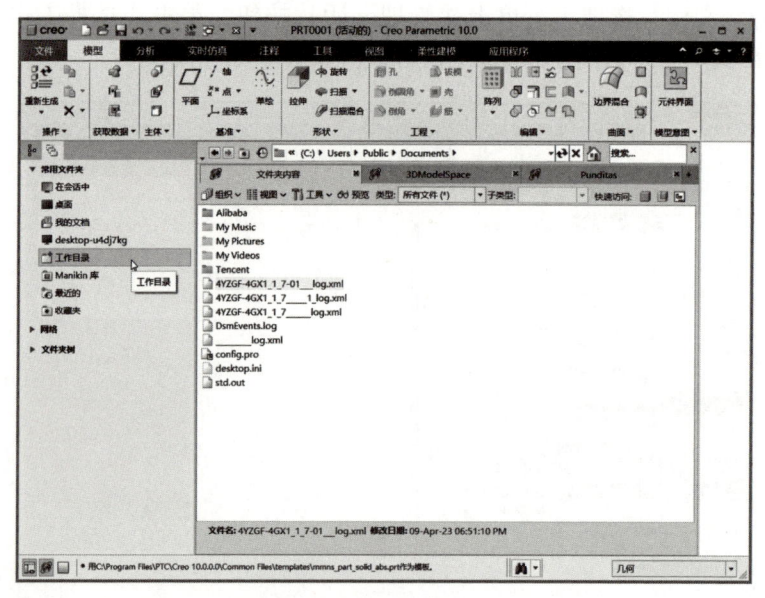

图 1-23 设置工作目录

图 1-24 设置默认工作目录

工作目录

提示与技巧

在 Creo 中设置工作目录方式较多，读者只需熟练掌握一种设置方式即可。

设置工作目录有助于管理不同设计项目的模型文件，设计人员应该养成规划工作目录的良好习惯。

12 ■ Creo 三维设计项目教程

3. 文件管理

在 Creo Parametric 10.0 中，文件的管理包含新建文件、打开文件、保存文件、拭除和删除文件、激活、关闭和退出文件等诸多文件管理方式。

文件管理

（1）新建文件

命令功能：新建一个模型文件。在 Creo 中，用户可以创建多种类型的文件，包括布局、草绘、零件、装配、制造、绘图、格式、记事本等文件类型，其中比较常用的有草绘、零件、装配、工程图设计这几种文件类型。

命令调用：

①功能区：[主页]→[数据]→[新建]。

②菜单：[文件]→[新建]。

③工具栏：[快速访问]→[新建]。

④快捷键：Ctrl+N。

命令操作：

单击自定义快速访问工具栏（以下简称工具栏）或主页选项卡中的[新建]按钮，或者执行[文件]→[新建]命令。

①弹出[新建]对话框，在其中选择文件的类型。默认的[类型]为[零件]，[子类型]为[实体]。

②在[文件名]文本框中输入文件的名称。

③取消勾选[使用默认模板]复选框，单击[确定]按钮。

④弹出[新文件选项]对话框，选择公制模板[mmns_part_solid_abs]选项，然后单击[确定]按钮。如图1-25所示。

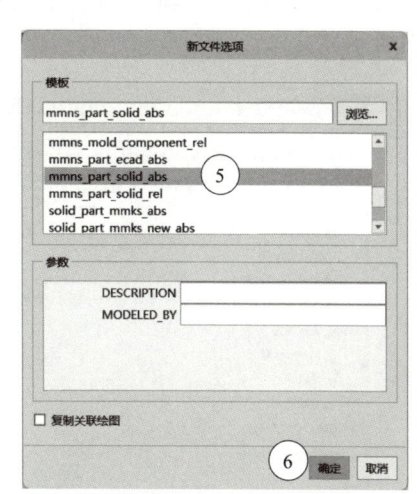

图 1-25 新建文件

提示与技巧

新建文件类型、说明及后缀如表1-2所示。

表 1-2 新建文件类型、说明及后缀

文件类型	文件说明	文件后缀
布局	规划产品布局	.cem
草绘	创建二维草绘图形	.sec
零件	创建实体零件、钣金件和主体零件等	.prt
装配	创建装配，管理装配体	.asm
制造	创建三维零件及装配体的加工流程	.mfg
绘图	创建二维工程图	.drw
格式	创建工程图格式	.frm

（2）打开文件

命令功能：打开已存在的文件。

命令调用：

①功能区：[主页]→[数据]→[打开] 。

②菜单：[文件]→[打开] 。

③工具栏：[快速访问]→[打开] 。

④快捷键：Ctrl+O。

命令操作：打开计算机中的文件时，在主页选项卡中直接单击[打开]按钮，或者执行[文件]→[打开]命令，弹出[文件打开]对话框。可以单击[文件打开]对话框右下方的[预览]按钮预览选中的文件，以免打开错误的文件，如图 1-26 所示。

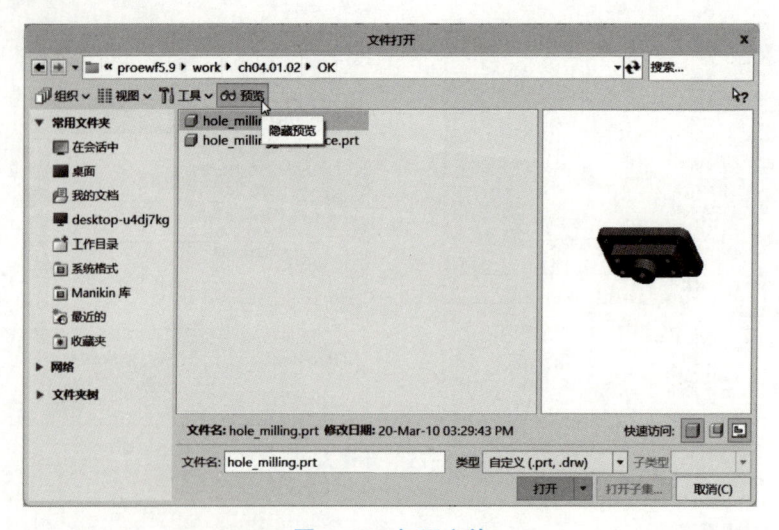

图 1-26 打开文件

（3）保存文件与另存为文件

将所绘图形以文件的形式存入磁盘时，主要有以下两种方式。

1）保存文件。

命令功能：以同名在同一目录中保存文件。

命令调用操作如下。

①菜单：［文件］→［保存］ 。

②工具栏：［快速访问］→［保存］ 。

③快捷键：Ctrl+S。

命令操作：单击［保存］按钮 ，或者执行［文件］→［保存］命令，打开［保存对象］对话框，在［保存对象］对话框中可以更改保存路径和文件名。

2）另存为文件。

命令功能：以不同名或不同文件格式名，在同一目录或不同目录中保存文件。

命令调用操作如下。

①菜单：［文件］→［另存为］→［保存副本］ 。

②菜单：［文件］→［另存为］→［保存备份］ 。

③菜单：［文件］→［另存为］→［镜像文件］ 。

命令操作：单击［另存为］按钮 ，选项中有［保存副本］ 、［保存备份］ 和［镜像文件］ 三个选项。

保存文件与另存为文件如表 1-3 所示。

表 1-3 保存文件与另存为文件

		另存为		
	保存	保存副本	保存备份	镜像文件
命令方式	以同名在同一目录中保存文件	保存活动窗口中的对象副本以不同名或不同文件格式名，在同一目录或不同目录中保存文件	将对象备份到当前目录，以同名在不同目录中保存文件（在对话框中可以选择保存路径）	从当前模型创建镜像新文件
	自动保存文件（新版本），而不会覆盖版本原文件（旧版本）	当前文件不变	当前文件为新备份文件	
	弹出［保存对象］对话框	弹出［保存副本］对话框	弹出［备份］对话框	弹出［镜像文件］对话框
菜单	［文件］→［保存］	［文件］→［另存为］→［保存副本］	［文件］→［另存为］→［保存备份］	［文件］→［另存为］→［镜像文件］
工具栏	［快捷访问］→［保存］			
快捷键	Ctrl+S			

项目一　初识 Creo 软件

提示与技巧

在 Creo 中保存文件时，如果新保存的文件和已有文件的名字相同，则已有文件不会被替换掉，而是在保存时软件自动在文件类型后面添加后续编号。

（4）拭除文件和删除文件

1）拭除文件。

命令功能：将文件从会话进程中拭除，提高软件的运行速度。

命令调用操作如下。

①菜单：［文件］→［管理会话］→［拭除当前］ 。

②菜单：［文件］→［管理会话］→［拭除未显示的］ 。

命令操作：执行［文件］→［管理会话］→［拭除］命令，可以拭除会话窗口中的文件。该操作有［拭除当前］ 和［拭除未显示的］ 两个选项：［拭除当前］是把激活状态下的文件从会话窗口中拭除；［拭除未显示的］是把缓存在会话窗口中的文件全部拭除。

2）删除文件。

命令功能：将文件从磁盘中删除。

命令调用操作如下。

①菜单：［文件］→［管理文件］→［删除旧版本］ 。

②菜单：［文件］→［管理文件］→[删除所有版本］ 。

命令操作：执行［文件］→［管理文件］→［删除］命令，把磁盘中的文件删除。该操作有［删除旧版本］ 和［删除所有版本］ 两个选项，删除时需要输入文件名，请谨慎使用。

拭除文件和删除文件如表 1-4 所示。

表 1-4　拭除文件和删除文件

命令方式	拭除		删除	
	当前	未显示的	旧版本	所有版本
	从内存中删除当前活动窗口显示的文件	从内存中删除任何窗口都未显示的文件	只保留当前版本，而从硬盘中删除所有以前版本的文件	从硬盘中删除所有版本的文件，包括当前版本
	不删除硬盘中的文件		删除硬盘中的文件	
功能区		［主页］→［数据］→［拭除未显示的］		
菜单	［文件］→［管理会话］→［拭除当前］	［文件］→［管理会话］→［拭除未显示的］	［文件］→［管理文件］→［删除旧版本］	［文件］→［管理文件］→［删除所有版本］

提示与技巧

在设计过程中许多工作文件虽然从绘图窗口关闭了，但是文件还会保存在进程中，会使软件运行速度变慢，甚至出现调用模型显示错误等现象。可以使用拭除文件功能将文件从会话进程中拭除，以改善软件的运行环境。

（5）激活、关闭和退出

1）激活窗口。

命令功能：将窗口激活为活动窗口。

命令调用：功能区：[视图]→[窗口]→[激活] 命令☑。

2）关闭窗口。

命令功能：关闭文件窗口，模型仍在系统内存中。

命令调用：[视图]→[窗口]→[关闭] 命令✖。

3）退出。

命令功能：退出 Creo 软件，模型不在系统内存中。

命令调用：功能区：[文件]→[退出] 命令✖。

激活、关闭和退出如表 1-5 所示。

表 1-5 激活、关闭和退出

命令方式	激活	关闭	退出
	将窗口激活为活动窗口	关闭窗口，模型仍在内存中	退出 Creo，模型不在内存中
功能区	[视图]→[窗口]→[激活]	[视图]→[窗口]→[关闭]	
菜单		[文件]→[关闭]	[文件]→[退出]
工具栏	[快速访问]→[激活]	[快速访问]→"×"[关闭]	
快捷键	Ctrl+A	Ctrl+W	Alt+F4
标题栏			"×" 关闭

4. 显示控制

（1）设置系统颜色

在没有打开文件的情况下，直接单击主页选项卡中的 [系统外观] 选项卡，弹出 [Creo Parametric 选项] 对话框，选择系统颜色种类，单击 [确定] 完成，如图 1-27 所示。

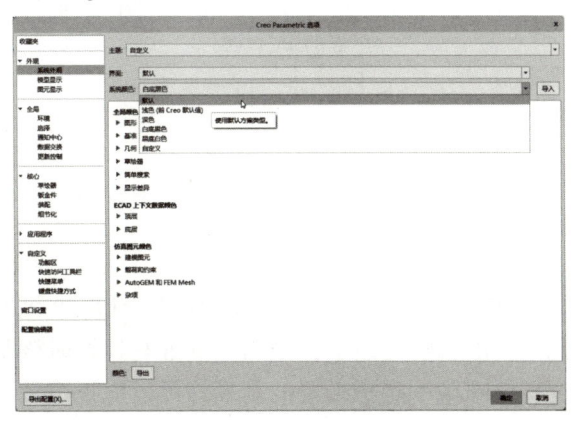

显示控制

图 1-27 设置系统颜色

项目一 初识 Creo 软件 17

（2）设置模型显示样式

模型显示样式主要包括带反射着色、带边着色、着色、消隐、隐藏线、线框六种类型，如表1-6所示。

表1-6 模型显示样式

六种模型外观显示样式						
样式	带反射着色	带边着色	着色（默认）	消隐	隐藏线	线框
	显示为增强真实感实体	利用边对模型着色（常用）	显示为所设颜色实体	不显示被前面遮住的线条	隐藏线以特殊形式显示	可见与不可见的线条都显示
按钮	▢	▢	▢	▢	▢	▢
快捷键	Ctrl+1	Ctrl+2	Ctrl+3	Ctrl+4	Ctrl+5	Ctrl+6
图例						

（3）设置模型查看方向

在建模时通常要切换模型的视角，以便查看模型各个方向上的特征。[已保存方向] 选项 （单击打开其下拉列表）可把视图自动调整为前后视图、左右视图、上下视图，并确定默认和标准方向。前、后、左、右、上、下六个视图是由创建模型时所使用的 TOP、FRONT、RIGHT 三个基准平面决定的，如图1-28所示。默认和标准方向可以将模型自动调整到最佳视图。

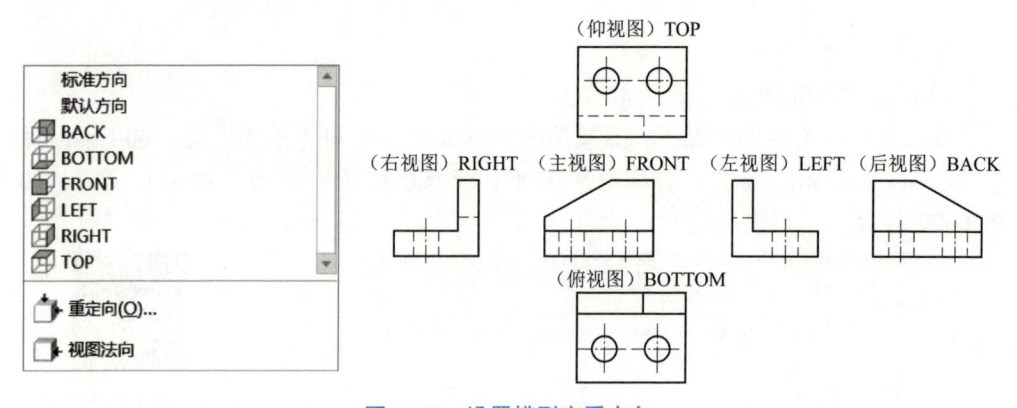

图1-28 设置模型查看方向

（4）设置基准显示

单击快捷工具栏中的 [基准显示] 按钮 ，弹出下拉列表，在此下拉列表中可以使基准面、中心线等多个几何基准隐藏或显示，当勾选基准复选框时该基准被显示，反之则被隐藏。在作图过程中隐藏一些不必要的基准，可以使视图看起来更清晰。基准显示按钮的含义如表1-7所示。

表 1-7 基准显示按钮

基准显示按钮	含　　义
平面显示	显示或隐藏基准平面
轴显示	显示或隐藏基准轴
点显示	显示或隐藏基准点
坐标系显示	显示或隐藏坐标系

拓展任务

按照项目一——任务实施中讲解的方法与步骤完成如图所示零件的三维建模，并以"简单模型1（图1-29）""简单模型2（图1-30）"命名，保存至工作目录下。

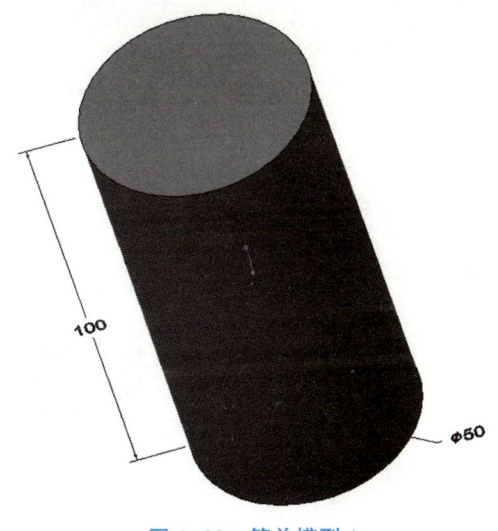

图 1-29　简单模型 1　　　　　图 1-30　简单模型 2

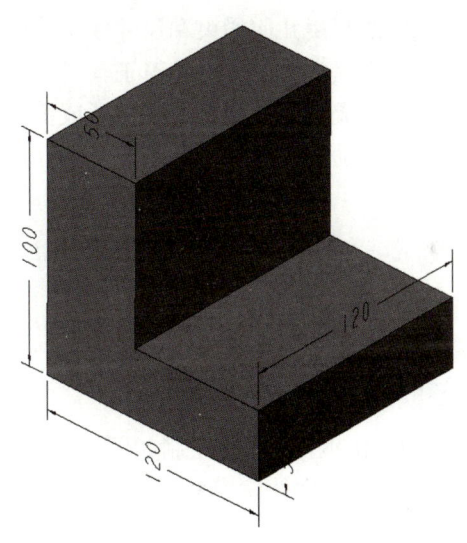

项目一　初识 Creo 软件　19

项目二　草绘二维截面

项目描述

草绘二维截面是 Creo Parametric 10.0 实体建模的重要环节，许多特征和参照都是在草绘的基础上创建的。本项目将讲解草绘器中的工具及其使用方法，并完成一些典型的草绘任务。

项目目标

1. 掌握草绘器中常见图元的创建方法。
2. 能利用几何约束和尺寸使草绘图元符合图纸要求。
3. 掌握常用的草绘编辑工具。
4. 养成良好的操作习惯，形成缜密的系统思维方式，严谨细致的工作作风。
5. 鼓励学生在学习和工作中做好个人发展规划。

课程思政案例三

任务一　绘制简单截面

任务下达

在 FRONT 平面上绘制如图 2-1 所示的截面。要求文件保存在路径"D:\Creo 实体建模\项目二"下，文件名为"任务 1.prt"。

绘制简单截面

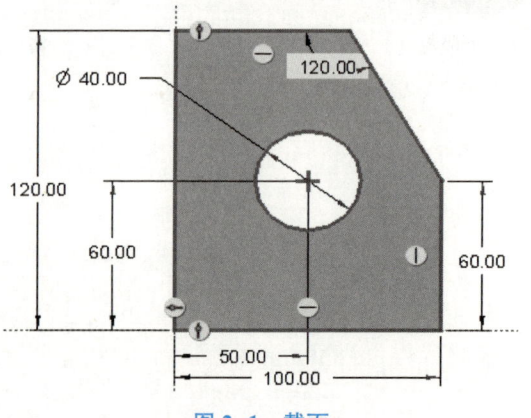

图 2-1　截面

任务解析

绘制简单截面的基本步骤如下。
1. 准备工作环境，选择草绘平面。
2. 创建截面所需图元。
3. 使用几何约束和尺寸调整图元。
4. 完成草绘，保存文件。

任务实施

1. 启动软件

可通过以下方式启动 Creo Parametric 10.0（图 2-2）：双击桌面上的程序快捷方式；或在［开始］菜单的程序列表中展开［PTC］，单击［Creo Parametric 10.0.0.0］。

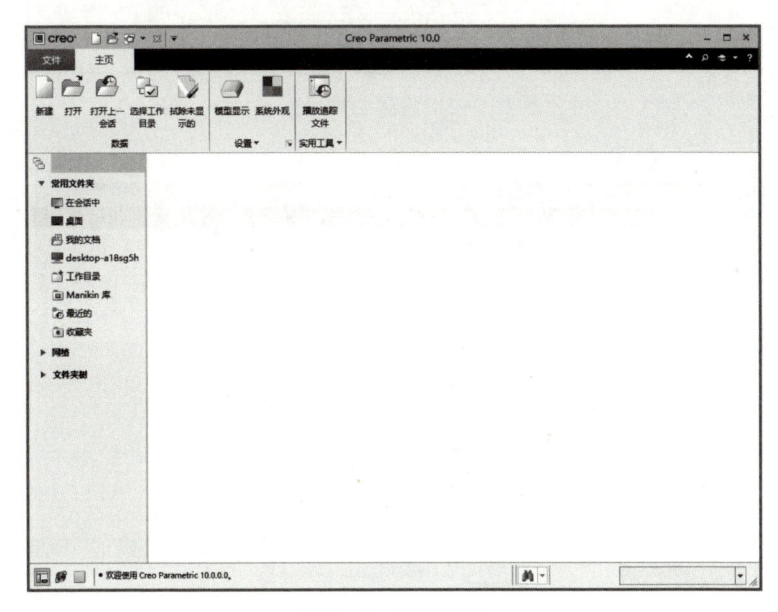

图 2-2　启动软件

2. 设置工作目录

单击［选择工作目录］，软件弹出［选择工作目录］对话框。选择计算机的 D 盘，新建文件夹"Creo 实体建模"，在该文件夹下新建子文件夹"项目二"。确保路径栏显示的目录为"D:\Creo 实体建模\项目二"后，单击［确定］按钮，如图 2-3 所示。

3. 新建文件

单击［新建］，软件弹出［新建］对话框（图 2-4），文件类型选择［零件］（即默认值），在［文件名］后方的文本框中输入"任务1"，取消勾选［使用默认模板］前方的复选框，单击［确定］按钮。

项目二　草绘二维截面　21

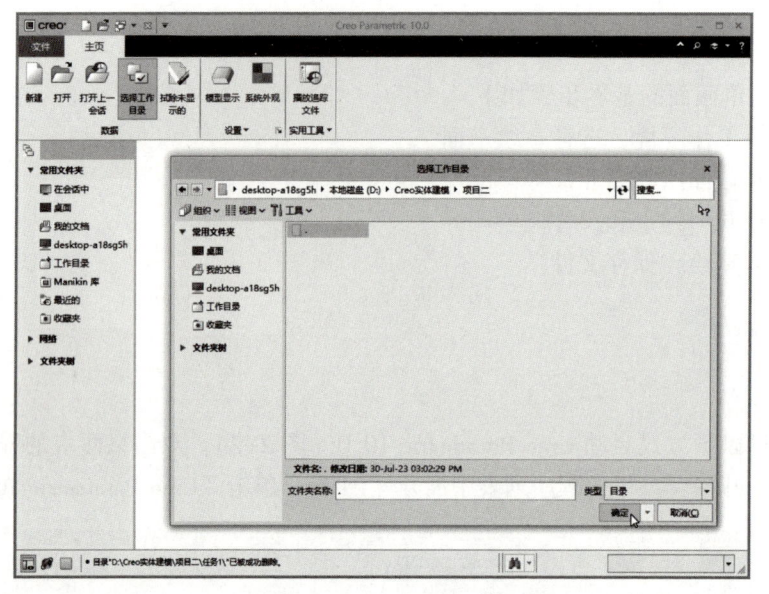

图 2-3　设置工作目录

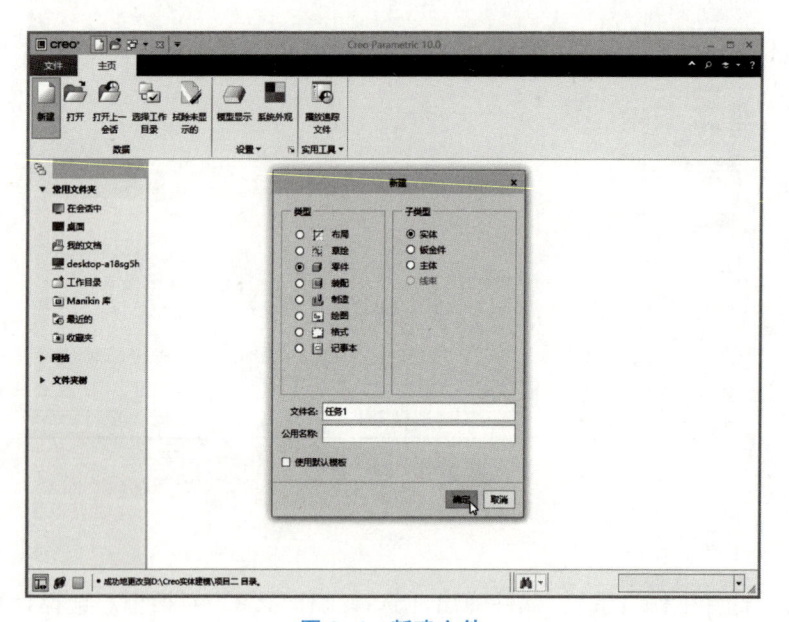

图 2-4　新建文件

软件弹出［新文件选项］对话框（图 2-5），选择［mmns_part_solid_abs］模板，单击［确定］按钮。

4. 新建草绘

单击选项卡功能区的［草绘］工具，如图 2-6 所示。

将 FRONT 平面作为草绘平面，如图 2-7 所示。

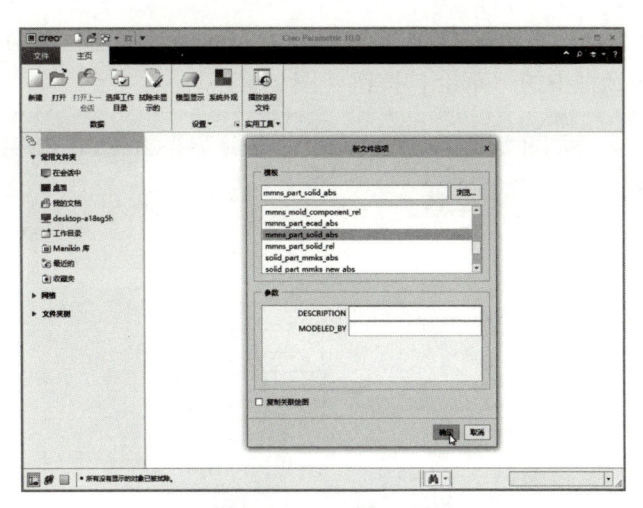

图 2-5　新文件选项对话框

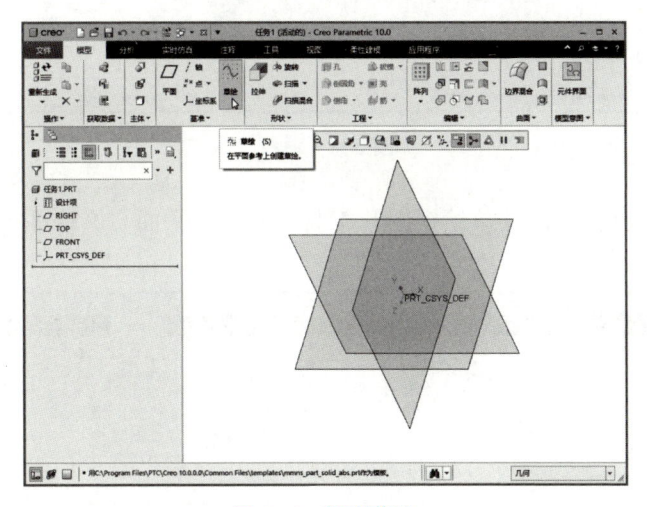

图 2-6　新建草绘

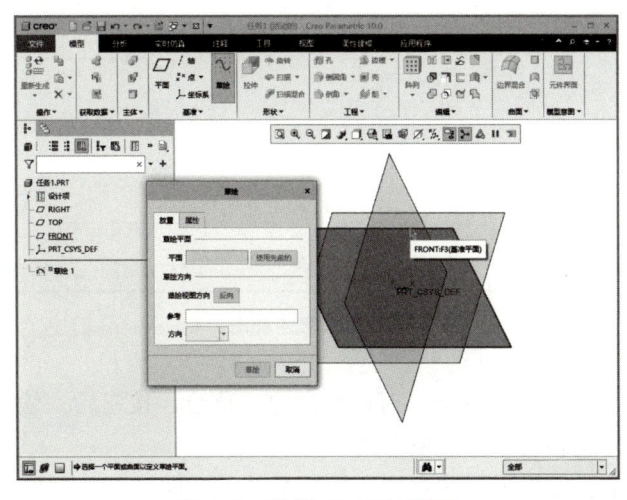

图 2-7　选择 FRONT 平面

项目二　草绘二维截面 23

学习笔记

此时软件会自动选取 RIGHT 平面为草绘方向的参考平面，参考方向为［右］。单击［草绘］对话框中的［草绘］按钮（图2-8）。

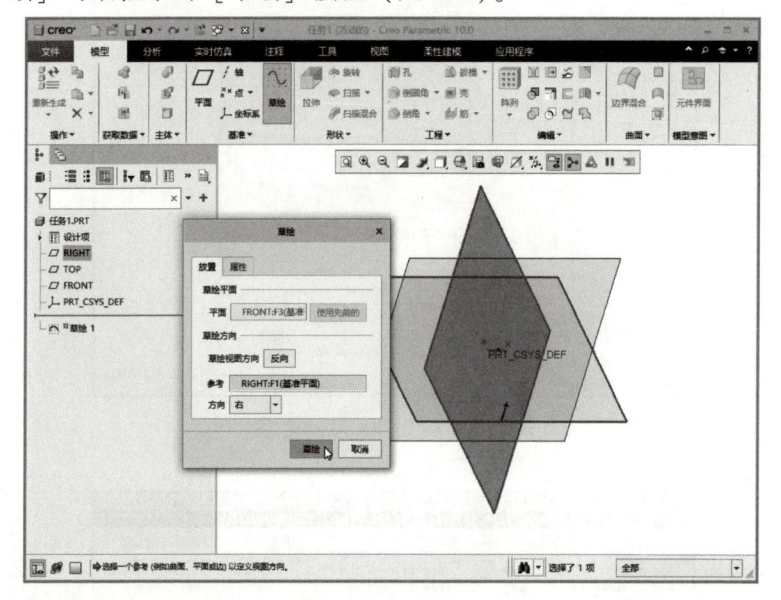

图 2-8 草绘

单击快捷工具栏中的［草绘视图］工具，使草绘平面与屏幕平行，以便进行绘图操作，如图2-9所示。

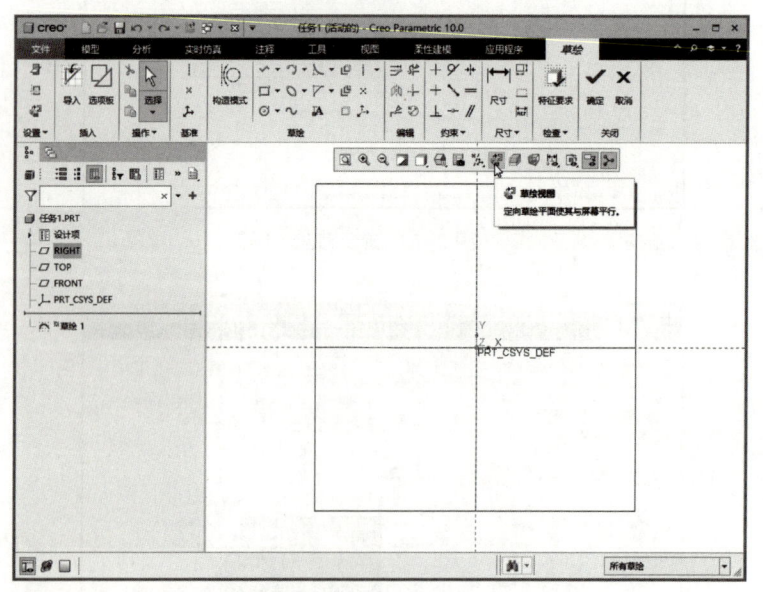

图 2-9 草绘视图

在有些情况下，单击［草绘］对话框中的［草绘］按钮后，软件会自动使草绘平面与屏幕平行，这和软件的选项有关。

在绘图过程中，如果视角被意外地旋转至其他方向，可随时单击快捷工具栏中的［草绘视图］工具，使草绘平面与屏幕平行。

5. 绘制图元

将 FRONT 平面与屏幕对齐后，TOP 平面、RIGHT 平面分别积聚成水平、竖直的两条直线，这也是软件为我们自动生成的水平、竖直方向的草绘参照。我们以二者的交点为起点草绘指定的截面。

单击［草绘］面板中的［线链］✓工具，如图 2-10 所示。

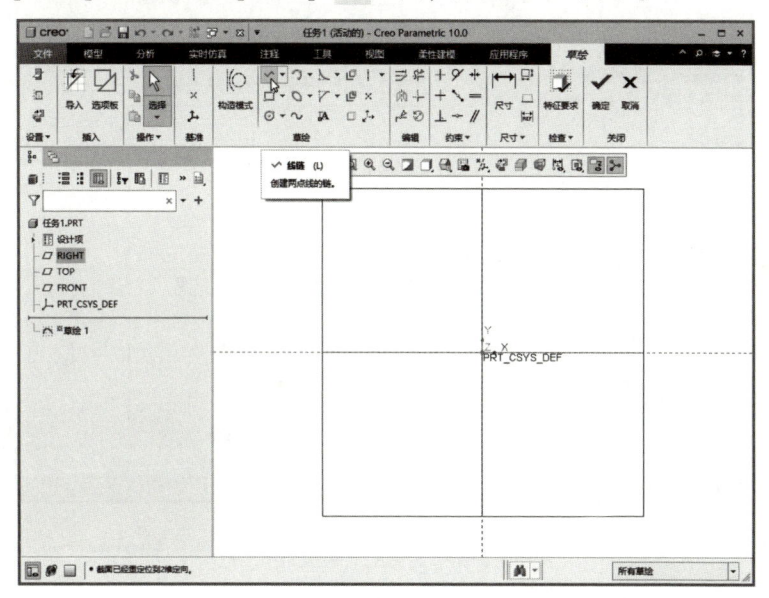

图 2-10　线链

将鼠标指针移动至水平、竖直参照线的交点上，鼠标指针附近出现［重合］约束符号时，说明起点将被放置在两条参照线的交点处，此时即可单击鼠标左键放置线链的起点，如图 2-11 所示。

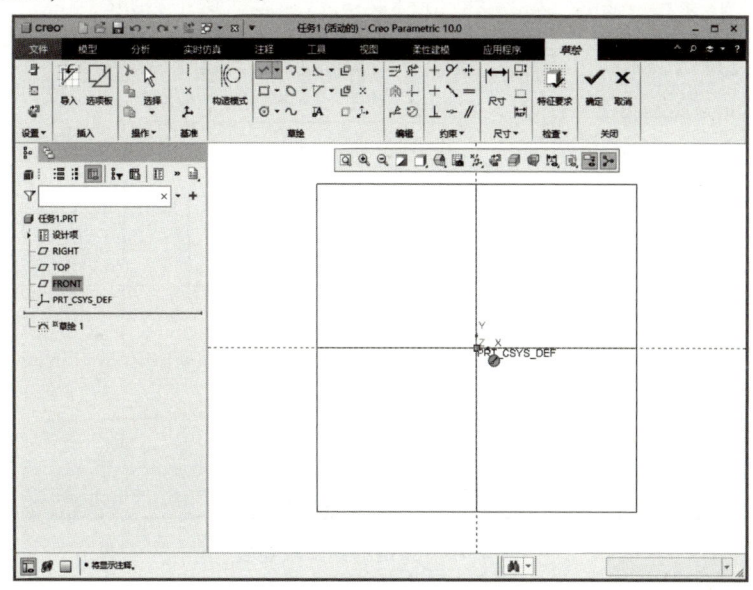

图 2-11　放置线链的起点

项目二　草绘二维截面　25

随后，将鼠标指针水平移动至起点右侧，鼠标指针附近出现［水平］约束符号 ⊖，这表明所作线段是一条水平线。此时即可单击鼠标左键，放置该线段的端点，确定线链的第一段线段，如图 2-12 所示。

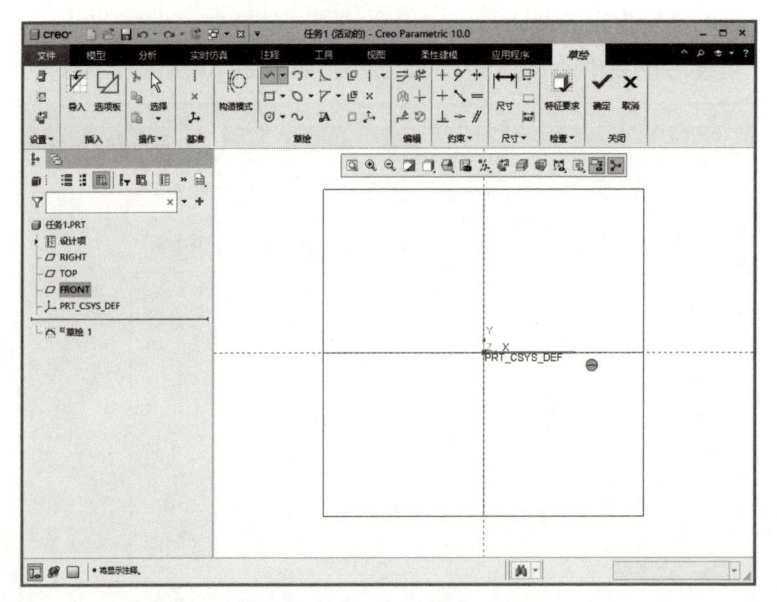

图 2-12　线链的第一段线段

接下来，将鼠标指针移动至端点的正上方，鼠标指针附近出现［竖直］约束符号 Ⓘ，这表明所作线段为一条竖直线。单击鼠标左键，放置这一端点，确定线链的第二段线段，如图 2-13 所示。

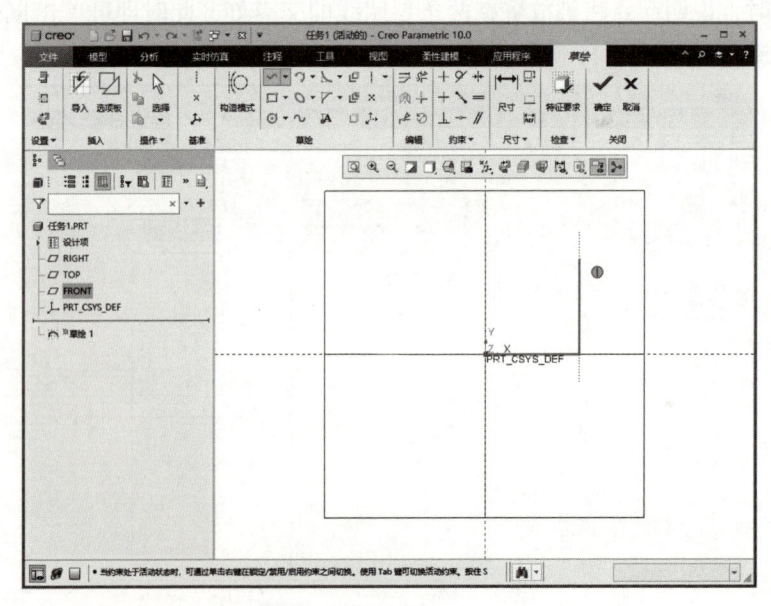

图 2-13　线链的第二段线段

继续移动鼠标指针,在适当的位置单击鼠标左键,放置下一个端点,确定线链的第三条线段,如图 2-14 所示。

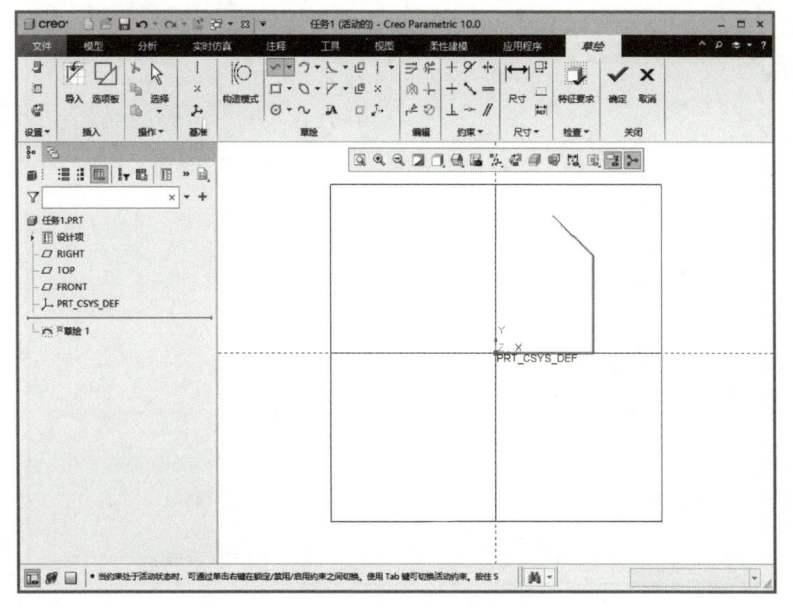

图 2-14　线链的第三条线段

将鼠标指针水平向左移动至竖直参照线上,当鼠标指针附近同时出现［重合］约束符号 和［水平］约束符号 时,单击鼠标左键,放置这一端点,如图 2-15 所示。

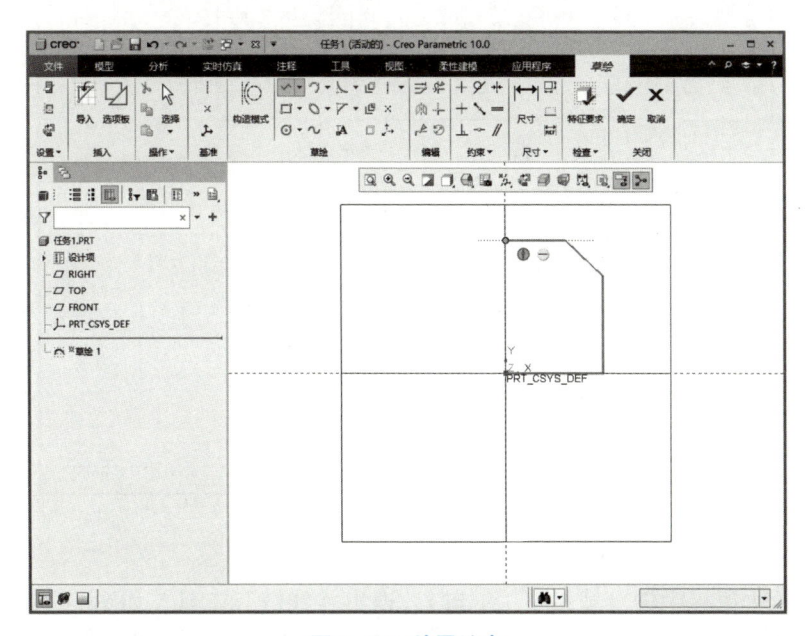

图 2-15　放置端点

将鼠标指针移动至线链的起点处,即水平、竖直参照线的交点处,鼠标指针附

项目二　草绘二维截面　　27

近出现［重合］约束符号 时，单击鼠标左键，放置线链的最后一个端点，如图 2-16 所示。

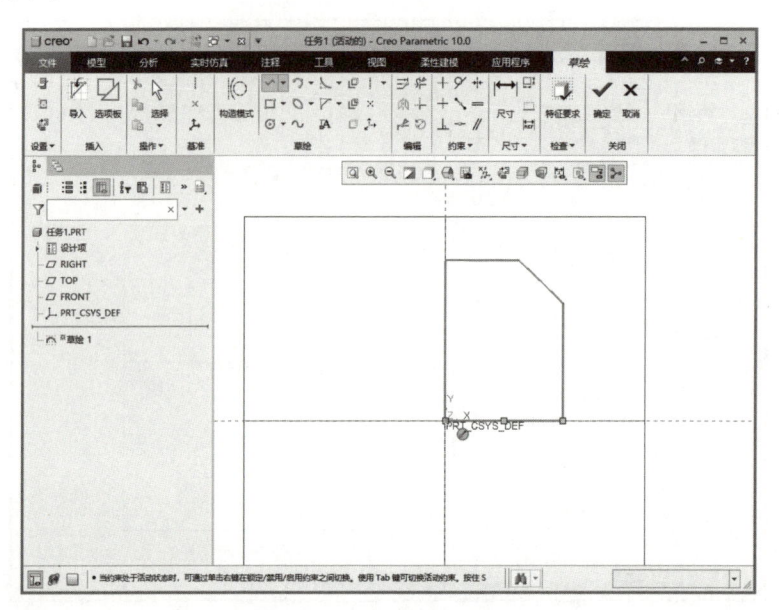

图 2-16　线链的最后一个端点

单击鼠标中键（或按下 Esc 键），退出这一线链的绘制，如图 2-17 所示。

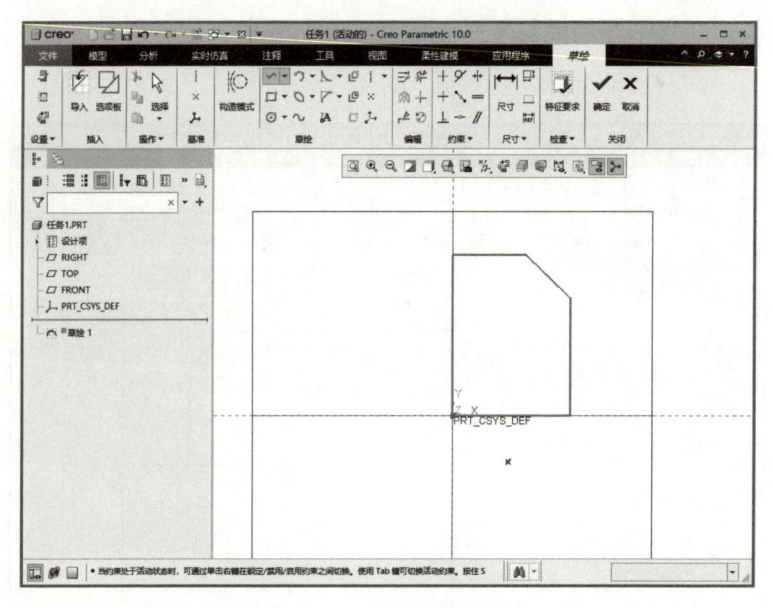

图 2-17　退出线链绘制

再次单击鼠标中键（或按下 Esc 键），退出［线链］工具，如图 2-18 所示。

欲了解更多 Creo Parametric 10.0 中截面草绘的几何约束类型，参看项目二—任务二—知识链接—几何约束和尺寸。

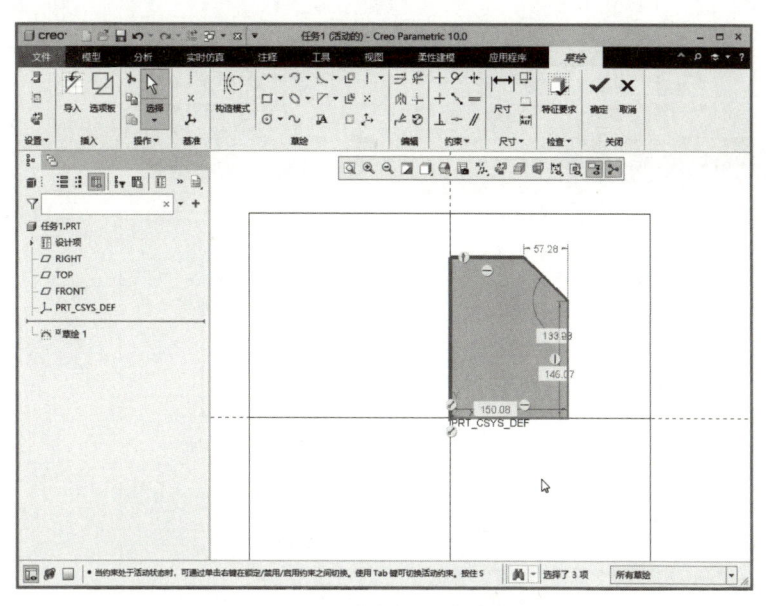

图 2-18　退出线链工具

截面所需直线图元绘制完毕，接下来绘制圆。
单击［草绘］面板中的［圆心和点］⊙工具，如图 2-19 所示。

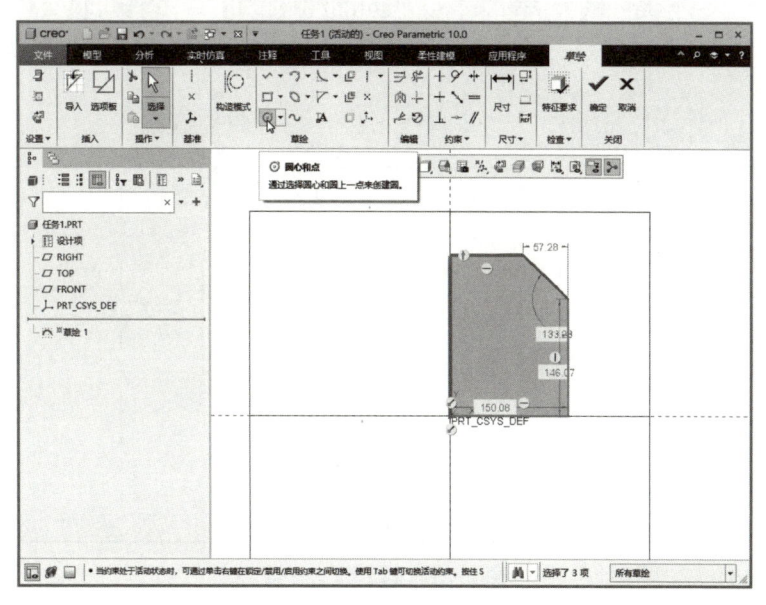

图 2-19　圆心和点工具

在适当的位置单击鼠标左键，放置圆的圆心，如图 2-20 所示。

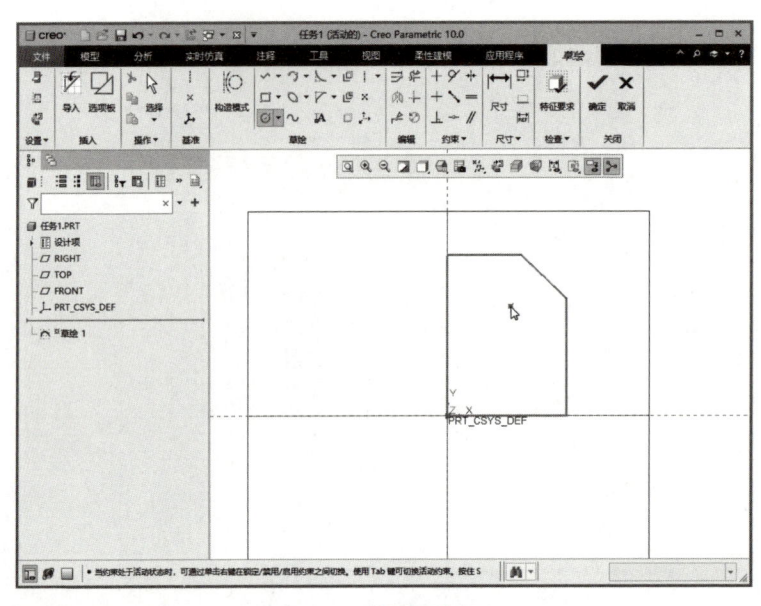

图 2-20 放置圆的圆心

在适当的位置单击鼠标左键,确定圆上的一点,如图 2-21 所示。

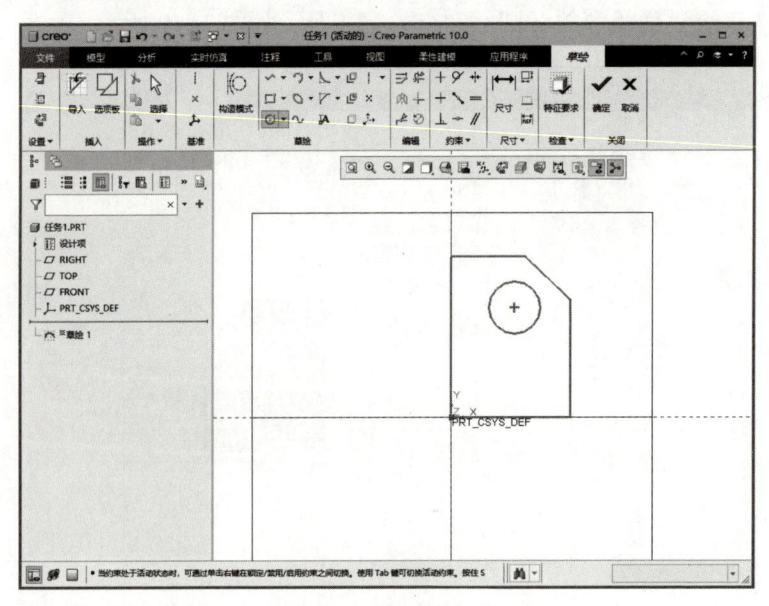

图 2-21 确定圆上一点

单击鼠标中键(或按下 Esc 键),退出［圆心和点］工具,如图 2-22 所示。

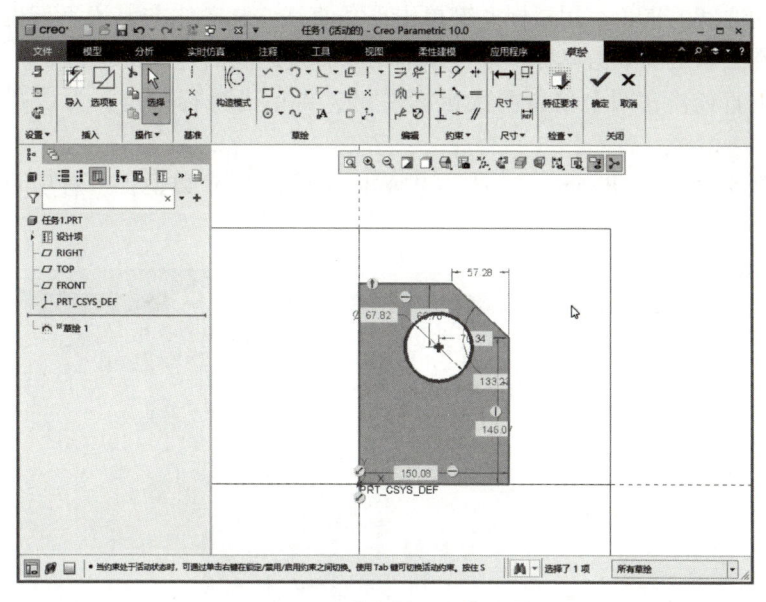

图 2-22　退出圆心和点工具

6. 添加尺寸

单击［尺寸］面板中的［尺寸］⊢⊣工具，如图 2-23 所示。

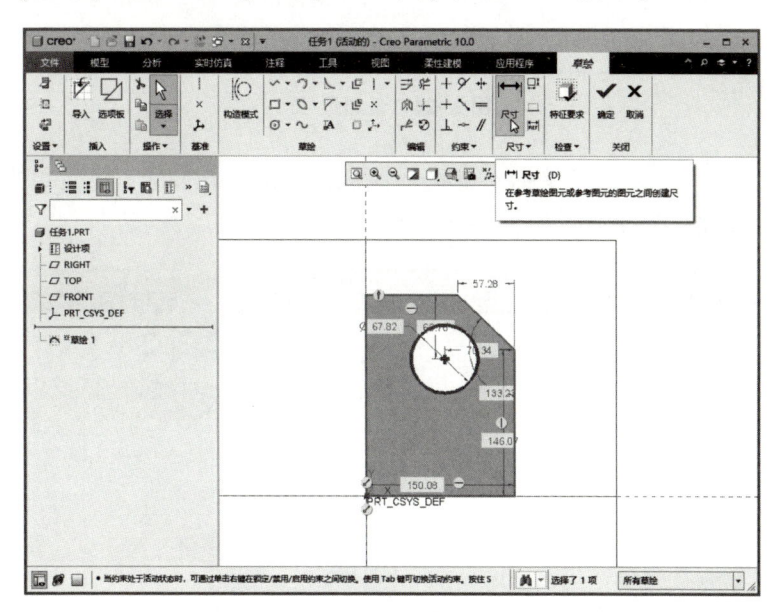

图 2-23　尺寸工具

使用以下方法为截面的不同图元添加如图 2-24 所示的尺寸。

①直线的长度：用鼠标左键单击直线，在直线的一侧单击鼠标中键，添加该直线的长度尺寸。

②点到直线的距离：用鼠标左键单击点（即截面中的圆心），再单击指定的直线，最后在点和直线之间单击鼠标中键，添加圆心到该直线的距离尺寸。

项目二　草绘二维截面　31

③直线之间的夹角：用鼠标左键单击一条直线，再单击与其不平行的另一条直线，最后在二者之间单击鼠标中键，添加两条直线之间的角度尺寸。

④圆的直径：在圆上单击两次鼠标左键，再单击鼠标中键，为该圆添加直径尺寸。

欲了解更多 Creo Parametric 10.0 中截面草绘的尺寸类型，参看项目二—任务二—知识链接—几何约束和尺寸。

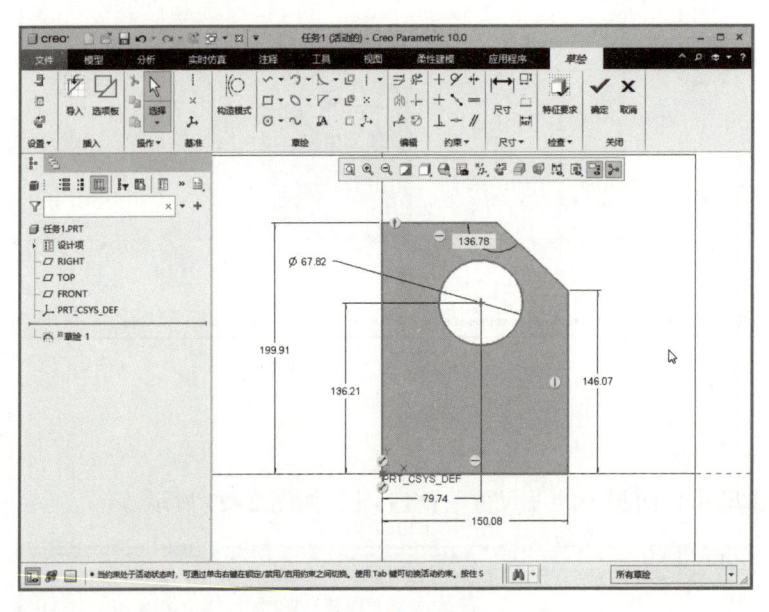

图 2-24 添加尺寸

尺寸添加完毕后，按住鼠标左键拖动鼠标，框选所有尺寸，随后单击［编辑］面板中的［修改］工具，如图 2-25 所示。

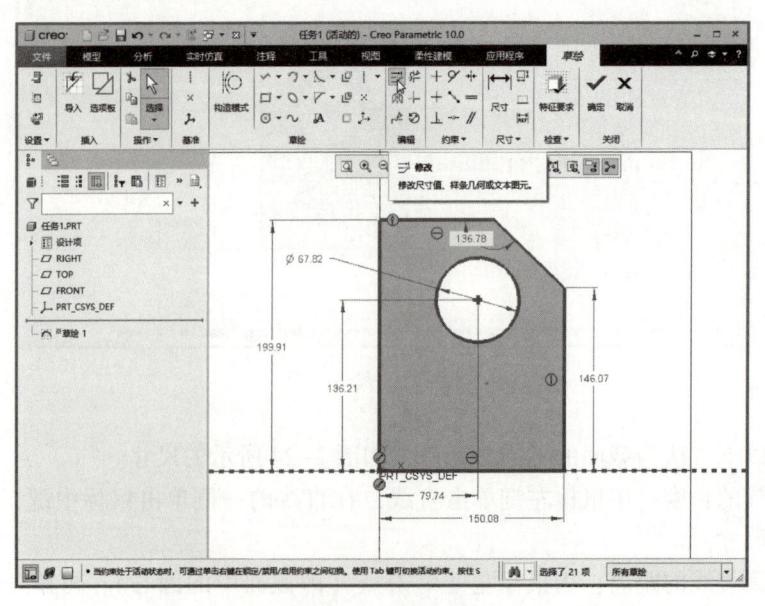

图 2-25 修改工具

软件弹出［修改尺寸］对话框。取消勾选［重新生成］复选框，光标停留在尺寸值文本框中时，对应的绘图区域中的尺寸标注将被黑色矩形方框标记，该尺寸即为当前文本框对应的尺寸（图2-26）。

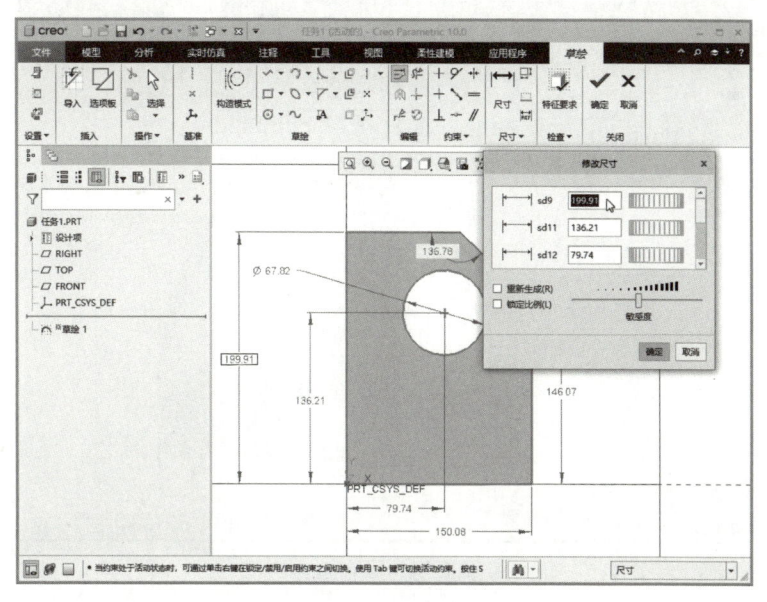

图 2-26　修改尺寸

将所有尺寸值文本框中的尺寸值依次修改为任务目标中的指定值，随后单击［修改尺寸］文本框中的［确定］按钮，完成尺寸的修改（图2-27）。

更多修改尺寸的操作参阅项目二—任务三—知识链接—修改。

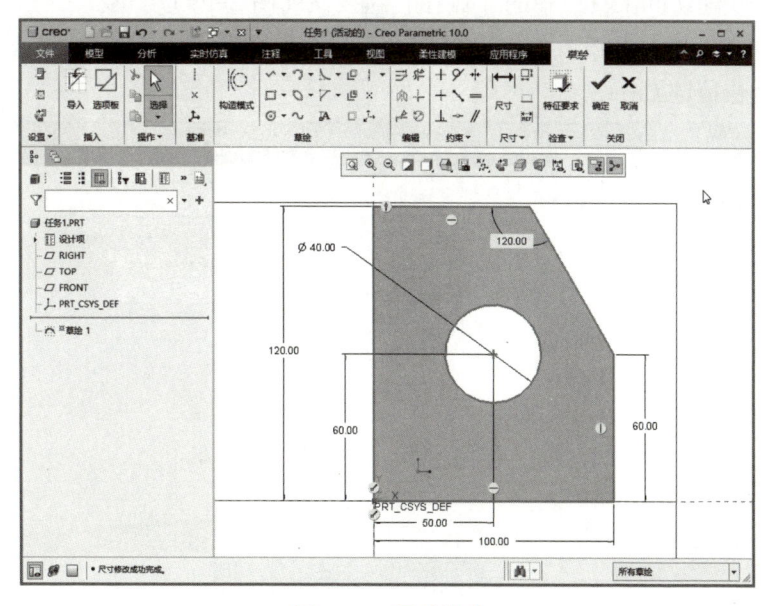

图 2-27　尺寸修改

项目二　草绘二维截面　33

7. 完成草绘

单击［确定］✔按钮，完成截面草绘（图2-28）。

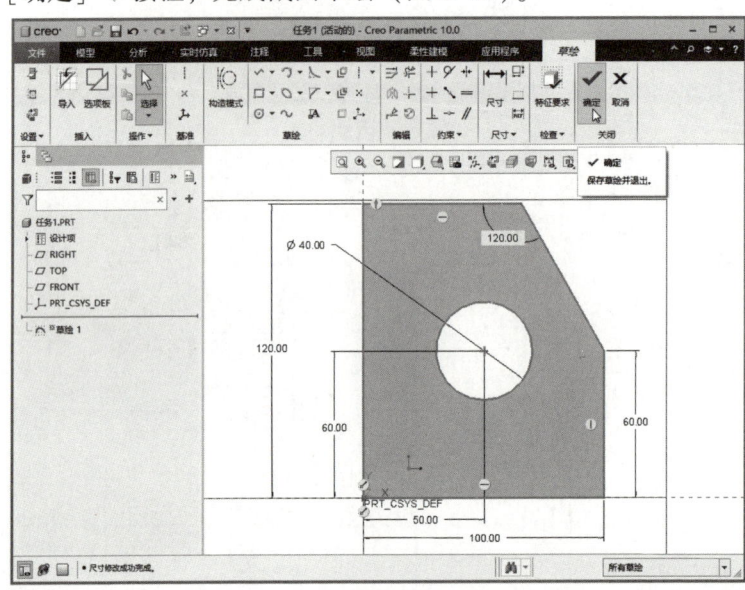

图2-28　完成草绘

8. 保存文件

截面绘制完毕后，将零件文件保存在工作目录中。可使用以下三种方式调用［保存］工具。

①单击快速访问工具栏中的［保存］按钮（图2-29）。

②展开［文件］菜单，单击［保存］。

③使用快捷键 Ctrl+S。

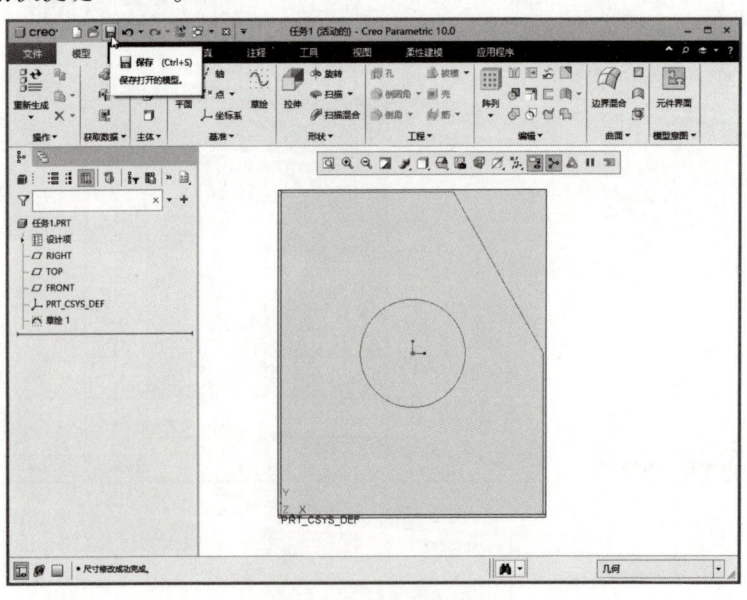

图2-29　保存文件

软件弹出［保存对象］对话框。单击［保存对象］对话框中的［确定］按钮（图 2-30）。

图 2-30　保存对象

信息栏提示［任务 1 已保存］，如图 2-31 所示。

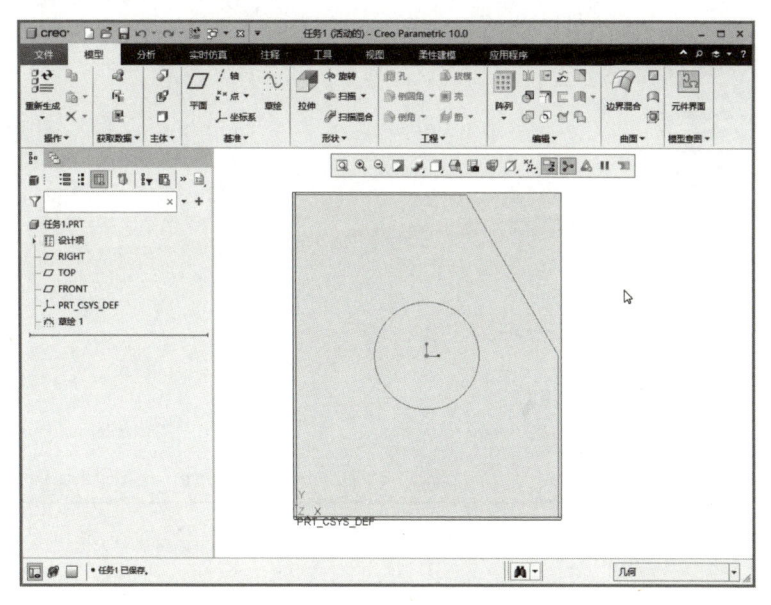

图 2-31　已保存文件

9. 关闭软件

单击快速访问工具栏中的［关闭］按钮（或使用快捷键 Ctrl+W），关闭当前文件（图 2-32）。

项目二　草绘二维截面　35

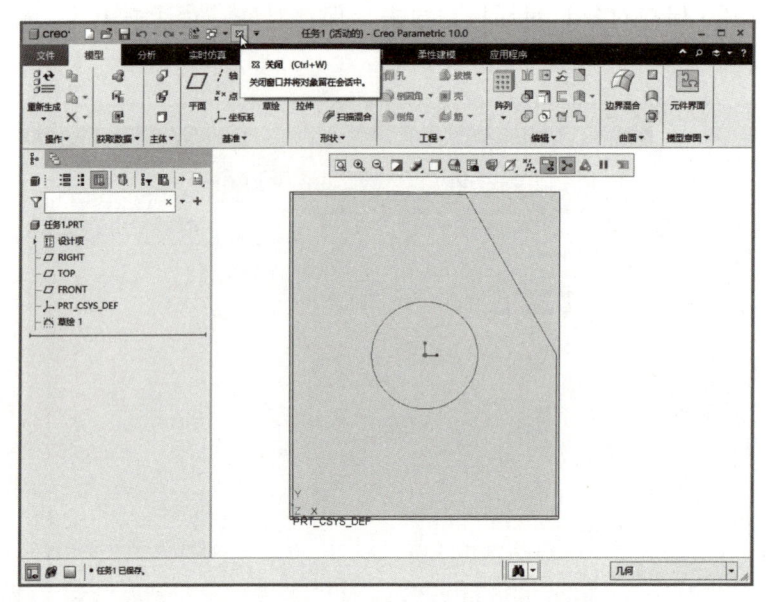

图 2-32 关闭文件

单击右上角的［关闭］按钮，关闭 Creo Parametric 10.0 程序（图2-33）。

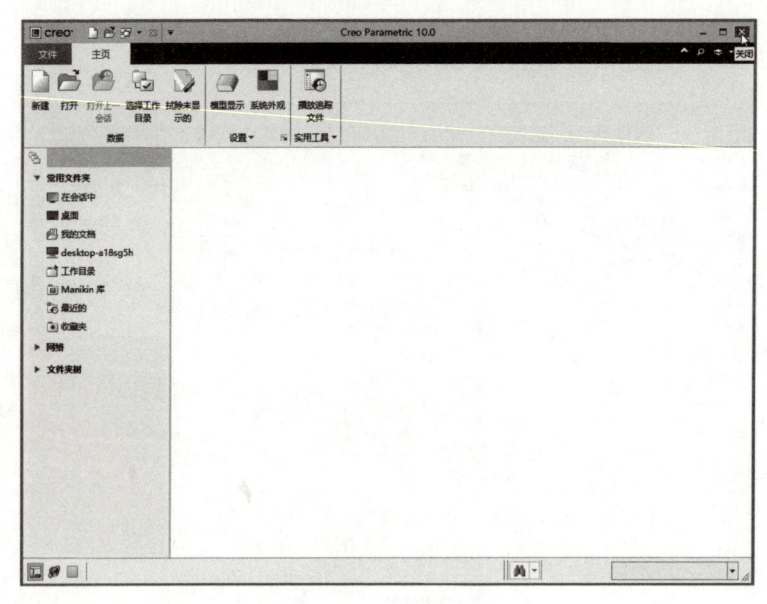

图 2-33 关闭程序

任务评价

项目	项目二　草绘二维截面	日期	年　　月　　日		
任务	任务一　绘制简单截面	组别	第　　　小组		
班级		组长		教师	
序号	评价内容	分值	学生自评	小组评价	教师评价
1	敬业精神	10			
2	正确地选择工作目录	10			
3	正确地设置文件名、文件类型	10			
4	选择正确的文件模板	10			
5	选择正确的草绘平面	10			
6	完整地创建所需图元	20			
7	几何约束合理，尺寸完整、准确	10			
8	及时保存文件	10			
9	学习成果展示	10			
10					
合计		100			

遇到的问题	解决方法

心得体会

项目二　草绘二维截面　37

知识链接

一、Creo Parametric 10.0 基本操作

1. 鼠标操作

Creo Parametric 10.0 中，鼠标的按键可以实现以下功能。

（1）鼠标左键

单击鼠标左键，可以调用选项卡中的工具，可以选取绘图工作区域中的图元、参照、基准或特征；在某特征上双击鼠标左键，软件会显示该特征的相关尺寸，此时可以编辑该特征的各个参数。

（2）鼠标中键

多数情况下，单击鼠标中键可以取消正在使用的工具（一个典型的例外情况是：标注尺寸时，单击鼠标中键可以定义当前所选图元的尺寸）；滚动鼠标中键，可以实现视角的缩放；按住鼠标中键拖动鼠标，可以旋转观察零件的视角；按住 Shift 键，同时按住鼠标中键拖动鼠标，可以平移观察零件的视角。

（3）鼠标右键

选中一个目标后长按鼠标右键，可以呼出相关的快捷菜单。

2. 快捷键

使用快捷键调用工具可以提高建模工作效率。常用的一些快捷键及其对应的工具如表 2-1 所示。

表 2-1　常用快捷键及其对应的工具

快捷键	工具
Ctrl+N	新建文件
Ctrl+O	打开文件
Ctrl+S	保存文件
Ctrl+Z	撤销
Ctrl+Y	恢复
F1	打开 Creo Parametric 帮助页面
Ctrl+C	复制
Ctrl+V	粘贴
Delete	删除
Ctrl+D	视图方向切换为默认方向
S	创建截面草绘
X	创建拉伸特征
P	创建基准平面

绘制线与矩形

绘制圆与椭圆

绘制圆弧与样条

二、基本草绘工具

Creo Parametric 10.0 提供了一系列的草绘工具（表 2-2），这些工具位于［草绘］面板。

表 2-2　草绘工具

说明	图示
1. 线（线链） （1）线链 线链工具用于绘制首尾相接的（即链条状的）一系列直线。 调用线链工具后，在绘图区域单击鼠标左键，放置线链的起点。随后移动鼠标指针，在其他位置单击鼠标左键，添加线链的各个端点。 在绘制线链的过程中，单击鼠标中键（或按下 Esc 键）可以退出当前线链的绘制。此时若再次单击鼠标左键，即可放置另一线链的起点并开始这一新线链的绘制；若再次单击鼠标中键，即可退出线链工具	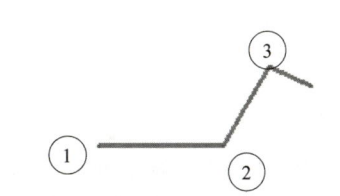
（2）直线相切 直线相切工具用于创建一条与两个圆（或圆弧）都相切的直线。调用直线相切工具后，分别单击两个圆（或圆弧），即可创建它们的公切线	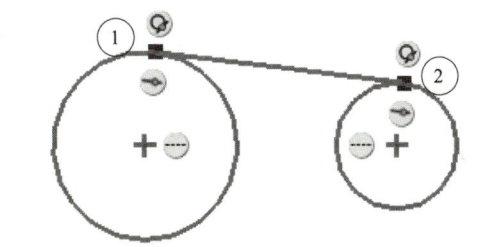
值得注意的是，相离的两个圆有四条不同的公切线。为了使公切线符合需求，要在其对应的切点附近单击圆	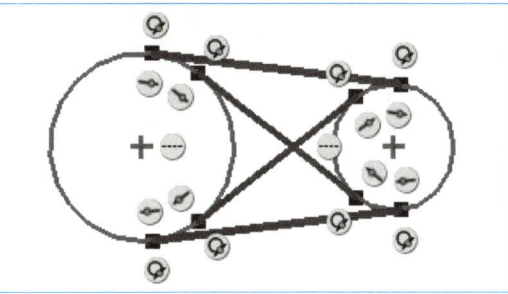
2. 弧 （1）3 点/相切端 3 点弧：绘制 3 点弧时，调用 3 点/相切端工具，随后依次在适当的位置单击鼠标左键，分别确定弧的起点、终点、弧上一点，这三个点的位置即可定义该弧。 注：如果无特别说明，Creo Parametric 10.0 中的"弧"意为"圆弧"	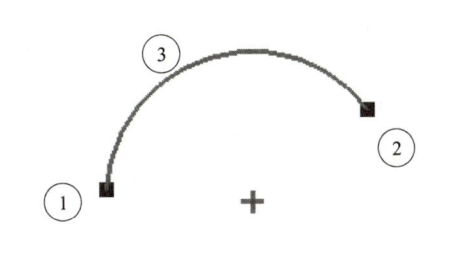

项目二　草绘二维截面　39

说明	图示
相切端弧：绘制与已有图元的一端相切的弧时，调用3点/相切端工具，选择已有图元的这一端点作为弧的起点	
此时移动鼠标指针，可以发现所得圆弧与该图元端点（四等分圆符号标记处）保持相切	
如果不想绘制与该图元相切的弧，可将鼠标指针移动到该端点上，随后沿着垂直于该图元的方向移动鼠标指针	
确定弧的终点及弧上的一点，完成该弧的绘制	
（2）圆心和端点 圆心和端点工具通过三个点的位置定义弧：弧的圆心、弧的起点、弧的终点。 调用圆心和端点工具，在欲放置圆心的位置单击鼠标左键，随后放置弧的起点。此时，圆心附近会临时出现经过该起点的构造圆，可在该构造圆上放置弧的终点	
（3）3相切 3相切工具可用于绘制同时与三个图元（直线、弧或圆）相切的弧。 调用3相切工具，用鼠标左键依次单击弧起点所在的图元、弧终点所在的图元、与弧相切的另一个图元，即可创建与这三个图元均相切的弧。弧与前两个图元的切点即为弧的端点	

续表

（4）同心

同心工具可用于创建一系列与指定图元圆心相同的弧。

调用同心工具后，用鼠标左键单击一现有图元（弧或圆），确定弧的圆心。随后圆心附近会临时出现经过鼠标指针的构造圆，可在该构造圆上放置弧的起点、终点以绘制与指定图元同心的弧。

一个弧绘制完毕后，可以继续基于该圆心绘制下一个弧，也可以单击鼠标中键（或按下 Esc）重新通过图元指定圆心；再次单击鼠标中键（或按下 Esc）即可退出同心工具

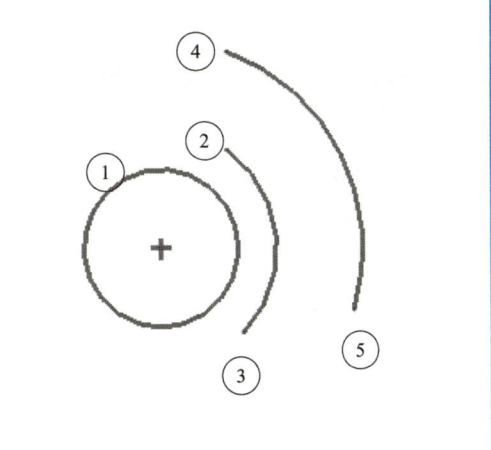

（5）圆锥

圆锥工具可用于创建形状为圆锥曲线的弧。单击"圆锥"工具，选择圆锥弧的起点和终点，然后选择圆锥弧上的一个点，即可放置圆锥弧。一个圆锥弧通常由以下几个参数定义：起点的位置及起点处的切线方向、终点的位置及终点处的切线方向、Rho 值

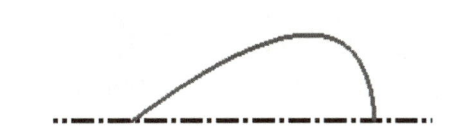

若圆锥弧上的点到该圆锥弧起点与终点连线的最远距离为 h_1，圆锥弧起点与终点处切线的交点到二者连线的距离为 h_2，则 $Rho = h_1 / h_2$

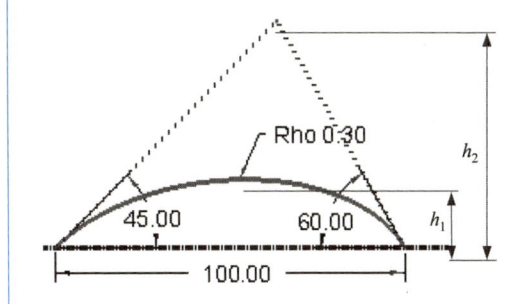

3. 矩形

（1）拐角矩形

拐角矩形工具通过定义相对的两个顶点，创建边线方向为水平、竖直的矩形。

调用拐角矩形工具，单击鼠标左键定义矩形的第一个顶点，随后移动鼠标指针，在第二个顶点处单击鼠标左键，定义对角的顶点，即可创建一个拐角矩形

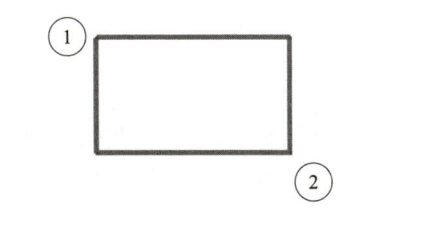

（2）斜矩形 ◇ 　　斜矩形工具通过三个点定义倾斜的矩形。 　　调用斜矩形工具，在绘图工作区域的适当位置单击鼠标左键放置这三个点，前两个点定义矩形的一条边，第三个点定义垂直于该边的另一条边的方向和长度	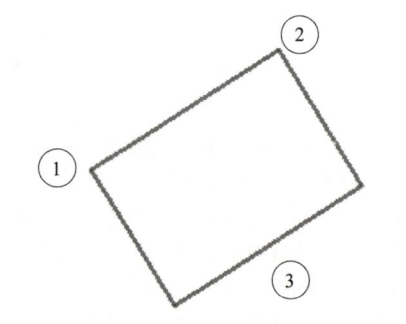
（3）中心矩形 　　中心矩形工具通过定义矩形的中心点和一个顶点，创建边线方向为水平、竖直的矩形。 　　调用中心矩形工具，单击鼠标左键放置矩形的中心点，再将鼠标指针移动到适当的位置，单击鼠标左键放置矩形的一个顶点	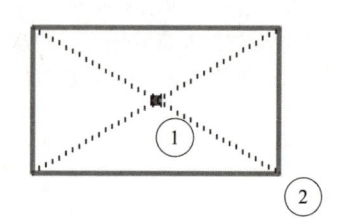
（4）平行四边形 　　平行四边形工具通过定义三个顺次相邻的顶点，创建平行四边形。 　　调用平行四边形工具，顺次单击鼠标左键放置平行四边形的三个顶点，即可创建平行四边形	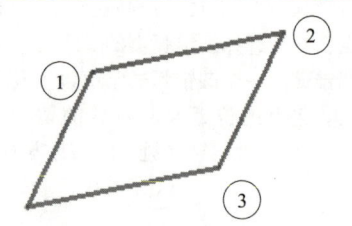
4．圆 （1）圆心和点 　　圆心和点是在 Creo Parametric 10.0 中绘制圆时最常用的工具。 　　调用圆心和点工具，单击鼠标左键放置圆心，随后移动鼠标指针，放置圆经过的一点，即可绘制一个圆	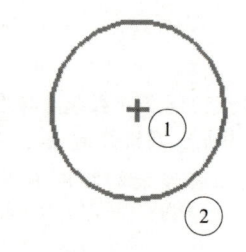
（2）同心 　　同心工具用于创建与指定图元（圆或弧）同心的一系列圆。 　　调用同心工具，单击鼠标左键选择指定的图元，即可将同心圆的圆心定义为该图元的圆心；随后移动鼠标指针，在圆经过的一点处单击鼠标左键，即可放置同心圆。 　　一个同心圆绘制完毕后，可以继续基于该圆心绘制下一个同心圆，也可以单击鼠标中键（或按下 Esc）重新通过图元指定圆心；再次单击鼠标中键（或按下 Esc）即可退出同心工具	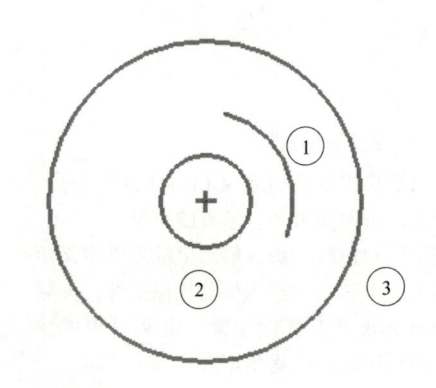

续表

（3）3 点 3 点工具通过不共线的三个点定义圆。 　调用 3 点工具，分别在适当的位置单击鼠标左键，放置圆上的三个点。也可以选取草绘中已有的点作为圆上一点	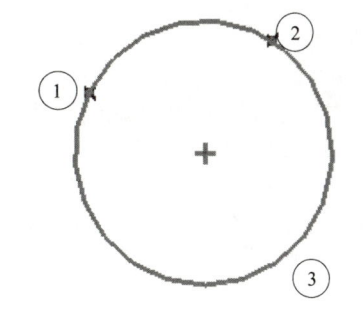
（4）3 相切 3 相切工具用于创建与三个指定图元（直线、弧或圆）均相切的圆。 　调用 3 相切工具，依次选取指定的三个图元，即可创建与选中图元均相切的圆	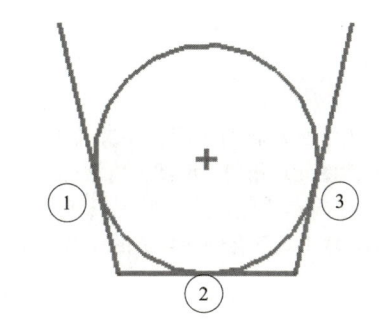
5. 椭圆 （1）轴端点椭圆 轴端点椭圆工具通过长轴和短轴定义椭圆。 　调用轴端点椭圆工具，在端点处分别单击鼠标左键以定义椭圆的第一个轴，随后移动鼠标指针，在适当的位置单击鼠标左键，确定椭圆第二个轴的长度	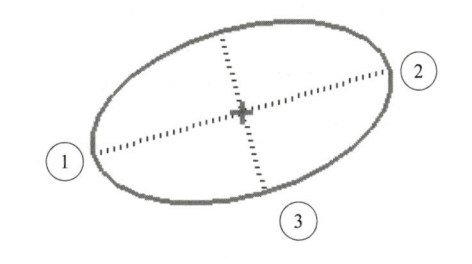
（2）中心和轴椭圆 中心和轴椭圆工具通过中心点、长轴、短轴定义椭圆。 　调用中心和轴椭圆工具，单击鼠标左键定义椭圆的中心点；移动鼠标指针，在适当的位置单击鼠标左键，确定椭圆第一个轴的方向和长度；随后移动鼠标指针，在适当的位置单击鼠标左键定义椭圆的第二个轴	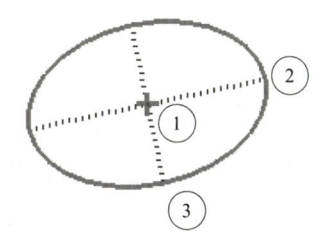

项目二　草绘二维截面　　43

6. 圆角

（1）圆形

圆形工具可将两个图元用圆弧连接，该圆弧与两图元均相切，两图元将被延长或修剪至圆弧端点位置；同时，圆形工具将创建两条构造直线，这两条直线的端点分别是圆角圆弧的端点、圆弧两端点处切线的交点。定义圆角的参数是圆角所连接的图元以及圆角半径

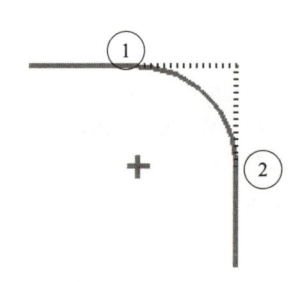

（2）圆形修剪

圆形修剪工具可将两个图元用圆弧连接，该圆弧与两图元均相切，两图元将被延长或修剪至圆弧端点位置；与圆形工具不同的是，圆形修剪工具不会创建相关的构造直线

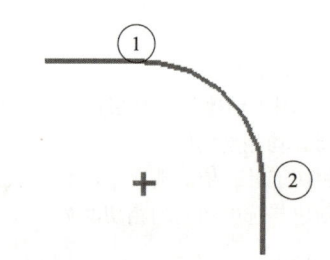

（3）椭圆形

椭圆形工具可将两个图元用椭圆弧连接，该椭圆弧与两图元均相切，两图元将被延长或修剪至椭圆弧端点位置；同时，椭圆形工具将创建四条构造直线，这四条直线分别是：该椭圆弧端点与椭圆弧两端点处切线的交点的两条连线、椭圆弧所在椭圆的长轴和短轴。

调用椭圆形工具，用鼠标左键分别单击两图元，即可将二者用椭圆弧连接

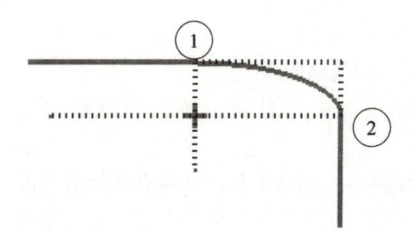

（4）椭圆形修剪

椭圆形修剪工具可将两个图元用椭圆弧连接，该椭圆弧与两图元均相切，两图元将被延长或修剪至椭圆弧端点位置；与椭圆形工具不同的是，椭圆形修剪工具仅创建两条构造直线，即椭圆弧所在椭圆的长轴和短轴，而不会创建连接该椭圆弧端点与椭圆弧两端点处切线的交点的两条构造直线

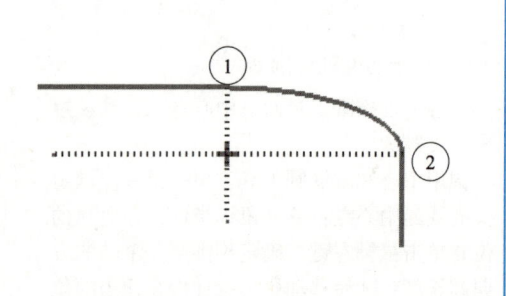

续表

7. 倒角 （1）倒角 ╱ 　　倒角工具可将两个图元用倒角连接，两图元将被延长或修剪至倒角端点位置，同时倒角工具将创建两条延伸至交点的构造直线。 　　调用倒角工具，用鼠标左键分别单击两图元的倒角处，即可将二者用倒角连接	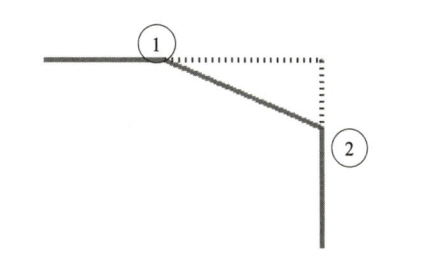
（2）倒角修剪 ╱ 　　与倒角工具类似，倒角工具可将两个图元用倒角连接，两图元将被延长或修剪至倒角端点位置，但不会创建延伸至交点的构造直线	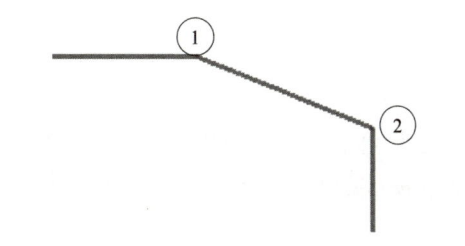
8. 样条 ∽ 　　样条工具用于创建经过一系列指定点的光滑曲线。 　　调用样条工具，单击鼠标左键定义一系列参照点，最后单击鼠标中键（或按下 Esc）退出当前样条线绘制，即可创建一条样条线。 　　此时若再次单击鼠标左键，即可放置另一样条线的起点并开始这一新样条线的绘制；若再次单击鼠标中键，即可退出样条线工具	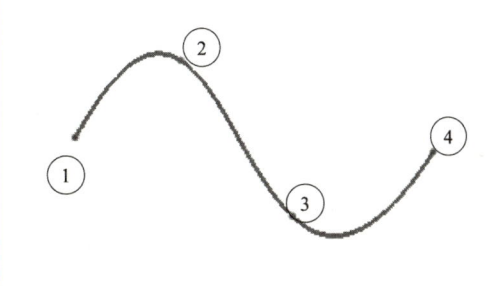
若放置所有参照点后选取样条线的起点，即可创建一条闭合的样条线	

拓展任务

①在 FRONT 平面上绘制如图 2-34 所示的截面。要求文件保存在路径为"D:\Creo 实体建模\项目二"下，文件名为"绘制简单截面练习 1.prt"。

实操演示

项目二　草绘二维截面　45

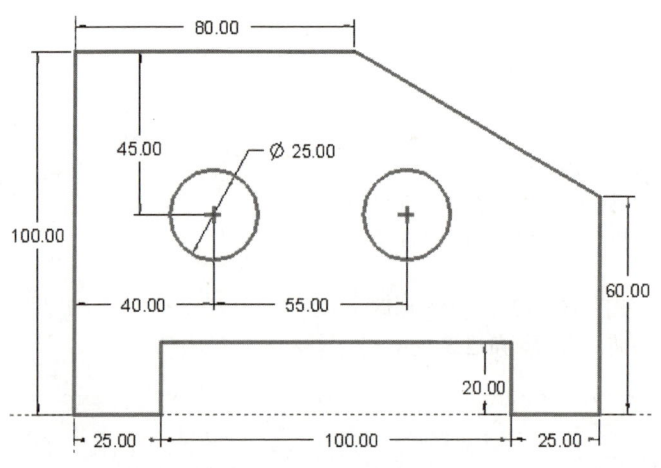

图 2-34 简单截面 1

②在 FRONT 平面上绘制如图 2-35 所示的截面。要求文件保存在路径"D:\Creo 实体建模\项目二"下，文件名为"绘制简单截面练习 2.prt"。

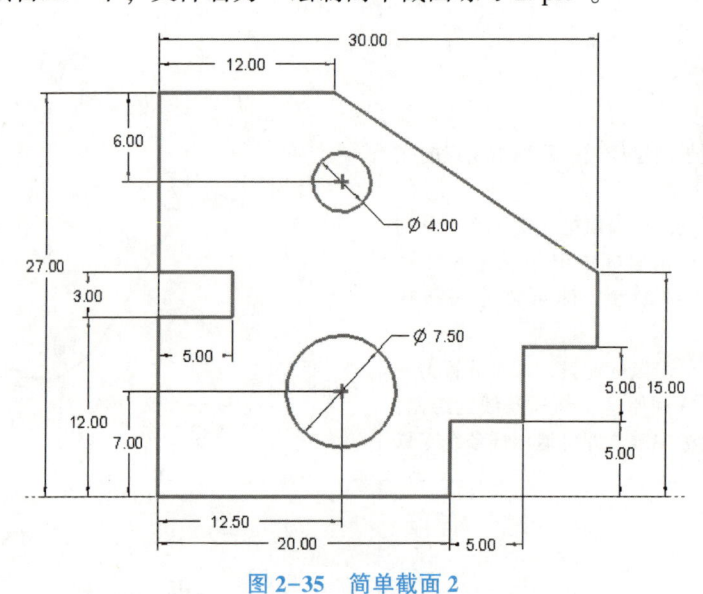

图 2-35 简单截面 2

实操演示

任务二　绘制复杂截面

任务下达

在 FRONT 平面上绘制如图 2-36 所示的截面。要求文件保存在路径"D:\Creo 实体建模\项目二"下，文件名为"任务 2.prt"。

绘制复杂截面

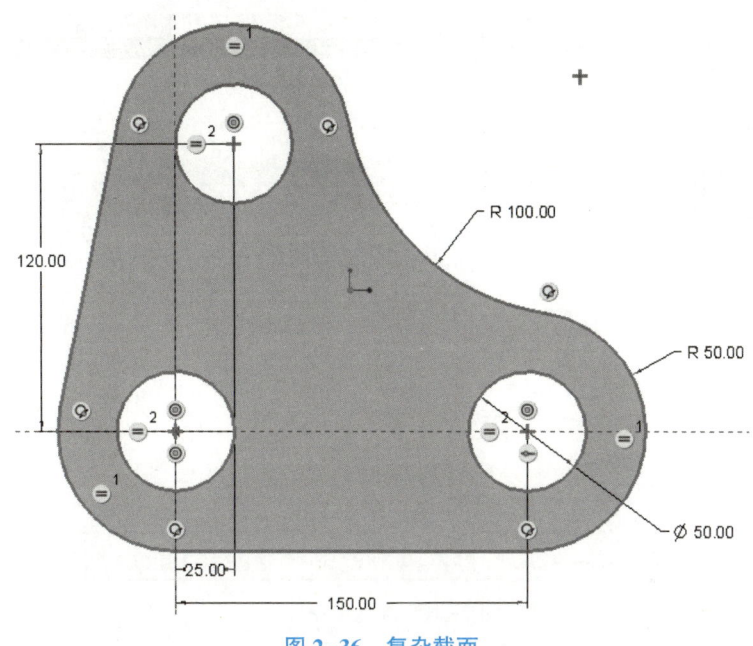

图 2-36 复杂截面

任务解析

绘制复杂截面的基本步骤如下。

1. 准备工作环境，选择草绘平面。
2. 先创建带有定位尺寸的图元，再创建其他图元。如需创建圆弧，可以先创建其所在的整圆。
3. 使用编辑工具调整图元至符合图纸要求。
4. 为图元添加几何约束和尺寸。
5. 完成草绘、保存文件。

课程思政案例四

任务实施

1. 准备工作环境

启动 Creo Parametric 10.0，将工作目录设置为"D:\Creo 实体建模\项目二"，如图 2-37 所示。

2. 新建文件

新建类型为"零件"的文件，文件名为"任务 2"，选择"mmns_part_solid_abs"模板，如图 2-38 所示。

项目二　草绘二维截面　47

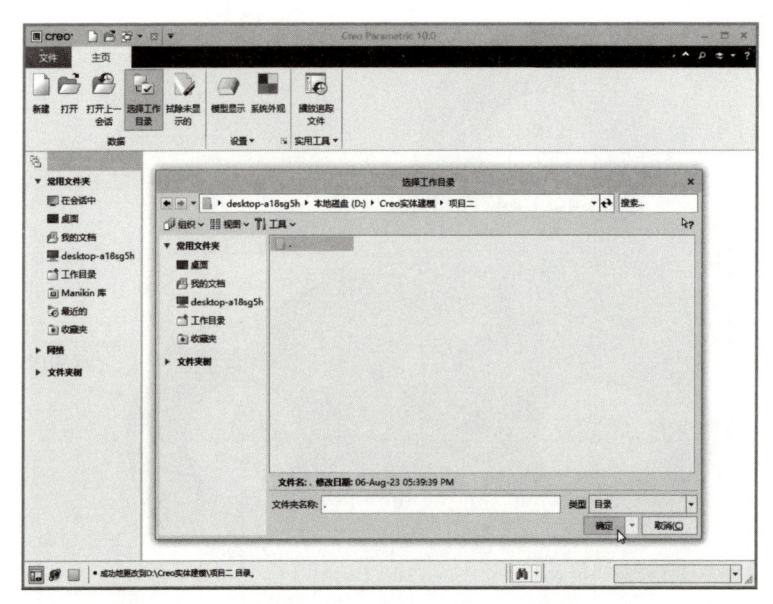

图 2-37　准备工作环境

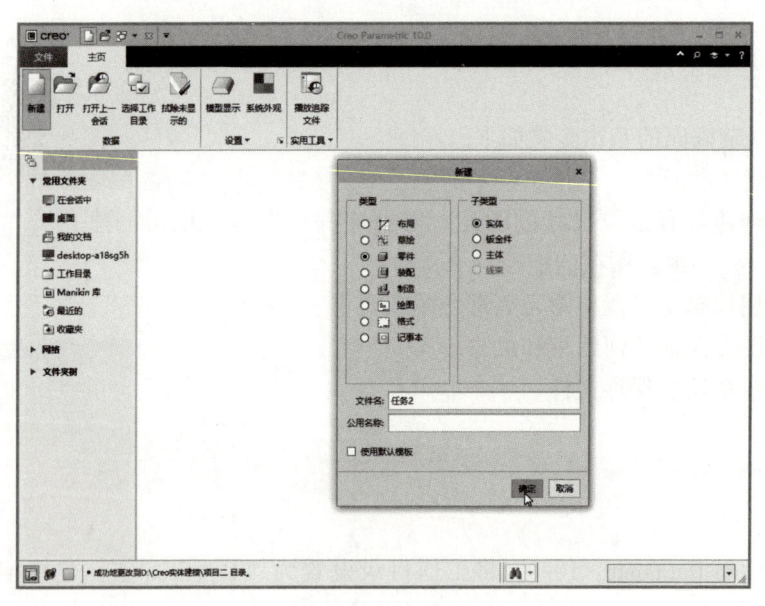

图 2-38　新建文件

3. 新建草绘

选择 FRONT 平面，单击选项卡功能区的［草绘］工具（或按下默认快捷键 S），进入草绘器，如图 2-39 所示。

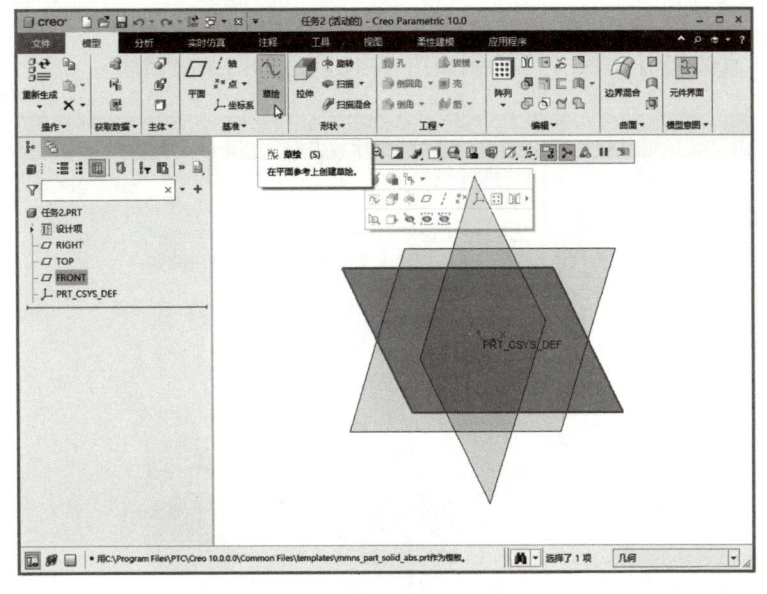

图 2-39 新建草绘

4. 绘制核心图元

使用［圆心和点］⊙工具绘制如图 2-40 所示的六个圆，注意将左下方的圆心放置在水平、竖直参照的交点处，以免产生多余的弱尺寸。为了便捷地确定圆的尺寸，绘图过程中可以接受软件自动添加的［相等］约束，或者在绘制完成后将几何约束手动调整至如图 2-40 所示状态。

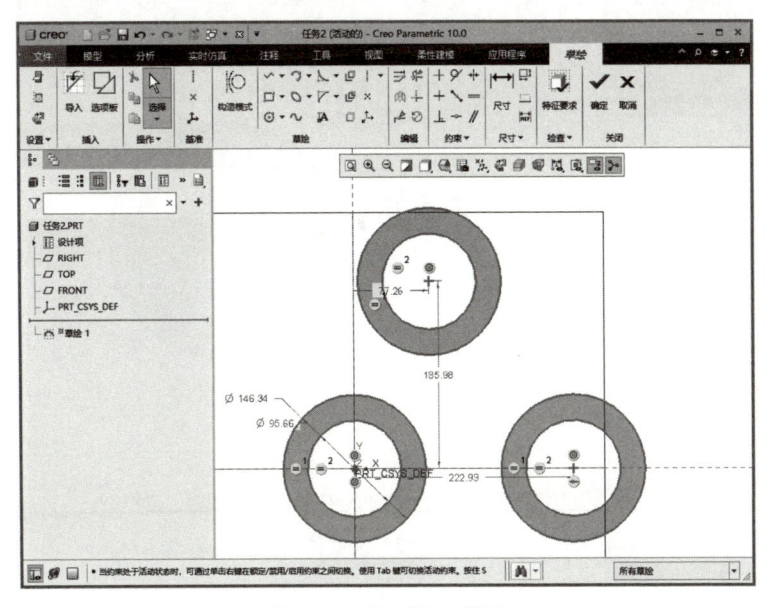

图 2-40 绘制核心图元

项目二 草绘二维截面 49

5. 绘制其他图元

使用 [直线相切] 工具绘制如图 2-41 所示的两条公切线。

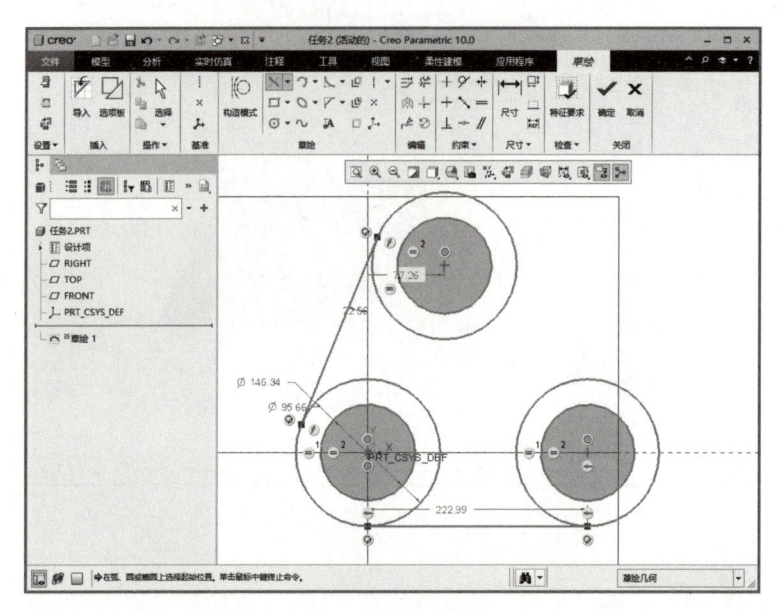

图 2-41 绘制公切线

使用 [圆心和点] 工具绘制如图 2-42 所示的圆。

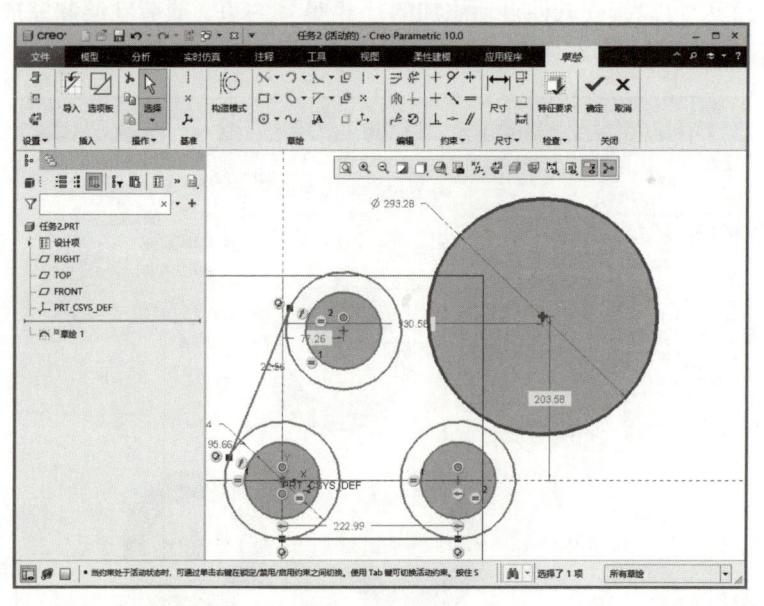

图 2-42 绘制圆

单击 [约束] 面板中的 [相切] 工具，分别单击欲使其相切的两个圆，即可为二者添加相切约束。为最新绘制的圆添加如图 2-43 所示的两处相切约束。

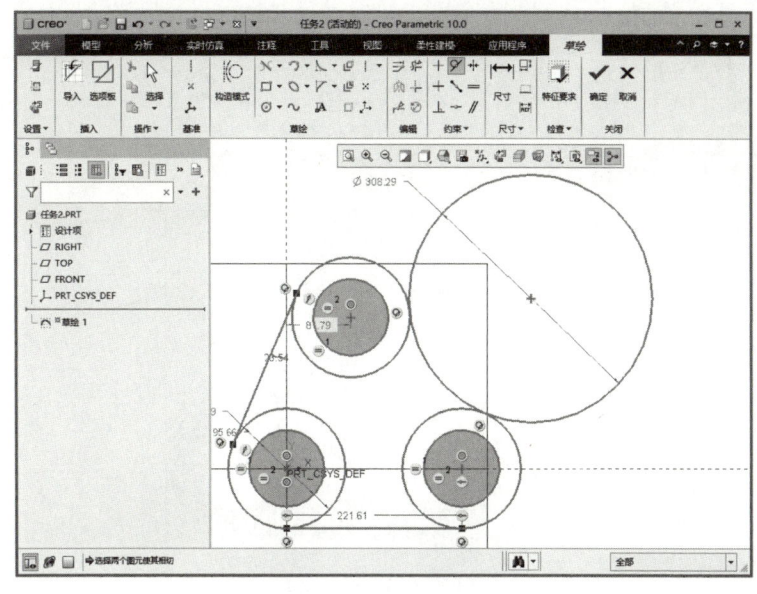

图 2-43　相切约束

6. 编辑图元

单击［编辑］面板中的［删除段］ 工具，然后用鼠标左键依次单击如图 2-44 中箭头所示位置，删除现有图元中的多余片段。

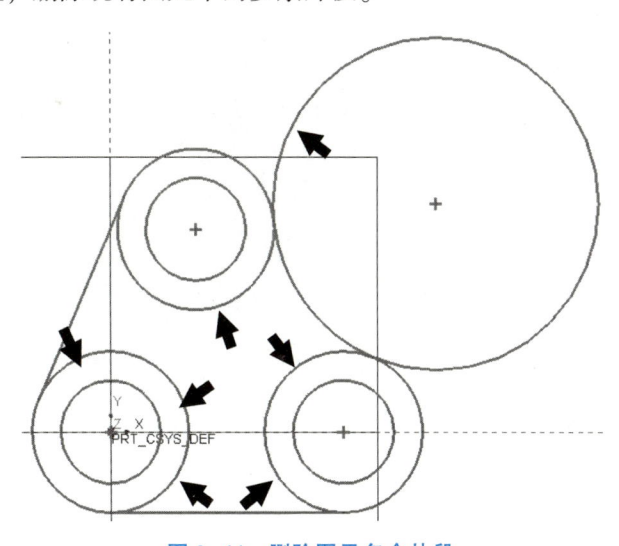

图 2-44　删除图元多余片段

将图元修剪至如图 2-45 所示状态，单击鼠标中键（或按下 Esc 键）退出删除段工具。

更多删除图元片段的方式参阅项目二—任务三—知识链接—删除段。

7. 添加尺寸

使用［尺寸］ 工具为截面图元添加如图 2-46 所示的尺寸，本步骤涉及下列方法。

项目二　草绘二维截面　51

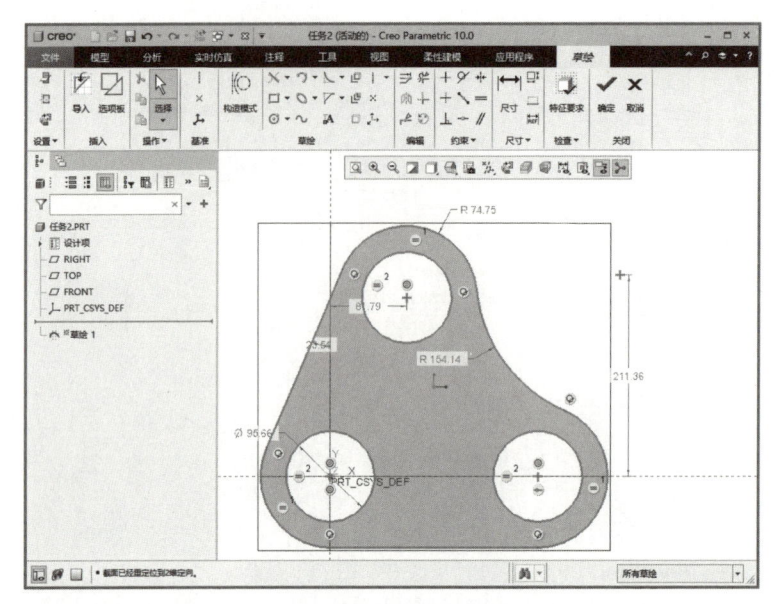

图 2-45　图元修剪后

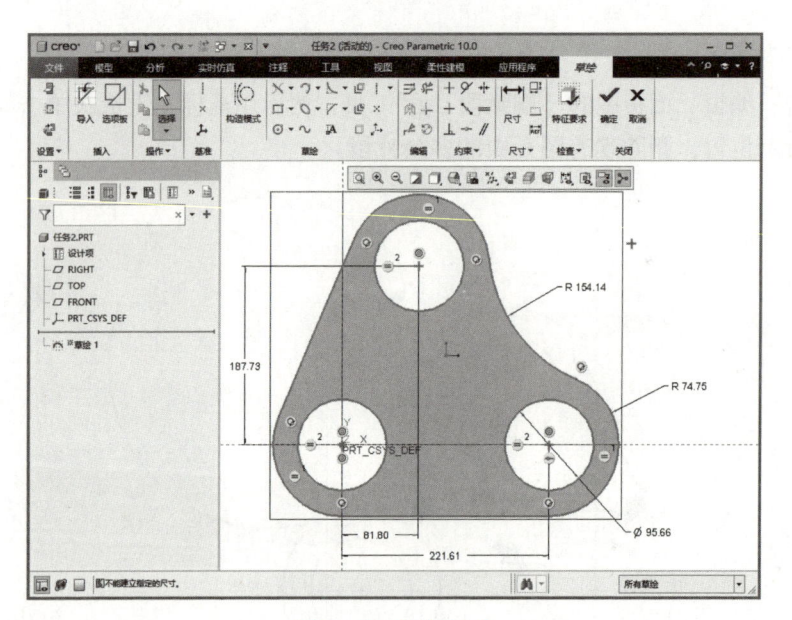

图 2-46　添加尺寸

①两点间的距离：用鼠标左键分别单击两点，在它们的左侧或右侧单击鼠标中键即可添加二者在竖直方向的距离尺寸；若在它们上方或下方单击鼠标中键，则可添加二者在水平方向的距离尺寸。

②点到直线的距离：用鼠标左键单击点，再单击指定的直线，最后在点和直线之间单击鼠标中键，添加点到该直线的距离尺寸。

③弧的半径：在弧上单击鼠标左键，再单击鼠标中键，为该弧添加半径尺寸。

④圆的直径：在圆上单击两次鼠标左键，再单击鼠标中键，为该圆添加直径尺寸。

框选所有尺寸，单击［编辑］面板中的［修改］工具，在弹出的［修改尺寸］对话框中取消勾选［重新生成］复选框，随后将所有尺寸值修改为任务目标中对应的值，如图2-47所示。

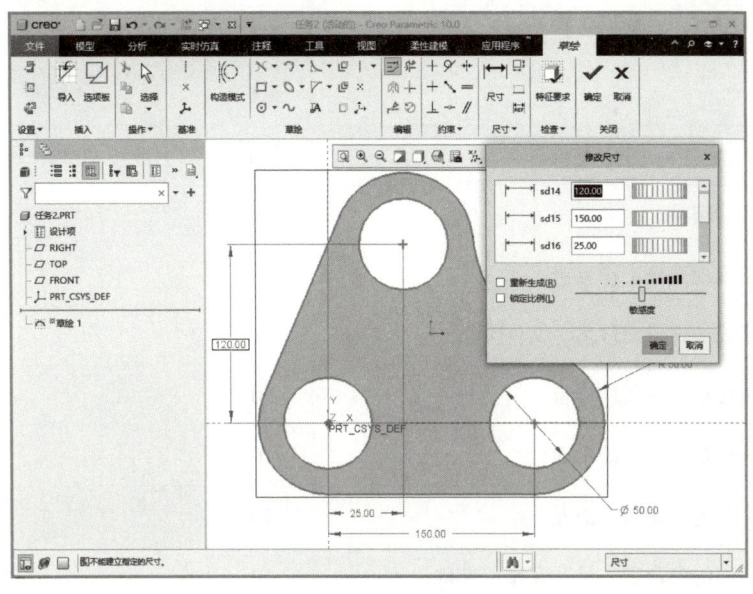

图2-47 修改尺寸

单击［修改尺寸］文本框中的［确定］按钮，完成尺寸的修改。单击［确定］按钮，完成截面草绘。

8. 保存文件

调用［保存］工具将文件保存至工作目录，如图2-48所示。

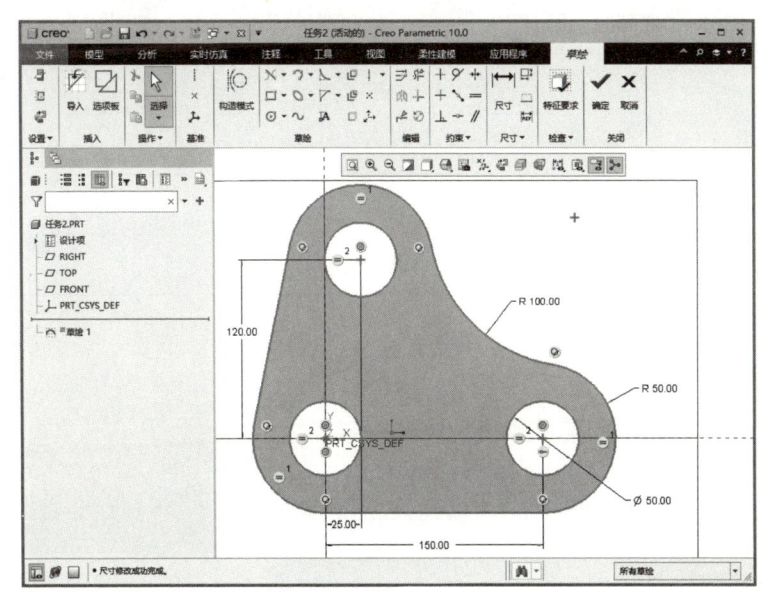

图2-48 保存文件

项目二 草绘二维截面　53

学习笔记

任务评价

项目	项目二　草绘二维截面	日期	年　　月　　日
任务	任务二　绘制复杂截面	组别	第　　　小组
班级		组长	教师

序号	评价内容	分值	学生自评	小组评价	教师评价
1	敬业精神	10			
2	正确地选择工作目录	10			
3	正确地设置文件名、文件类型	10			
4	选择正确的文件模板	10			
5	选择正确的草绘平面	10			
6	完整地创建所需图元	20			
7	几何约束合理，尺寸完整、准确	10			
8	及时保存文件	10			
9	学习成果展示	10			
10					
合计		100			

遇到的问题	解决方法

心得体会

54　　Creo 三维设计项目教程

知识链接

截面草绘中的图元依靠几何约束和尺寸实现准确定义。

一、几何约束

Creo Parametric 10.0 提供的几何约束用法如表 2-3 所示。

表 2-3 几何约束用法

约束	示例	结果
1. 水平+ 水平约束可以使一条直线被约束为水平方向，也可以将两顶点约束为水平对齐。 调用水平工具，选择一条直线或两点，即可为其添加水平约束		
2. 竖直+ 竖直约束可以使一条直线被约束为竖直方向，也可将两顶点沿竖直方向对齐。 调用竖直工具，选择一条直线或两点，即可为其添加竖直约束		
3. 重合 重合约束可以使顶点与另一顶点重合、使顶点在另一图元上、或使顶点与指定直线共线。 调用重合工具，分别选择要对齐的两顶点或其他类型的图元，即可为其添加重合约束		
4. 相切 相切约束可以使一个图元（圆或弧）与另一个图元（圆、弧或直线）相切。 调用相切工具，选择两个图元，即可为其添加相切约束		

项目二 草绘二维截面 55

说明	示例	结果
5. 相等= 相等约束可以使两个（或多个）图元的特征尺寸保持相等。调用相等工具后，对于不同类型的图元有： 　1）选择两条（或多条）直线，使它们的长度相等； 　2）选择两个（或多个）弧、圆、或椭圆，使它们的半径相等； 　3）选择一个样条线与一条线或弧，使它们的曲率相等； 　4）选择两个（或多个）线性尺寸或角度尺寸，使它们的尺寸值相等		
6. 平行∥ 平行约束可以使两条或多条线保持平行。 　调用平行工具，选择两个（或多个）线图元，即可为其添加平行约束		
7. 垂直⊥ 垂直约束可以使两个图元相互垂直。 　调用垂直工具，选择两个图元，即可为其添加垂直约束		
8. 对称 对称约束可以使两顶点关于一条指定的中心线保持对称。 　调用对称工具，先选择作为对称轴的中心线①，然后分别选择两顶点②、③，即可为其添加对称约束		
9. 中点 中点约束可以使一个顶点与另一图元（线或弧）的中点重合。 　调用中点工具，选择一个顶点①，再选择一个线或弧②，即可使该顶点与所选图元的中点重合		

应用几何约束　　　草图尺寸标注　　　周长、基线、参考标注　　　尺寸标注的修改

添加几何约束的方法有以下两种。

1）调用约束工具添加几何约束。

进入草绘器后，在［草绘］选项卡的［约束］面板中选择要调用的几何约束工具，随后参照信息栏中的提示选择要添加约束的图元，即可为指定图元添加几何约束。

2）在草绘过程中控制约束生成。

在绘制图元时，软件将判断可能需要的约束，并试图自动添加该约束。使用鼠标右键可以控制此过程中约束的生成。

以绘制直线为例，当鼠标指针位置与上一顶点接近水平时，鼠标指针附近会出现水平约束符号，如图 2-49 所示。此时若单击鼠标左键放置线的下一顶点，即可绘制一条带有水平约束的线。

当水平约束符号出现后，单击鼠标右键，该约束将被锁定，如图 2-50 所示。此时任意移动鼠标指针放置线的下一顶点，该水平约束都将被保留。

当水平约束符号出现后，单击两次鼠标右键，该约束将被禁用，如图 2-51 所示。采用这个操作可以避免不需要的约束被自动添加。

图 2-49　　　图 2-50　　　图 2-51

删除几何约束的方法有以下两种。

1）选中几何约束，长按鼠标右键，在弹出的快捷菜单中单击［删除］，如图 2-52 所示。

图 2-52　删除几何约束

项目二　草绘二维截面　57

2）选中几何约束，按下 Delete 键。

二、尺寸

如图 2-53 所示，单击［尺寸］面板中的［尺寸］，即可调用［尺寸］⟷工具，随后通过不同的图元选取方式放置各类尺寸。

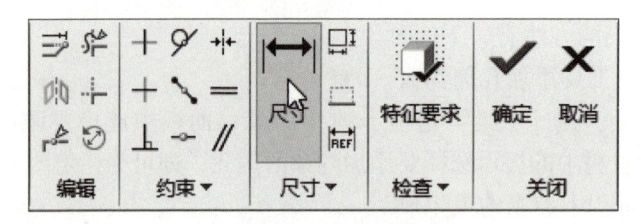

图 2-53　调用尺寸

Creo Parametric 10.0 中常用的尺寸类型及其放置方式如表 2-4 所示。

表 2-4　尺寸类型及放置方式

1. 线性尺寸 （1）直线的长度 　调用尺寸工具，鼠标左键单击直线①，随后单击鼠标中键放置直线的长度尺寸②	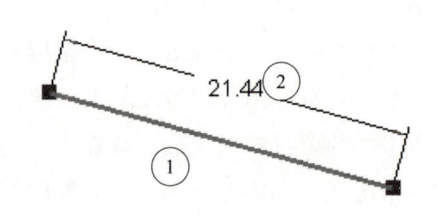 21.44
（2）两条直线的间距 　调用尺寸工具，鼠标左键分别单击两条相互平行的直线①、②，随后单击鼠标中键放置两条直线的间距尺寸③	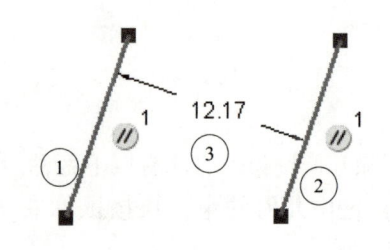 12.17
（3）两点的间距 　调用尺寸工具，鼠标左键分别单击两点①、②，随后单击鼠标中键放置两点的间距尺寸③。在草绘器的不同区域（阴影部分）单击鼠标中键，可以放置不同类型的两点间距尺寸	
水平间距	8.46

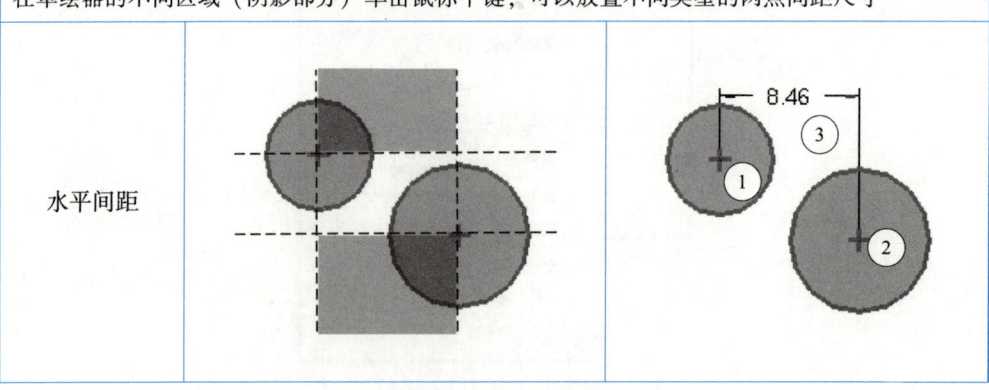

58　　Creo 三维设计项目教程

续表

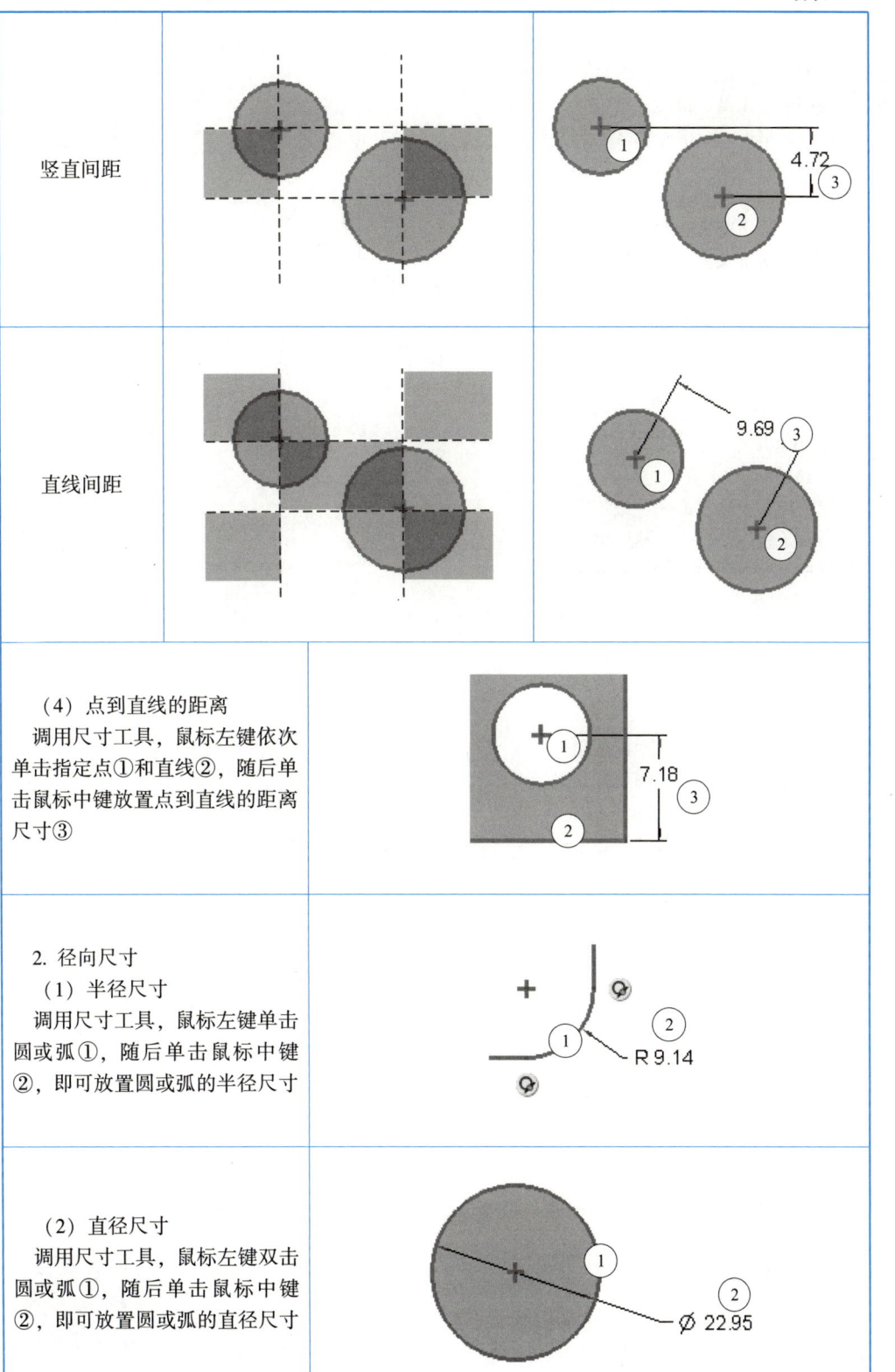

竖直间距		
直线间距		

(4) 点到直线的距离
调用尺寸工具，鼠标左键依次单击指定点①和直线②，随后单击鼠标中键放置点到直线的距离尺寸③

2. 径向尺寸
(1) 半径尺寸
调用尺寸工具，鼠标左键单击圆或弧①，随后单击鼠标中键②，即可放置圆或弧的半径尺寸

(2) 直径尺寸
调用尺寸工具，鼠标左键双击圆或弧①，随后单击鼠标中键②，即可放置圆或弧的直径尺寸

项目二 草绘二维截面 59

	（3）对称尺寸 调用尺寸工具，鼠标左键依次单击标注对象①、中心线②，再单击标注对象③，随后单击鼠标中键放置对称尺寸④。 注意：必须有中心线作为参照才能放置对称尺寸。对称尺寸常用于标注形状为轴对称图形的截面，以及旋转特征的截面	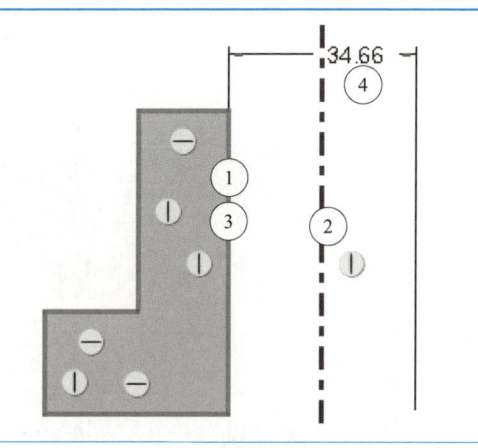
	3. 角度尺寸 （1）两直线的夹角 调用尺寸工具，鼠标左键依次单击两条直线①、②，随后单击鼠标中键放置两直线的夹角尺寸③	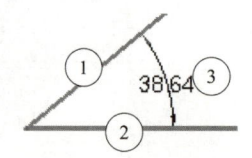
	（2）圆弧的圆心角 调用尺寸工具，鼠标左键依次单击圆弧的一端点①、圆弧的圆心②、圆弧的另一端点③，随后单击鼠标中键放置圆弧的圆心角尺寸④	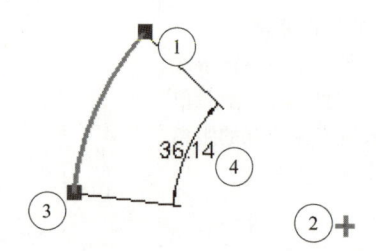
	4. 弧长尺寸 调用尺寸工具，鼠标左键依次单击圆弧①、圆弧的两端点②、③，随后单击鼠标中键放置圆弧的弧长尺寸④	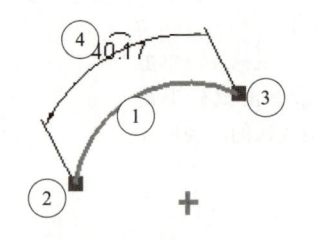

拓展任务

1）在 FRONT 平面上绘制如图 2-54 所示的截面。要求文件保存在路径"D:\Creo 实体建模\项目二"下，文件名为"绘制复杂截面练习 1.prt"。

实操演示

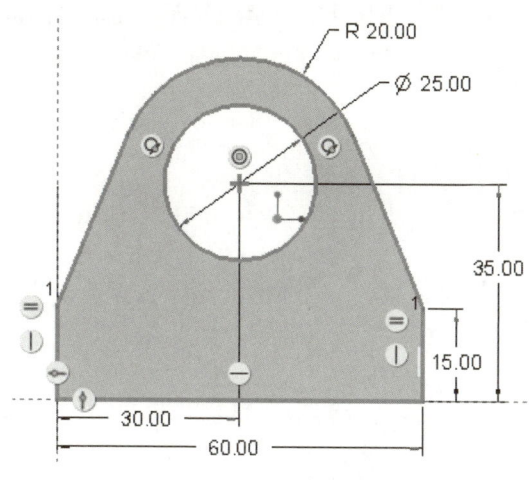

图 2-54　绘制复杂截面 1

2）在 TOP 平面上绘制如图 2-55 所示的截面。要求文件保存在路径"D:\Creo 实体建模\项目二"下，文件名为"绘制复杂截面练习 2.prt"。

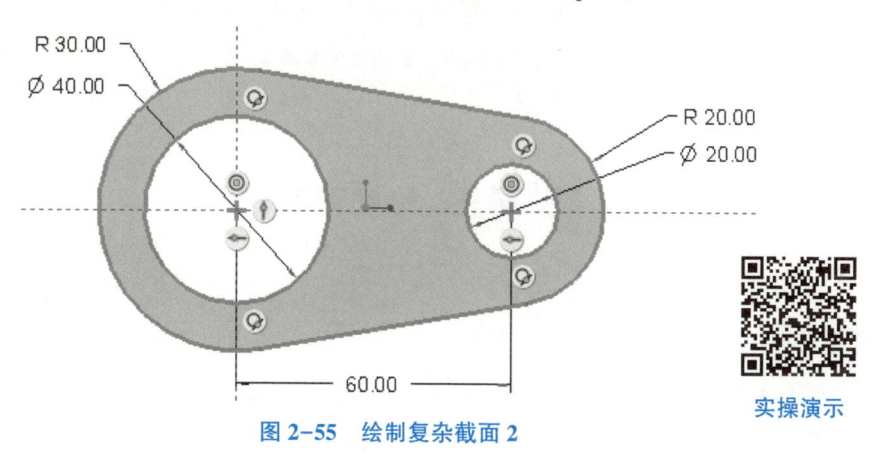

图 2-55　绘制复杂截面 2

实操演示

3）在 TOP 平面上绘制如图 2-56 所示的截面。要求文件保存在路径"D:\Creo 实体建模\项目二"下，文件名为"绘制复杂截面练习 3.prt"。

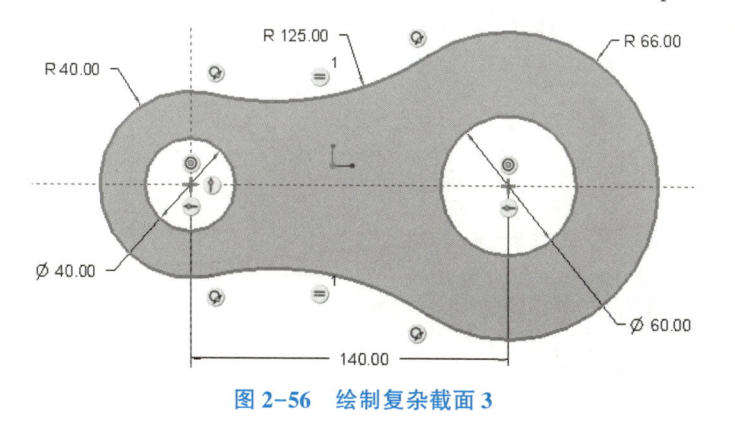

图 2-56　绘制复杂截面 3

实操演示

项目二　草绘二维截面　61

4）在 FRONT 平面上绘制如图 2-57 所示的截面。要求文件保存在路径"D:\Creo 实体建模\项目二"下，文件名为"绘制复杂截面练习 4.prt"。

实操演示

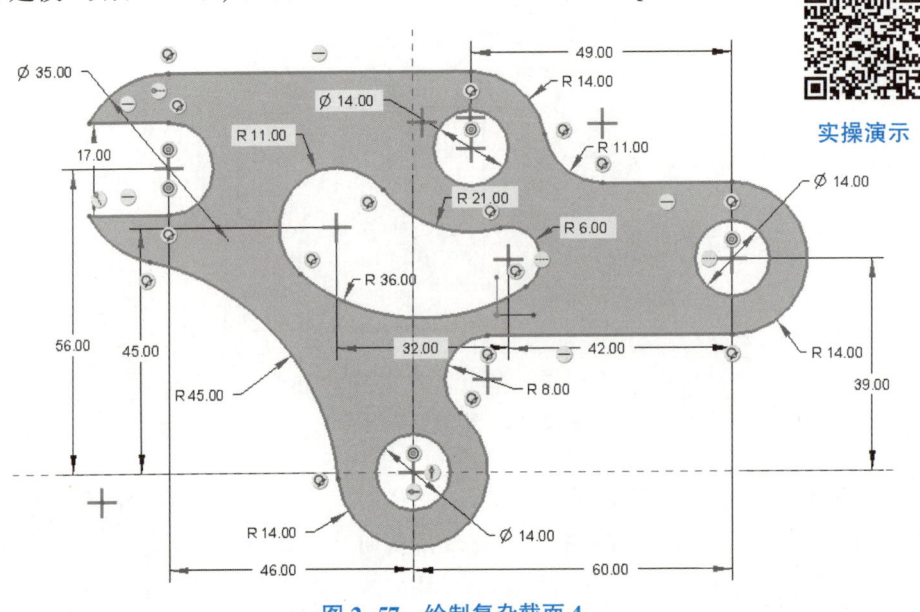

图 2-57　绘制复杂截面 4

任务三　绘制对称截面

任务下达

在 TOP 平面上绘制如图 2-58 所示的对称截面。要求文件保存在路径"D:\Creo 实体建模\项目二"下，文件名为"任务 3.prt"。

绘制对称截面

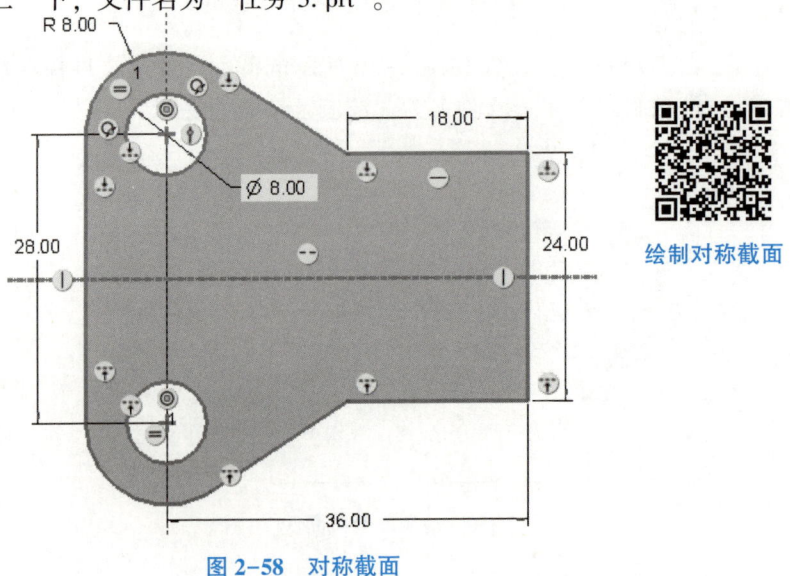

图 2-58　对称截面

任务解析

绘制对称截面的主要步骤如下。

1. 准备工作环节，选择草绘平面进入截面草绘。
2. 创建适当的中心线作为对称截面的对称轴。
3. 绘制对称轴一侧的截面。
4. 使用镜像工具将截面创建完整。
5. 完成草绘，保存文件。

任务实施

1. 准备工作环境

启动 Creo Parametric 10.0，将工作目录设置为"D:\Creo 实体建模\项目二"。

2. 新建文件

新建类型为"零件"的文件，文件名为"任务3"，选择［mmns_part_solid_abs］模板（图 2-59）。

图 2-59　新建文件

3. 新建草绘

选择 TOP 平面，单击选项卡功能区的［草绘］工具（或按下默认快捷键 S），进入草绘器，如图 2-60 所示。

项目二　草绘二维截面　　63

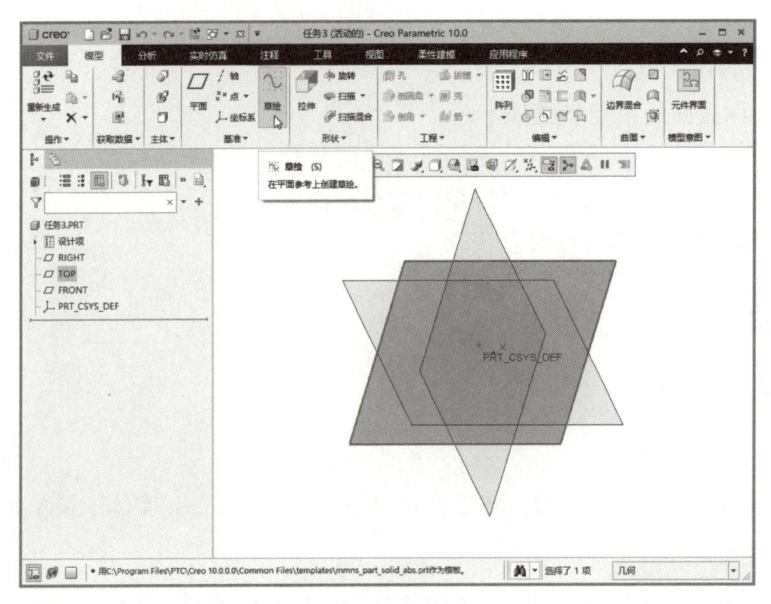

图 2-60　新建草绘

4. 绘制中心线

单击使用［基准］面板中的［中心线］工具。绘制一条与 FRONT 平面所积聚成的参照线重合的中心线，如图 2-61 所示。

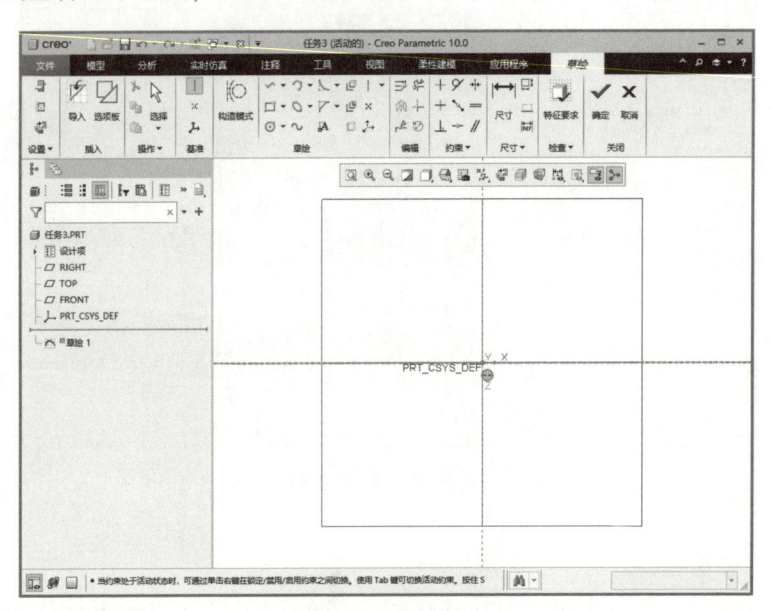

图 2-61　绘制中心线

5. 绘制单侧图元

绘制一侧的图元并为其添加适当的几何约束与尺寸约束（图 2-62）。标注对称尺寸的方法参阅项目二—任务二—知识链接—尺寸—径向尺寸—对称尺寸。

64　■ Creo 三维设计项目教程

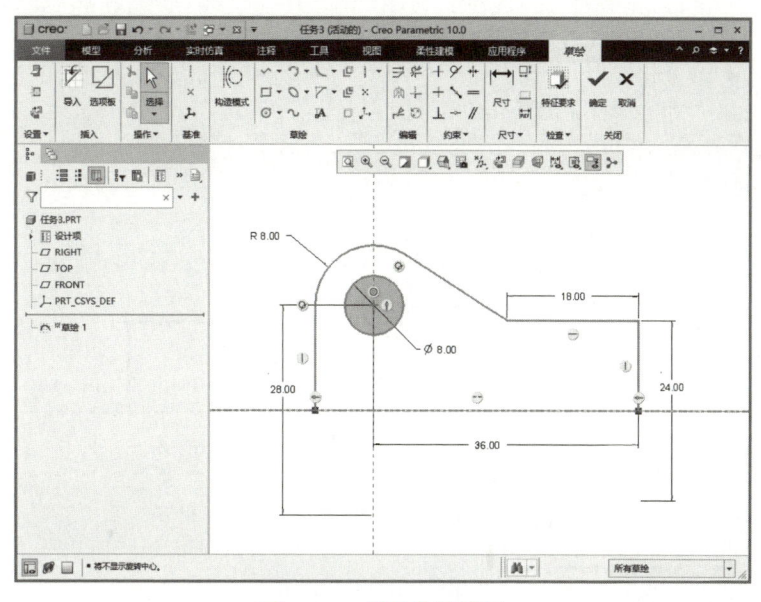

图 2-62 绘制单侧图元

6. 镜像图元

框选中心线一侧的所有图元，单击 [编辑] 面板中的 [镜像] 工具，如图 2-63 所示。

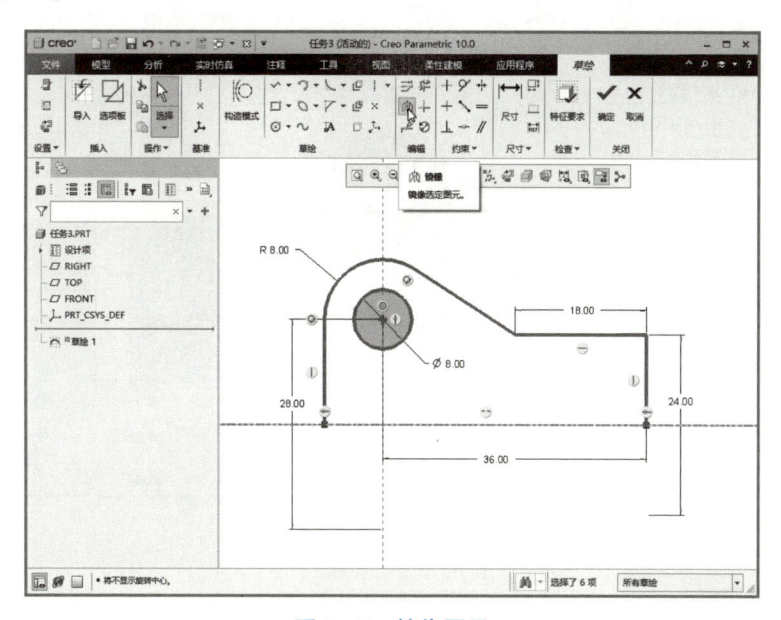

图 2-63 镜像图元

单击作为对称轴的中心线，如图 2-64 所示。

项目二　草绘二维截面　65

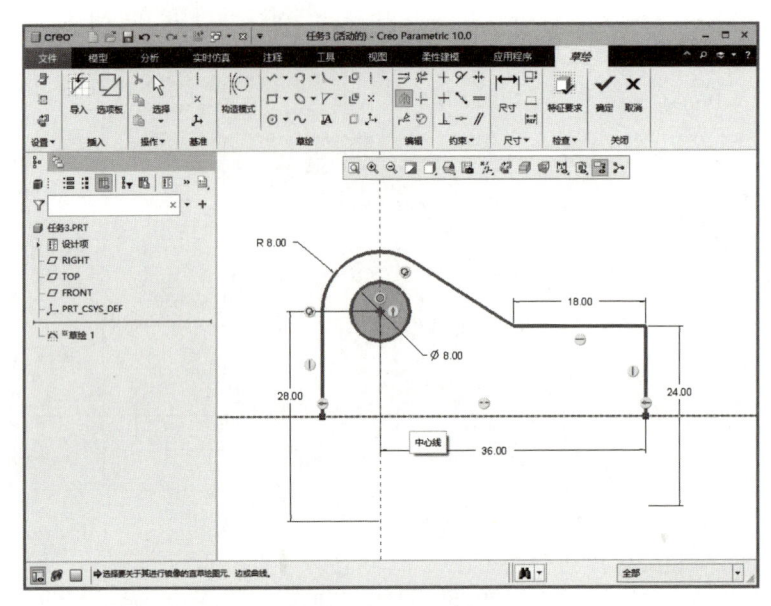

图 2-64　中心线

单击［确定］✔按钮，完成截面草绘，如图 2-65 所示。

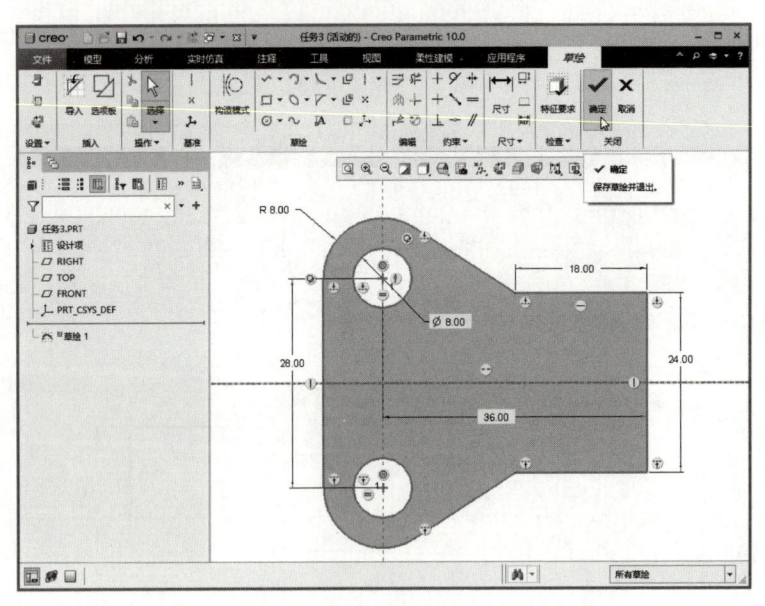

图 2-65　完成截面草绘

7. 保存文件

调用［保存］🖫工具将文件保存至工作目录，如图 2-66 所示。

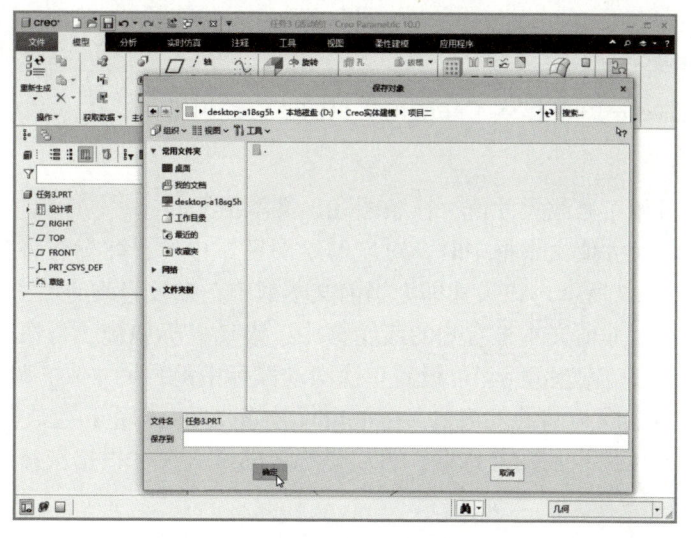

图 2-66　保存文件

任务评价

项目	项目二　草绘二维截面		日期	年　　月　　日	
任务	任务三　绘制对称截面		组别	第　　　小组	
班级			组长	教师	
序号	评价内容		分值	学生自评	小组评价	教师评价
1	敬业精神		10			
2	正确地选择工作目录		10			
3	正确地设置文件名、文件类型		10			
4	选择正确的文件模板		10			
5	选择正确的草绘平面		10			
6	完整地创建所需图元		20			
7	几何约束合理，尺寸完整、准确		10			
8	及时保存文件		10			
9	学习成果展示		10			
10						
合计			100			
	遇到的问题			解决方法		
	心得体会					

项目二　草绘二维截面　67

知识链接

Creo Parametric 10.0 提供了一系列实用的草绘编辑工具。

1. 修改

修改工具可用于修改尺寸值、样条图元、文本图元。

光标停留在尺寸值文本框中时,对应的绘图区域中的尺寸标注将被黑色矩形方框标记,如图 2-67 所示。该尺寸即为当前文本框中正在被修改的尺寸。

光标停留在尺寸值文本框右侧的滚轮框中,滚动鼠标中键,可快速调节该尺寸值大小。拖动调整 [敏感度],可设置单次滚动鼠标中键时尺寸值的调节幅度。

勾选 [重新生成] 前的复选框,可使得尺寸修改后立即重新生成截面。

勾选 [锁定比例] 前的复选框,可使得选定的所有尺寸根据被修改的尺寸等比例修改。

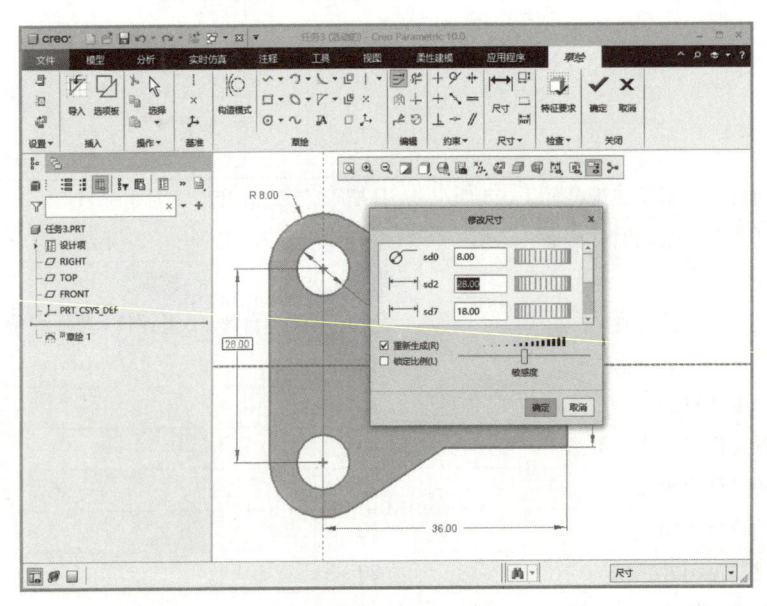

图 2-67 修改尺寸值

选择、移动、缩放和旋转

镜像、修剪、拐角、分割图元

2. 删除段

删除段工具可用于修剪草绘图元。调用删除段工具,单击需要删除的图元片段,即可将其修剪,如图 2-68 所示。也可以通过按住鼠标左键移动鼠标指针的方式,修剪指针路径所经过的所有图元片段。

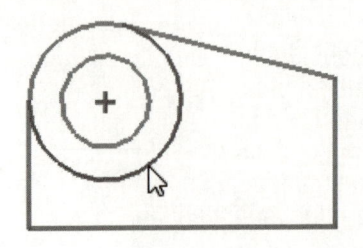

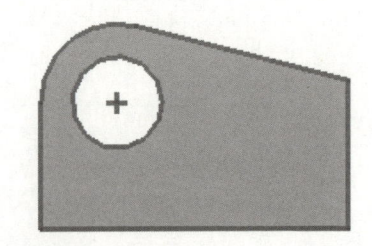

图 2-68 删除段

3. 镜像

镜像工具可用于镜像选定图元。选择需要镜像的图元，调用镜像工具，再单击作为对称轴的中心线，即可创建所选图元的镜像，如图 2-69 所示。

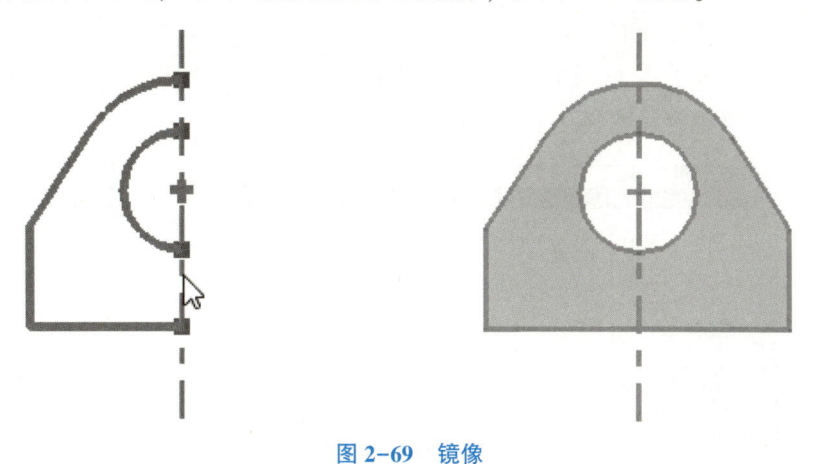

图 2-69 镜像

4. 拐角

拐角工具可将图元剪切或延伸至其他图元或几何。调用拐角工具，单击需要以拐角连接的两图元，即可将其延伸或修剪为拐角，如图 2-70 所示。

图 2-70 拐角

5. 分割

分割工具可在选定点的位置处分割图元。调用分割工具，在需要将图元打断的位置处单击鼠标左键，即可将单个图元分割为多个图元，如图 2-71 所示。

图 2-71 分割

6. 旋转调整大小

旋转调整大小工具可用于平移、旋转、缩放选定图元。选择需要调整的图元，

项目二　草绘二维截面

调用旋转调整大小工具,所选图元外围会出现点划线矩形框,如图2-72所示。按住矩形框一角的[旋转]按钮拖拽鼠标指针,即可快捷地旋转所选图元;按住矩形框一角的[调整大小]按钮拖拽鼠标指针,即可快捷地调整所选图元的大小。

使用旋转调整大小工具时,可在选项卡面板中选择参考基准、输入调整量,使所选图元被精确地定量调整。平移的参考应为直线或中心线,旋转的参考应为顶点。

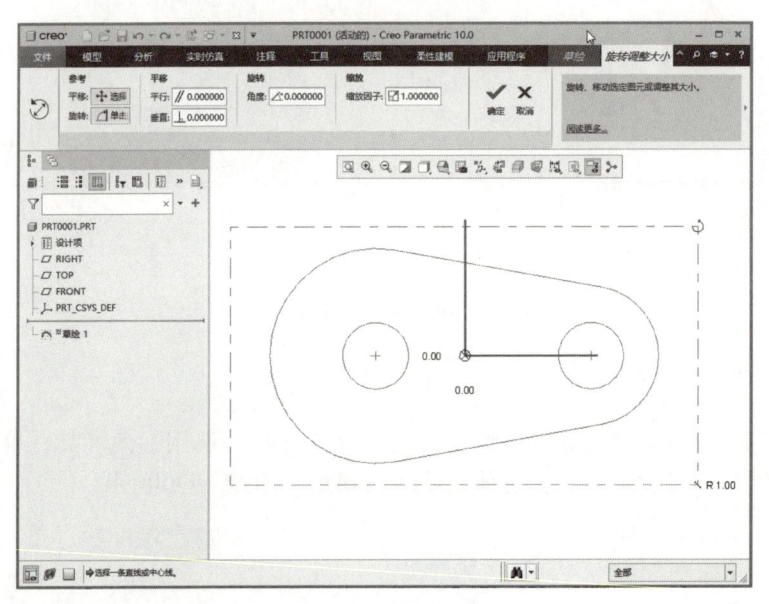

图 2-72 旋转调整大小

拓展任务

1)在 FRONT 平面上绘制如图 2-73 所示的截面。要求文件保存在路径"D:\Creo 实体建模\项目二"下,文件名为"绘制对称截面练习 1.prt"。

实操演示

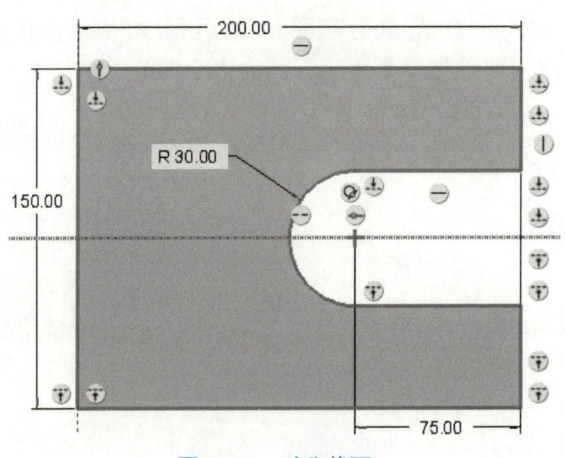

图 2-73 对称截面 1

2）在 FRONT 平面上绘制如图 2-74 所示的截面。要求文件保存在路径"D:\Creo 实体建模\项目二"下，文件名为"绘制对称截面练习 2.prt"。

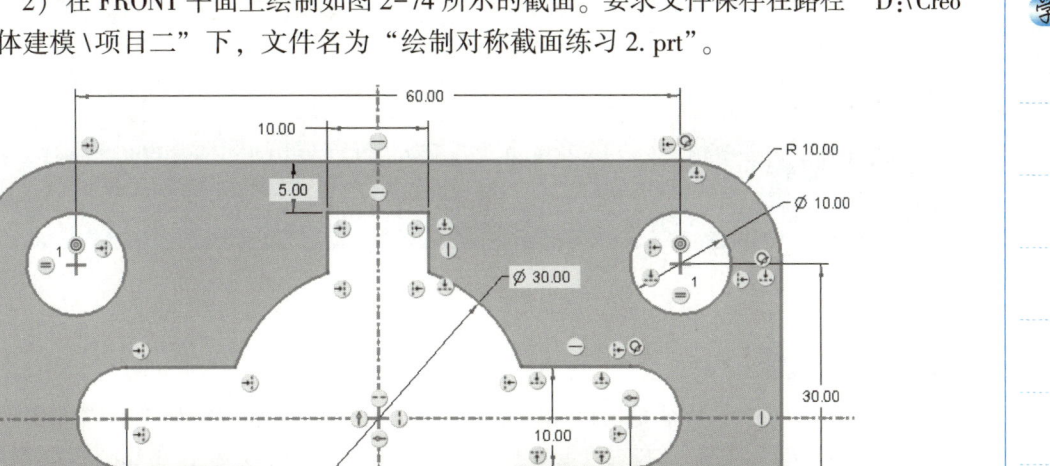

图 2-74 对称截面 2

实操演示

3）在 FRONT 平面上绘制如图 2-75 所示的截面。要求文件保存在路径"D:\Creo 实体建模\项目二"下，文件名为"绘制对称截面练习 3.prt"。

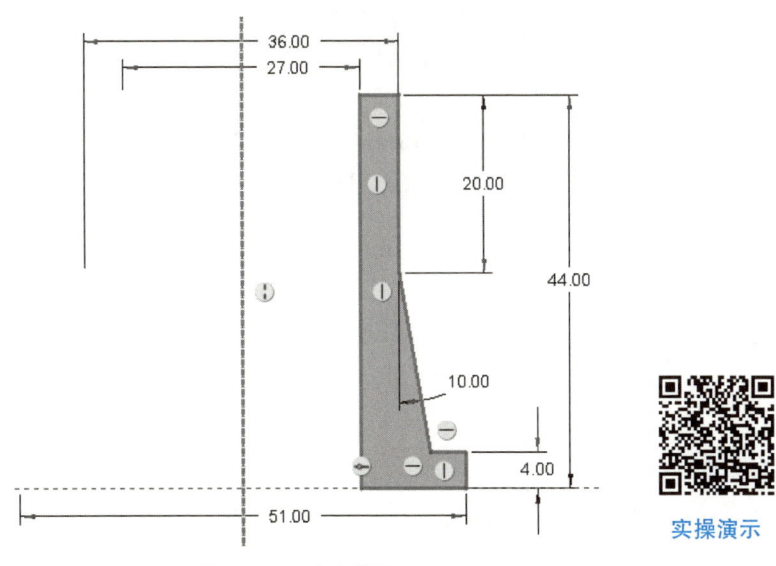

图 2-75 对称截面 3

实操演示

项目二 草绘二维截面 71

项目三 基础特征设计

项目描述

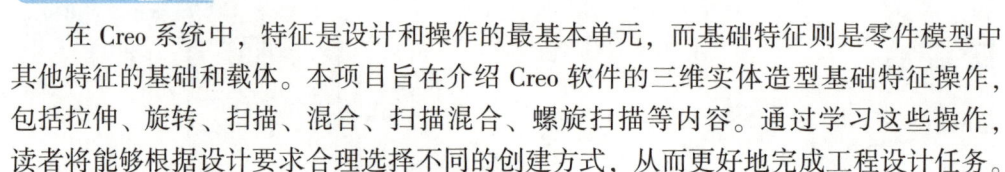

在 Creo 系统中，特征是设计和操作的最基本单元，而基础特征则是零件模型中其他特征的基础和载体。本项目旨在介绍 Creo 软件的三维实体造型基础特征操作，包括拉伸、旋转、扫描、混合、扫描混合、螺旋扫描等内容。通过学习这些操作，读者将能够根据设计要求合理选择不同的创建方式，从而更好地完成工程设计任务。

全面掌握基础特征的创建是熟练使用 Creo 软件进行工程设计的基本要求。因此，本项目将为读者提供详细的操作步骤和实例演示，以帮助读者更好地理解和掌握这些操作。

项目目标

1. 能够熟练进入实体模型创建环境。
2. 了解实体模型工作界面。
3. 掌握基本实体特征创建方法及应用。
4. 能够独立完成任务实施中的操作任务。
5. 养成良好的操作习惯，形成缜密的系统思维方式。
6. 增强团队意识，提升团结协作与语言表达能力。
7. 增强学生的文化自信和社会责任感。
8. 培养学生坚韧不拔的奋斗精神和精益求精的工匠精神。

课程思政案例五

任务一 拉伸特征建模——底座

任务下达

利用拉伸特征创建"底座"三维模型，如图 3-1 所示，完成以下操作任务。
1. 设置工作目录为 E:\Creo 练习。
2. 新建模型文件，命名为"底座"，选择公制尺寸模板。
3. 利用拉伸工具创建底座模型。
4. 保存文件至工作目录。

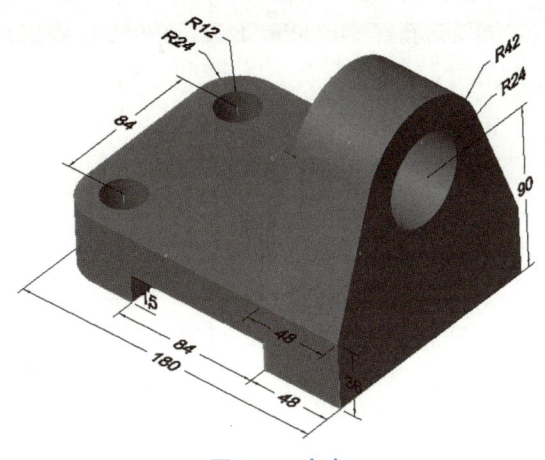

图 3-1 底座

任务解析

底座是工程机械中常见的零部件，主要起到固定、支撑的作用。图中底座分为两部分，下半部分是一个 180×132×38 的底板（底板下方切除了 84×132×15 的矩形槽），上部是一个外径为 R42，内孔为 R24 的圆柱形支承孔，该支承孔用厚度为 48 的背板与底板相连接。支承孔通常与轴或者轴承配合，精度要求较高。具体构建流程如图 3-2 所示。

图 3-2 底座构建流程

任务实施

1. 启动 Creo Parametric 10.0

双击桌面上的快捷方式图标，启动 Creo Parametric 10.0，关闭资源中心网页链接，关闭浏览器链接，进入用户初始界面，如图 3-3 所示。

项目三 基础特征设计

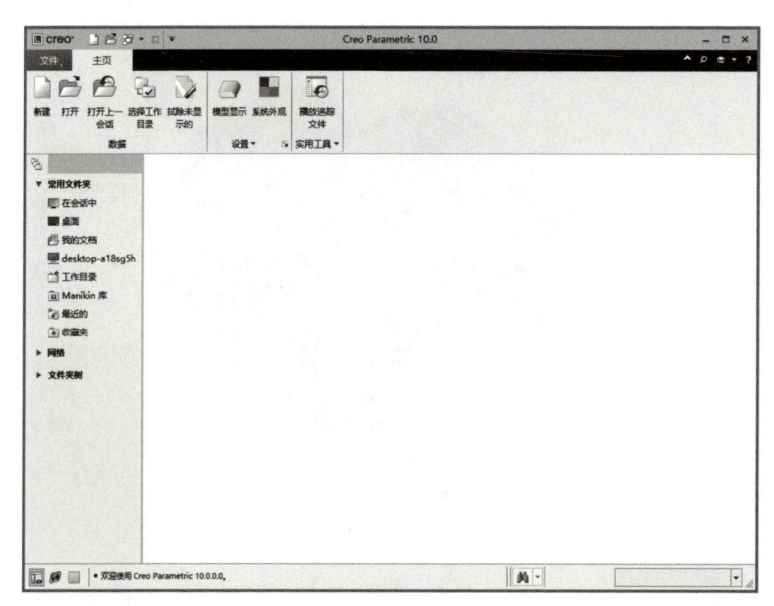

图 3-3　用户初始界面

2. 设置工作目录

［主页］→［数据］→［选择工作目录］，在选择工作目录对话框中选取工作目录，如图 3-4 所示。

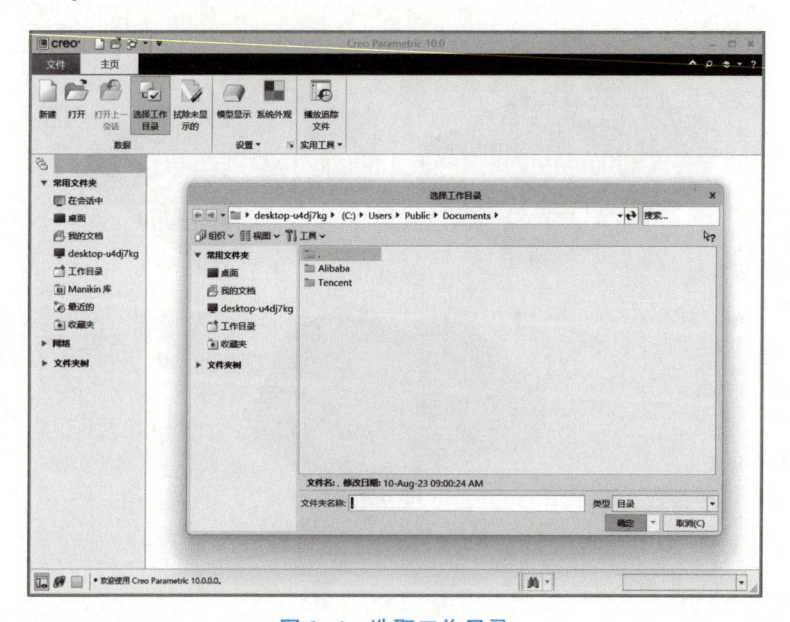

图 3-4　选取工作目录

3. 创建新文件

单击［文件］→［新建］命令，弹出［新建］对话框，选择文件类型为［零件］，［子类型］为［实体］。

在［文件名］文本框中输入文件的名称"底座"，取消勾选［使用默认模板］

复选框，单击［确定］按钮。弹出［新文件选项］对话框，选择公制模板［mmns_part_solid_abs］选项，单击［确定］按钮，如图3-5所示。

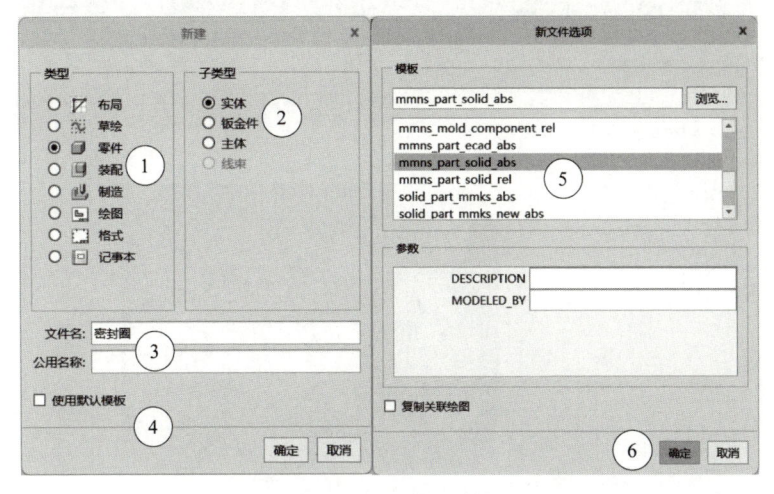

图 3-5　创建新文件

4. 利用拉伸工具创建底座底板

①单击［模型］选项卡［形状］组中的［拉伸］按钮。

②选择 TOP 基准面作为草绘平面，随即打开［拉伸］和［草绘］选项卡，系统自动进入 Creo 的草绘环境，如图 3-6 所示。

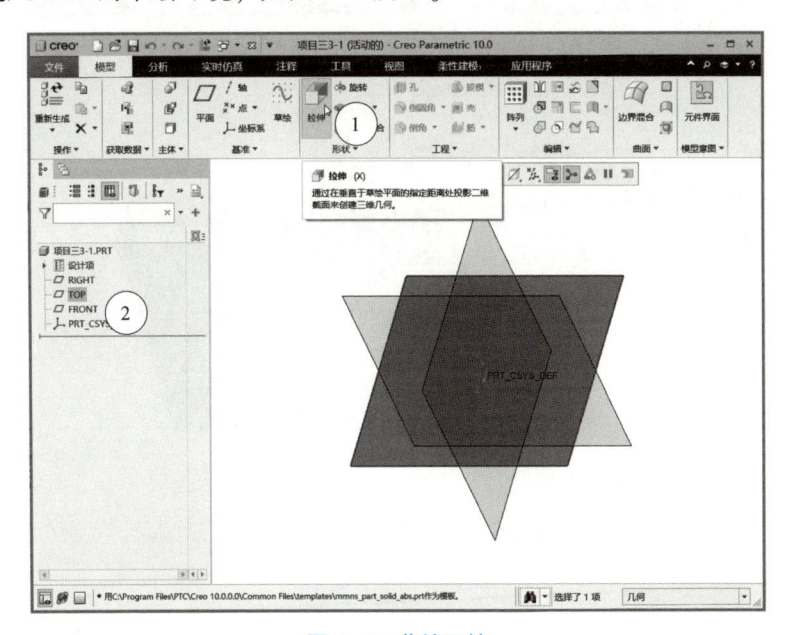

图 3-6　草绘环境

③单击［草绘］选项卡［设置］组中［草绘视图］按钮，将草绘平面置于与屏幕平行。单击［草绘］组中的［中心线］按钮，完成水平、竖直中心线的绘制。利用［草绘］组中［中心矩形］→［圆角］→［圆］→［删除段］工具完成草绘图形绘

项目三　基础特征设计　75

制并调整尺寸。单击✔确定，如图3-7所示。

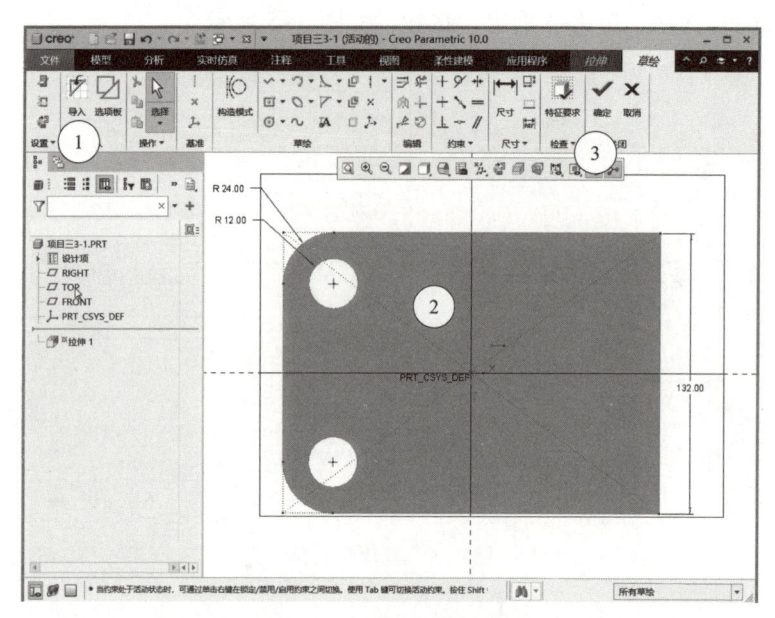

图3-7 草绘图形绘制

④深度选择［可变］，输入数值"36"，单击✔确定（图3-8）。

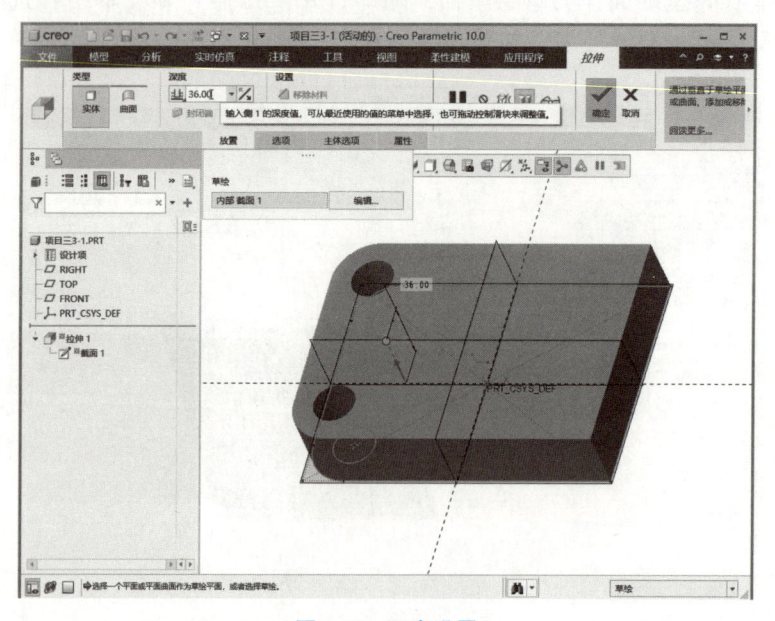

图3-8 深度设置

⑤单击［模型］选项卡［形状］组中的［拉伸］按钮。选择FRONT基准面作为草绘平面，随即打开［拉伸］和［草绘］选项卡，系统自动进入Creo的草绘环境。利用［矩形］工具完成草绘图形绘制，并调整尺寸，单击✔确定（图3-9）。

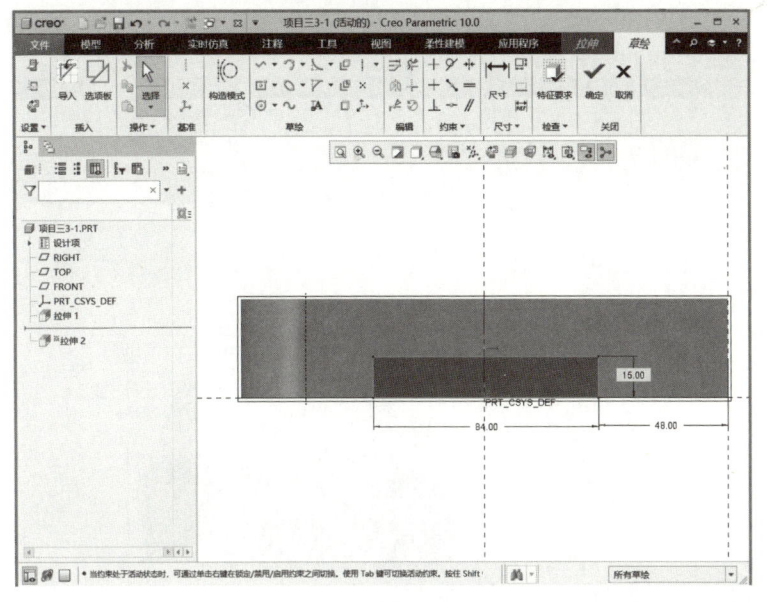

图 3-9　草绘图形

⑥深度选择［对称］，输入数值"132"，设置选择［移除材料］，单击✔确定（图 3-10）。

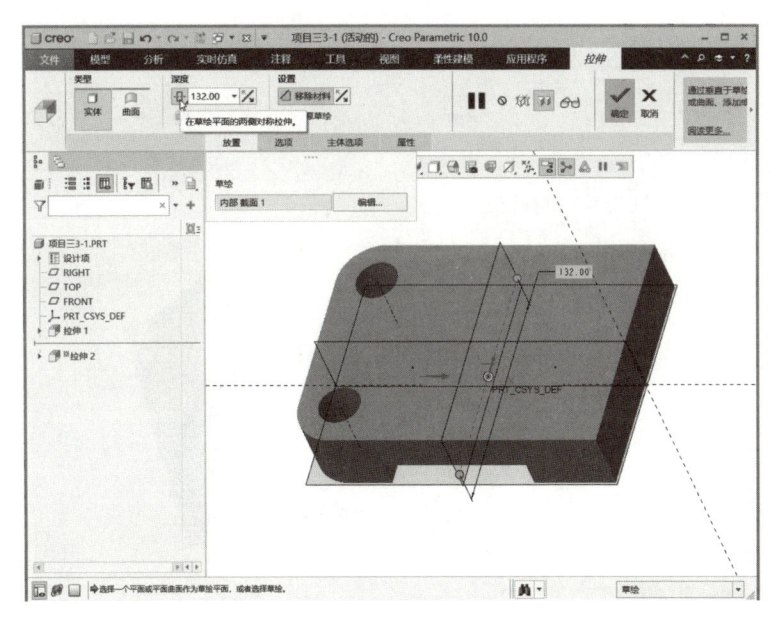

图 3-10　移除材料

5. 利用拉伸工具创建背板及支承孔

①单击［模型］选项卡［形状］组中的［拉伸］按钮。选择底板右侧表面作为草绘平面，随即打开［拉伸］和［草绘］选项卡，系统自动进入 Creo 的草绘环境。利用［圆］→［线链］工具完成草绘图形绘制，并调整尺寸，单击✔确定，如

项目三　基础特征设计　77

图 3-11 所示。

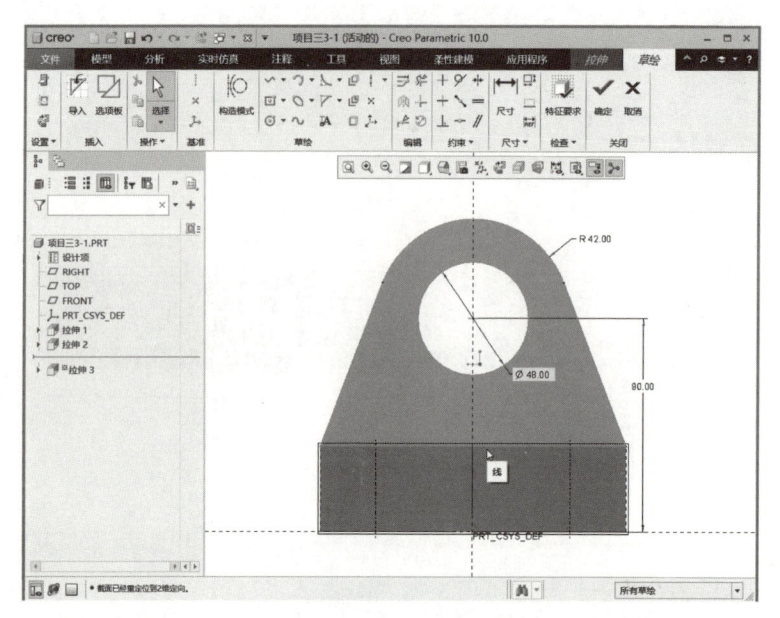

图 3-11 创建背板及支承孔

②深度选择［可变］，输入数值"48"，单击✔确定（图 3-12）。

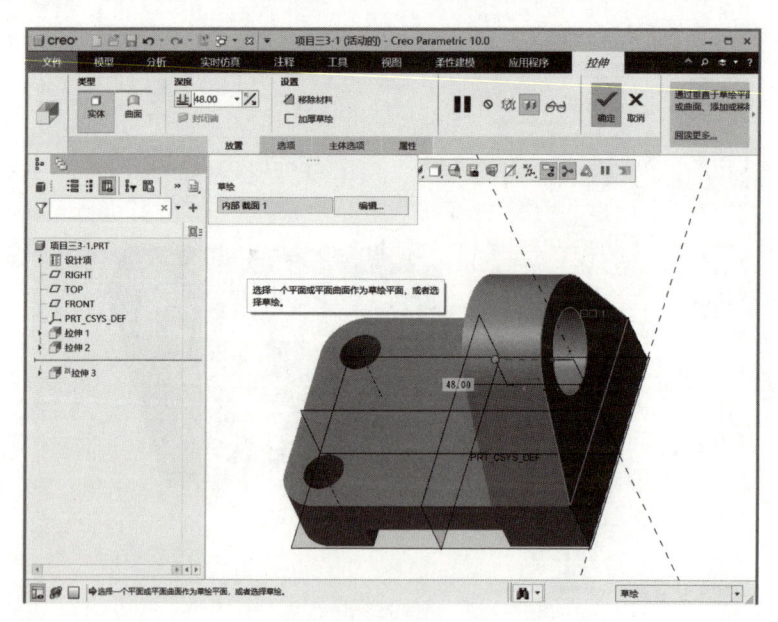

图 3-12 深度设置

6. 保存文件至工作目录

单击［快速访问工具栏］中的［保存］按钮，将三维实体模型保存至工作目录中（图 3-13）。

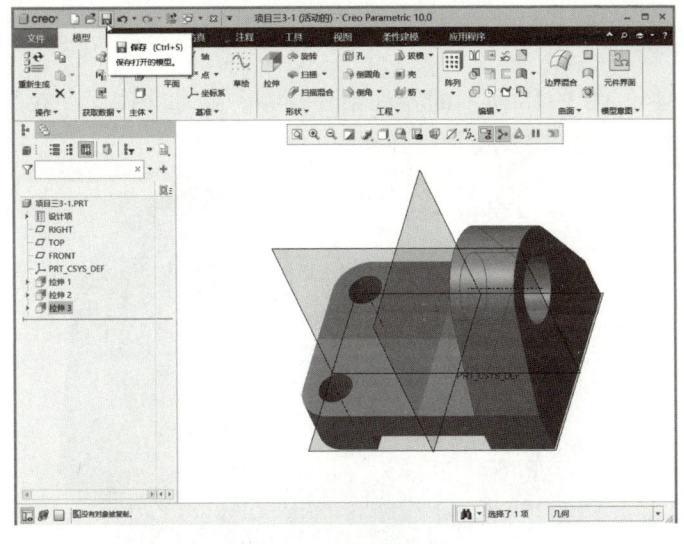

图 3-13　保存文件

任务评价

项目	项目三　基础特征设计		日期	年　　月　　日		
任务	任务一　拉伸特征建模——底座		组别	第　　　　小组		
班级			组长	教师		
序号	评价内容		分值	学生自评	小组评价	教师评价
1	敬业精神		10			
2	团队协作能力		10			
3	能够在指定位置设定工作目录		10			
4	能够按照尺寸要求创建实体		20			
5	能够及时保存文件并退出软件		10			
6	工作效率		10			
7	工作过程合理性		10			
8	学习成果展示及个人心得感悟		20			
9						
10						
合计			100			
	遇到的问题			解决方法		
	心得体会					

项目三　基础特征设计　79

拓展任务

为如图 3-14、图 3-15 所示的零件创建模型。要求文件保存在路径"D:\Creo 实体建模\项目三"下，并测量模型体积。

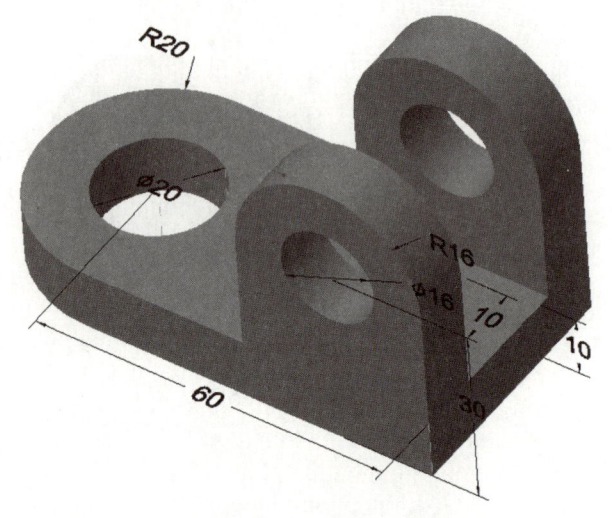

图 3-14　零件 1

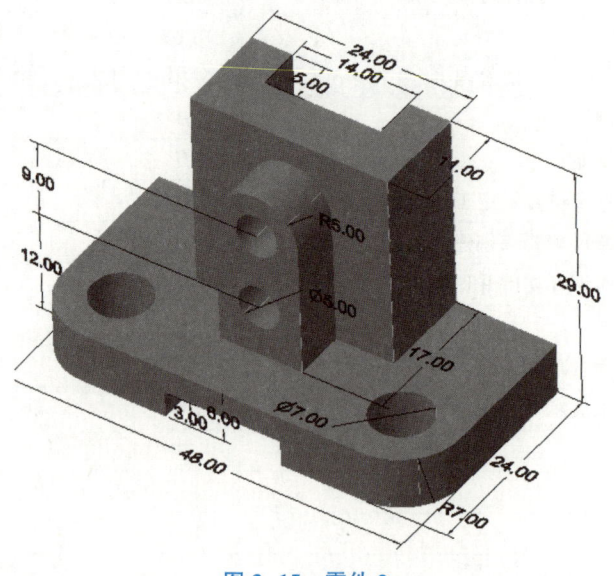

图 3-15　零件 2

任务二 拉伸特征建模——阀体

任务下达

利用拉伸特征创建"阀体"三维模型，如图 3-16 所示，完成以下操作任务。

1. 设置工作目录为 E:\Creo 练习。
2. 新建模型文件，命名为"阀体"，选择公制尺寸模板。
3. 利用拉伸工具创建阀体模型。
4. 分析查询零件准确的体积及质量。
5. 保存文件至工作目录。

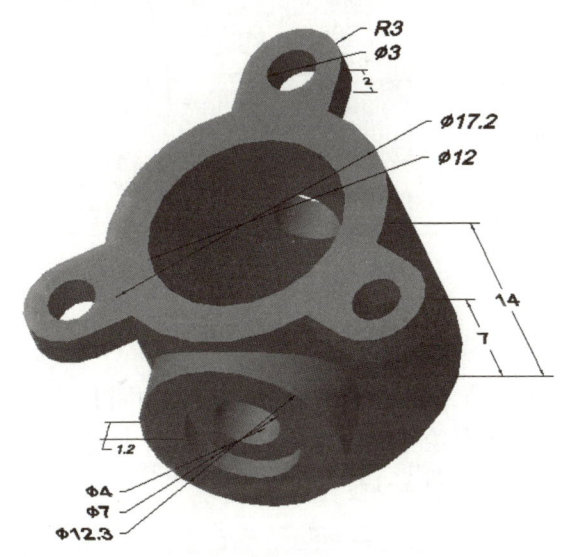

课程思政案例六

创建阀体模型

图 3-16 阀体

任务解析

阀体是阀门中的一个主要零部件，通常用于控制流体的开闭和调节。阀体的制造方法和材质会根据压力等级和工艺介质的不同而有所区别。阀体零件是由主体、凸台和凸缘组成的，其材质为 45#钢。具体构建流程如图 3-17 所示。

图 3-17 阀体构建流程

项目三 基础特征设计　81

任务实施

1. 准备工作环境

将工作目录建立在"D:\Creo 实体建模\项目三",新建名称为"阀体.prt"的模型文件,选择"mmns_part_solid_abs"模板(图 3-18)。

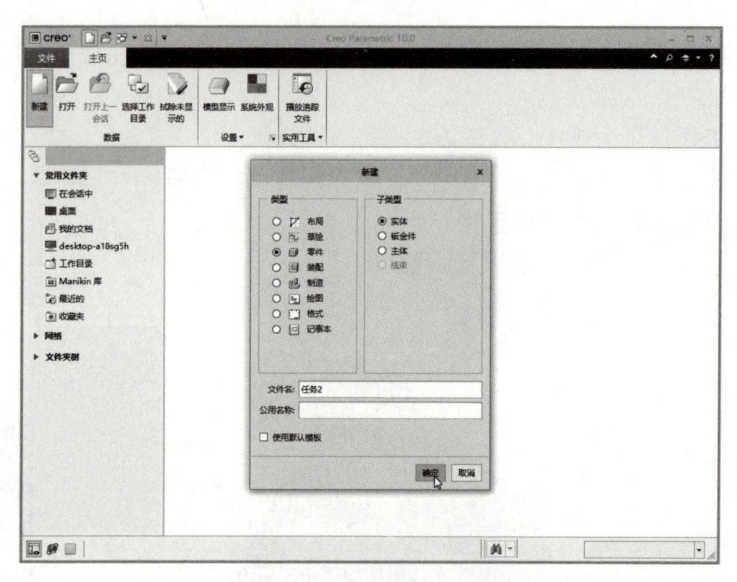

图 3-18 准备工作环境

2. 利用拉伸工具创建阀体的主体

①单击[模型]选项卡[形状]组中的[拉伸]按钮。

②将 TOP 基准面作为草绘平面,随即打开[拉伸]和[草绘]选项卡,系统自动进入 Creo 的草绘环境(图 3-19)。

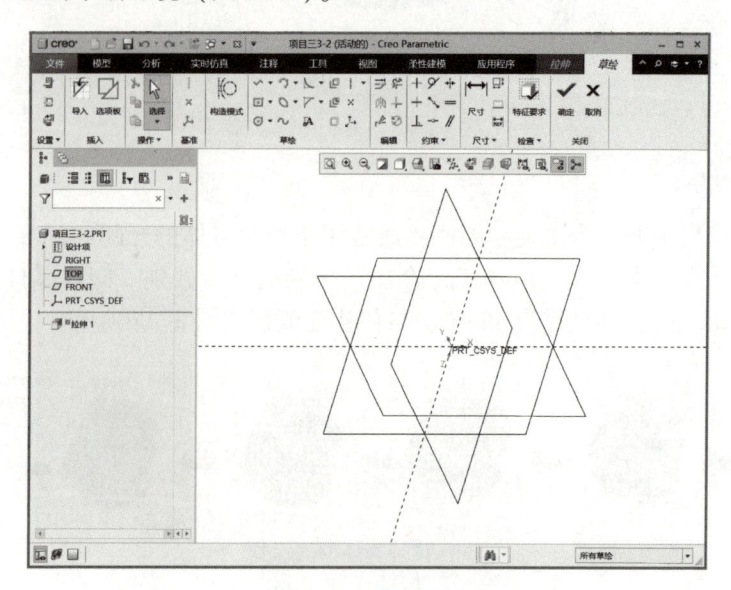

图 3-19 草绘环境

③单击［草绘］选项卡［设置］组中［草绘视图］按钮，将草绘平面置于与屏幕平行的位置。单击［草绘］组中的［中心线］按钮，在绘图区域中的 X 轴上单击选择不重合的两点，完成水平中心线的绘制（图3-20）。同理完成竖直中心线的绘制。

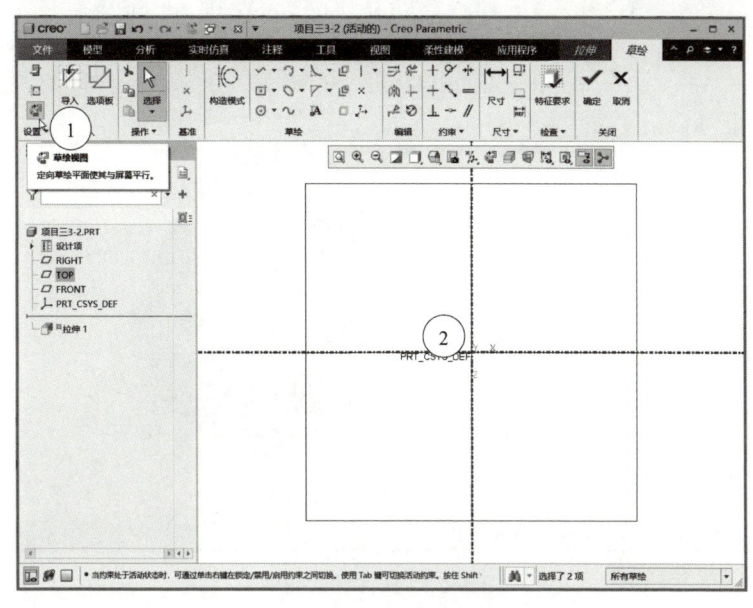

图3-20 水平中心线的绘制

④单击［草绘］组中的［圆］按钮，以中心线交点为圆心，绘制两个同心圆。单击［尺寸］组中［尺寸］按钮，标注圆直径尺寸并修改为 $\phi 12\phi 17.2$，单击✔确定，如图3-21所示。

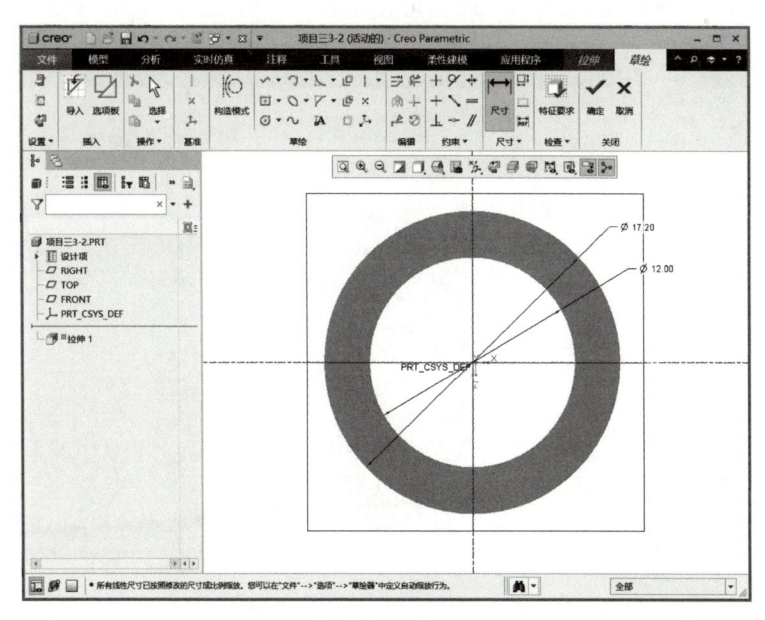

图3-21 绘制两个同心圆

项目三 基础特征设计 83

⑤在［拉伸］选项卡中类型选择［实体］，深度输入"14"，单击✔确定，阀体主体创建完毕（图3-22）。

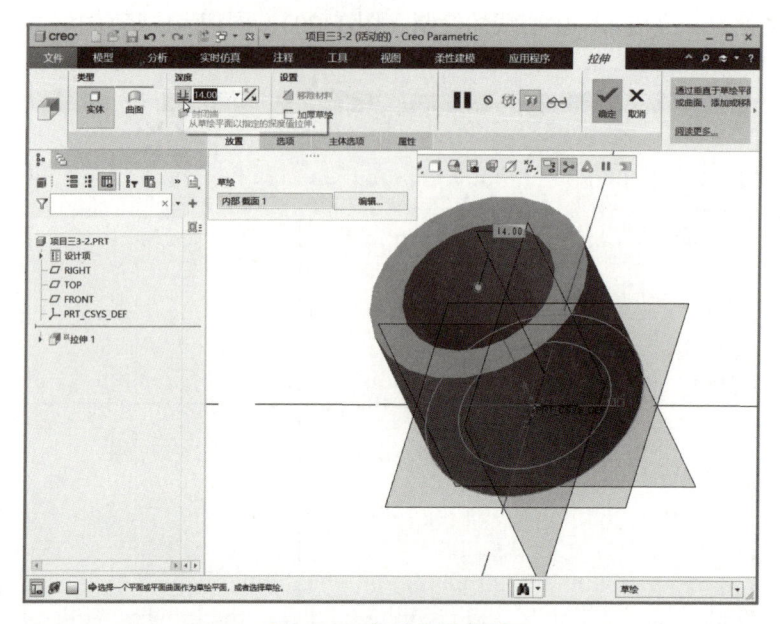

图 3-22　阀体创建完毕

3. 利用拉伸工具创建阀体的凸台

①选择 FRONT 基准平面，单击［模型］选项卡中［基准］组［平面］按钮，在［基准平面］对话框中输入偏移距离"10"，单击［确定］按钮（图3-23），新建一个基准平面 DTM1。

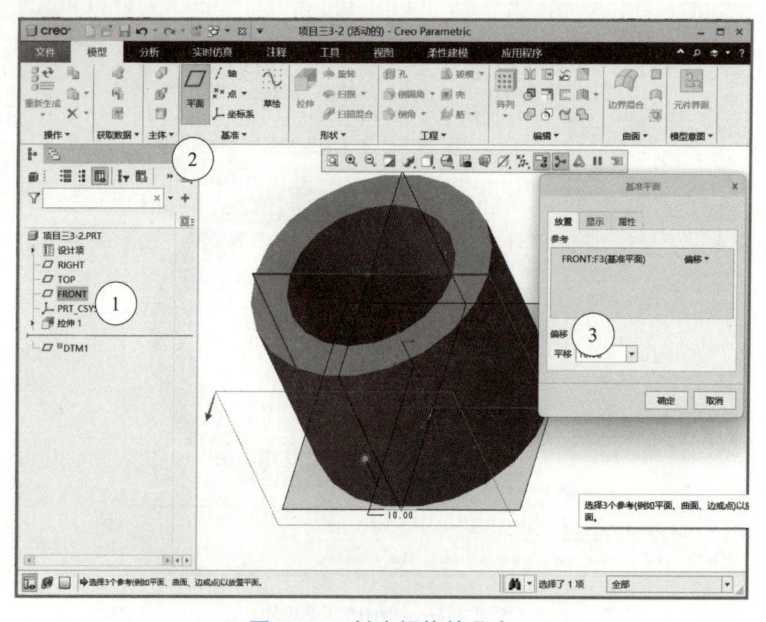

图 3-23　创建阀体的凸台

84　■　Creo 三维设计项目教程

②单击［模型］选项卡［形状］组中的［拉伸］按钮，选择 DTM1 基准面作为草绘平面，随即打开［拉伸］和［草绘］选项卡，系统自动进入 Creo 的草绘环境。单击［草绘］选项卡［设置］组中［草绘视图］按钮，将草绘平面置于与屏幕平行。

③单击［草绘］组中［圆］工具，以竖直中心线上点为圆心绘制圆。单击［尺寸］按钮，标注并修改圆的直径尺寸 ϕ12.3 和圆心到主体下表面之间的线性尺寸 7，单击✔确定（图 3-24）。

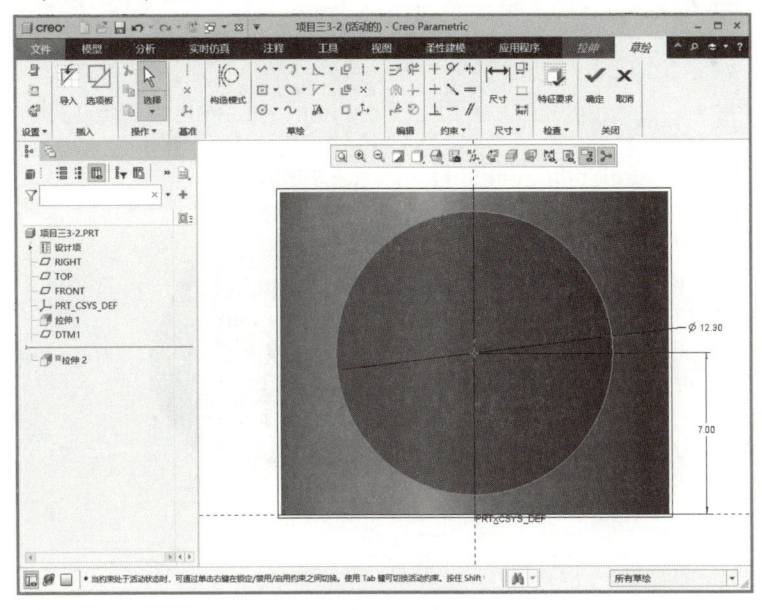

图 3-24 草绘设置

④深度选择［到参考］即拉伸至选定的曲面、平面、边、轴或点（图 3-25）。单击选择阀体主体外表面为参考面，单击✔确定。

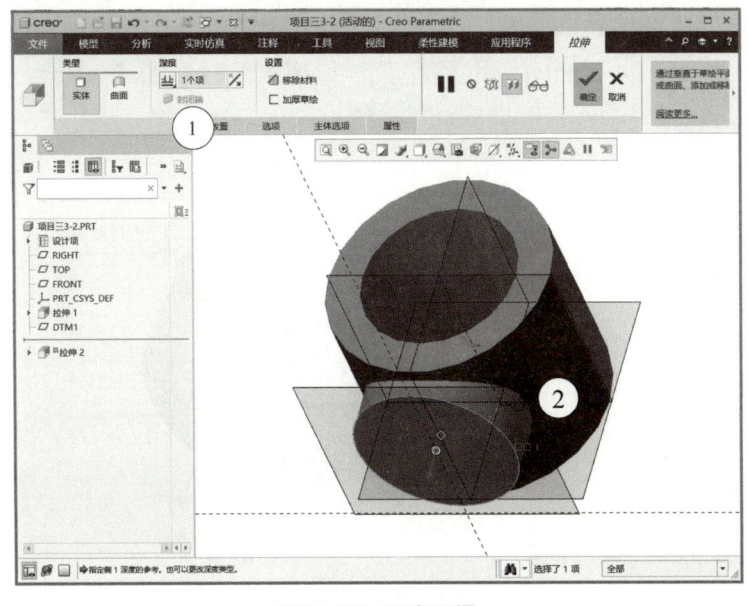

图 3-25 深度设置

项目三 基础特征设计 85

⑤单击［模型］选项卡［形状］组中的［拉伸］按钮，选择 DTM1 面为草绘平面，系统自动进入 Creo 的草绘环境。

⑥单击［设置］组中［参考］按钮 参考，设置凸台圆周作为参照。单击［草绘］组中［圆］按钮，以参照圆圆心绘制同心圆，修改圆直径为 4，单击 确定，如图 3-26 所示。

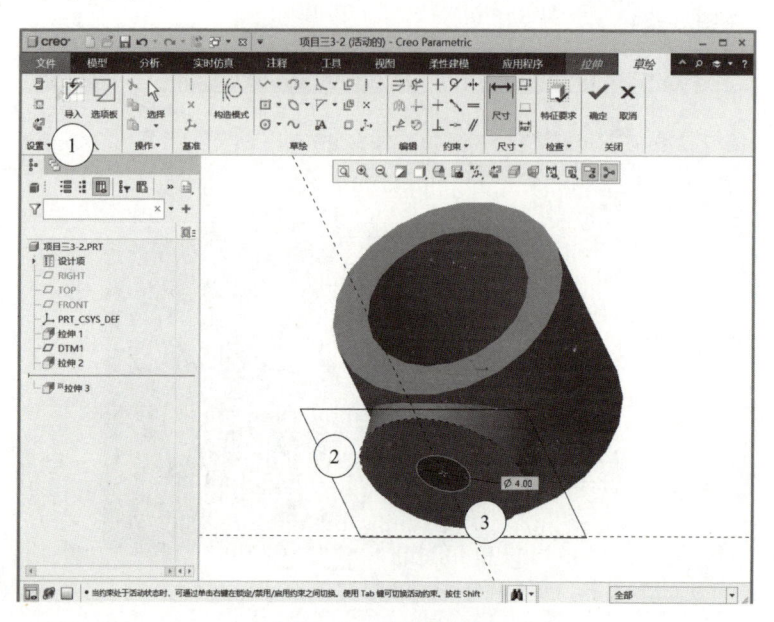

图 3-26　绘制同心圆

⑦深度选择［到参考］ 到参考，单击阀体主体后表面为参考面，设置选择［移除材料］，单击 确定（图 3-27）。

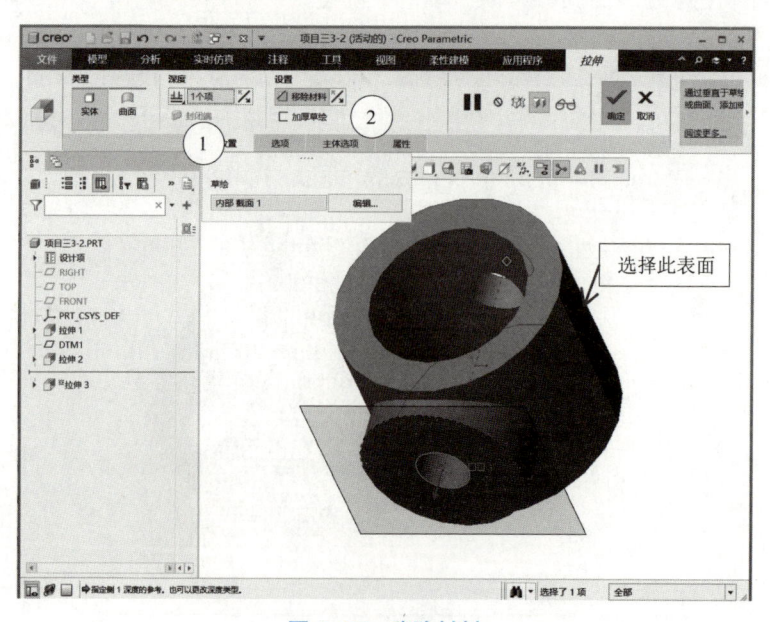

图 3-27　移除材料

⑧选择 DTM1 面为草绘平面，做出直径为 7，深度为 1.2 的阶梯孔（图 3-28）。

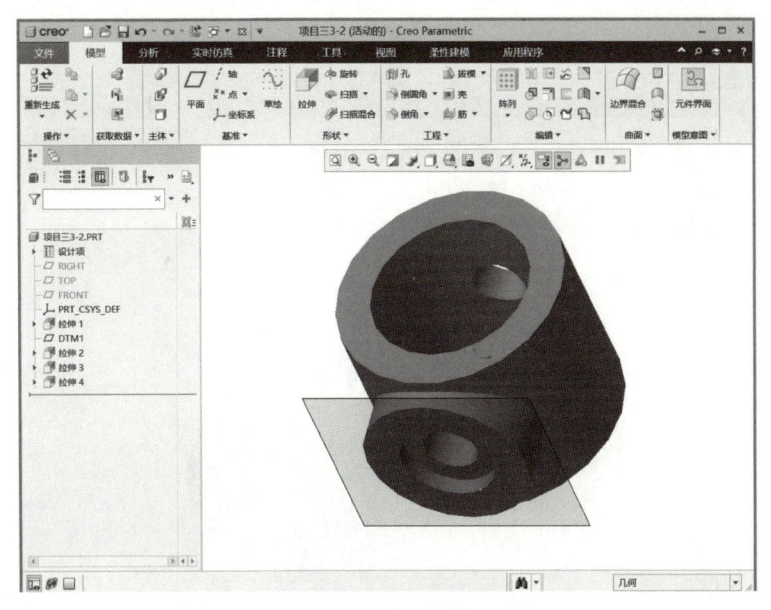

图 3-28　绘制阶梯孔

4. 利用拉伸工具创建阀体的凸缘

①单击［模型］选项卡［形状］组中的［拉伸］按钮，选择 TOP 面为草绘平面，系统自动进入 Creo 的草绘环境。单击［草绘］选项卡［设置］组中［草绘视图］按钮，将草绘平面置于与屏幕平行。单击［设置］组中［参考］按钮 参考，设置 φ17.2 圆周作为参照。绘制凸缘草绘截面图形，单击 确定，如图 3-29 所示。

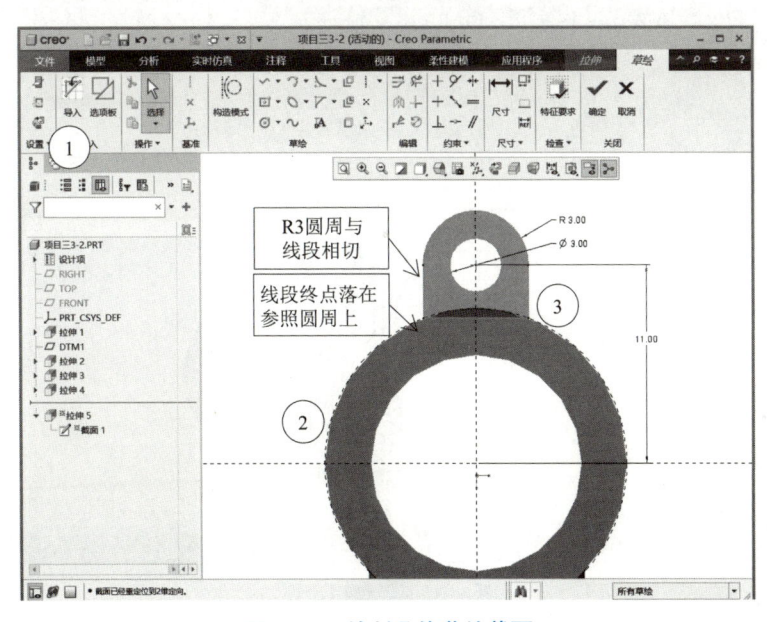

图 3-29　绘制凸缘草绘截面

②深度选择［可变］ 可变，输入数值"2"，单击 确定，如图3-30所示。

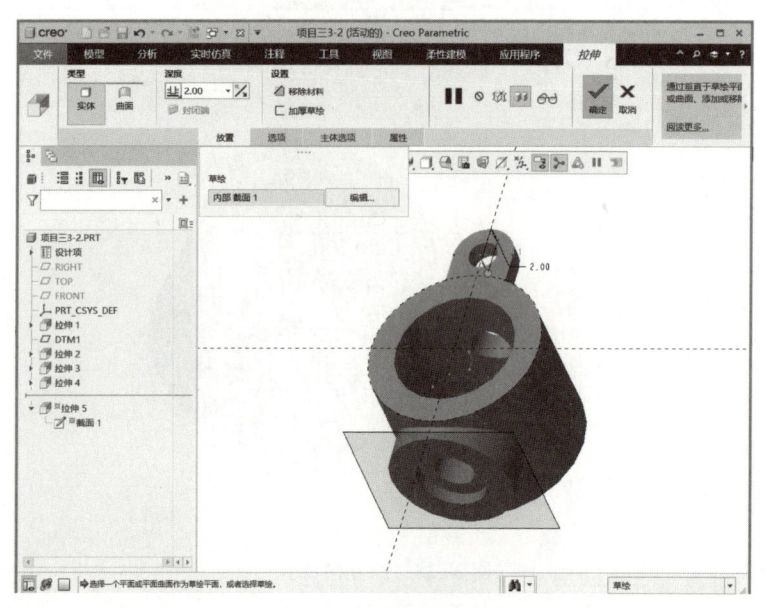

图3-30 深度设置

③在模型树中单击选择［拉伸5］（凸缘特征），单击［编辑］中［阵列］按钮，类型选择［轴］ 轴，选择Y轴为阵列轴线，第一方向成员设置为3，成员间的角度设置为120，单击 确定，如图3-31所示。

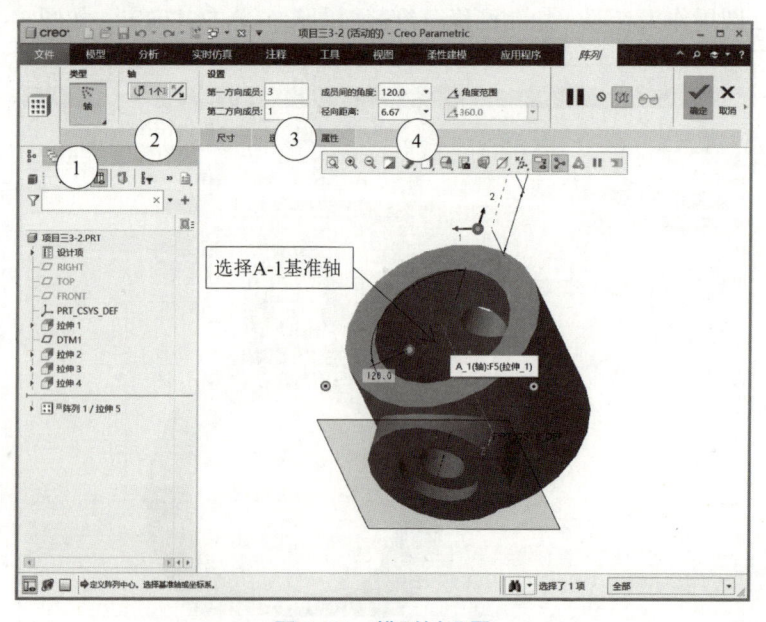

图3-31 模型树设置

5. 检测零件体积及质量

单击［分析］选项卡，［模型报告］组中［质量属性］按钮，弹出质量属性对话框（图 3-32）。选择坐标系并输入材料密度，即可查看体积和质量数据。

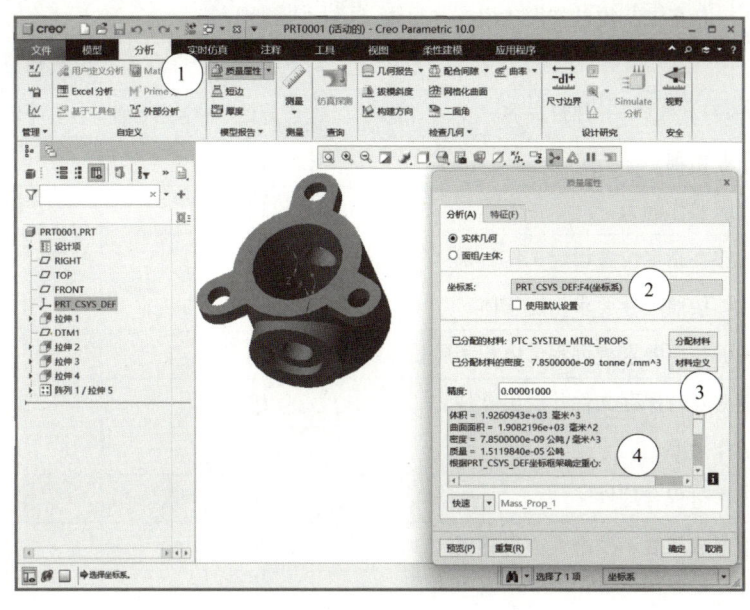

图 3-32　质量属性对话框

6. 保存文件

将文件保存在工作目录中，关闭软件，如图 3-33 所示。

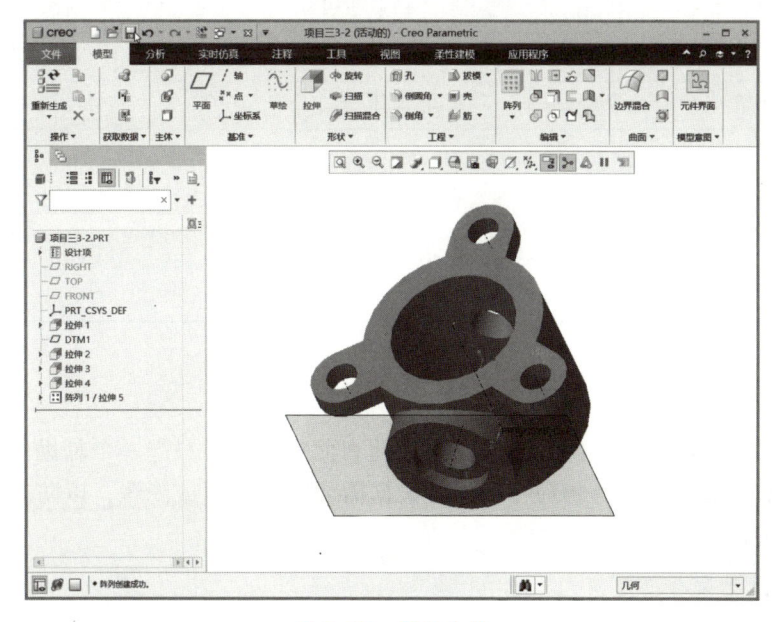

图 3-33　保存文件

任务评价

项目	项目三　基础特征设计		日期	年　　月　　日	
任务	任务二　拉伸特征建模——阀体		组别	第　　　　小组	
班级			组长	教师	
序号	评价内容		分值	学生自评	小组评价	教师评价

序号	评价内容	分值	学生自评	小组评价	教师评价
1	敬业精神	10			
2	团队协作能力	10			
3	能够在指定位置设定工作目录	10			
4	能够按照尺寸要求创建实体	10			
5	能够按照要求查询零件体积和质量	10			
6	能够及时保存文件并退出软件	10			
7	工作效率	10			
8	工作过程合理性	10			
9	学习成果展示及个人心得感悟	20			
10					
合计		100			

遇到的问题	解决方法

心得体会

知识链接

基准是特征的一种，但其不构成零件的表面或边界，只起一个辅助的作用。基准特征没有质量和体积等物理特征，可根据需要随时显示或隐藏，以防基准特征过多而引起混乱。

1. 基准平面

基准平面是三维建模过程中最常用的参照。在零件创建过程中可将基准平面作为参照，当没有其他合适的平面曲面时，也可在新创建的基准平面上草绘或放置特征。

单击［模型］选项卡［基准］组中［平面］按钮，系统打开［基准平面］用户界面。创建的基准平面将在［模型树］选项卡中以图标 DTM1 显示。［基准平面］用户界面中包含［放置］［显示］和［属性］三个选项卡，如图3-34所示。

图 3-34 基准平面选项卡

（1）放置选项卡

该选项卡用于选取和显示现有平面、曲面、边、点、坐标系、轴、曲线等参照，并为每个参照设置约束类型及数值，以创建出新的基准平面。注意：选取多个参照时，必须按住 Ctrl 键。

［参考］收集器。通过参考现有平面、曲面、边、点、坐标系、轴、顶点，基于草绘的特征、小平面的面、小平面的边、小平面的顶点、曲线、草绘和导槽来放置新基准平面。也可选择目的对象、基准坐标系、非圆柱曲面。建立基准平面时，必须在［放置］选项卡中定义足够的约束条件，直至能限制基准平面生成的唯一位置。常见的约束类型如表3-1所示。

表 3-1　约束类型

约束类型	说　　明
穿过	通过选定参考放置新基准平面。当选择基准坐标系作为放置参考时，将出现"平面"列表： XY——通过 XY 平面放置基准平面； YZ——通过 YZ 平面放置基准平面，此为默认设置； ZX——通过 ZX 平面放置基准平面
偏移	按自选定参考的偏移放置基准平面。它是选择基准坐标系作为放置参考时的默认约束类型。 　［平移］或者［旋转］值框——根据已选定的参考，为新基准平面设置偏移值
平行	平行于选定参照放置新基准平面
法相	垂直于选定参照放置新基准平面
中间平面	将新基准平面置于两个平行参考的中间位置

［偏移］选项可在其下的［平移］下拉列表中选择或输入相应的数值。

（2）显示选项卡

［显示］选项卡见图 3-34，该选项卡中包含下列各选项。

［反向］：反转基准平面的法向。

［使用显示参考］复选框：将基准平面轮廓的大小调整为选定参考。

［宽度］框：指定基准平面轮廓显示的宽度值。

［高度］框：指定基准平面轮廓显示的高度值。

［法向］选项组。单击其后的［反向］按钮可反转基准平面的方向。

［锁定长宽比］复选框：保持基准平面轮廓显示的高度和宽度比例。

（3）属性选项卡

［名称］框：设置特征名称。 ：在浏览器中显示详细的元件信息。

2. 基准轴

同基准平面一样，基准轴也可以用作特征创建的参考。基准轴对制作基准平面、同轴放置项和创建径向阵列特别有用。

基准轴可以用作参考，以放置设置基准标记注释。如果不存在基准轴，则选择与设置基准标记关联的几何（如圆形曲线或边或圆柱曲面的边）会自动创建内部基准轴。

［基准轴］用户界面由［基准轴］对话框和快捷菜单组成。单击［模型］选项卡［基准］组中［轴］按钮 ，可打开［基准轴］对话框，如图 3-35 所示，该对话框包含以下选项卡。

（1）放置选项卡

［参考］收集器：通过参考基准特征、目的特征、几何、小平面的面、小平面的边和小平面的顶点来放置新基准轴。

约束列表：设置各个参考的约束。位于各个参考旁的［参考］收集器中。常见的约束类型如表 3-2 所示。

表 3-2　约束列表

约束类型	说　　明
穿过	通过选定的参考放置基准轴
法向	放置垂直于选定参考的基准轴。此约束要求用户在［偏移参考］收集器中定义参考，或添加附加点或顶点来完全约束该轴

［偏移参考］收集器：距选定参考一定距离放置基准轴。键入距离值。

（2）显示选项卡

［调整轮廓］复选框：用于调整基准轴轮廓的长度，从而使基准轴轮廓适合指定尺寸或选定参考。

［大小］：用于通过值调整基准轴的长度。

［长度］：指定基准轴的长度值。

（3）属性选项卡

［名称］框：设置特征名称。 ：在浏览器中显示详细的元件信息。

图 3-35　基准轴选项卡

拓展任务

为如图 3-36、图 3-37 所示的零件创建模型。要求文件保存在路径"D:\Creo 实体建模\项目三"下。

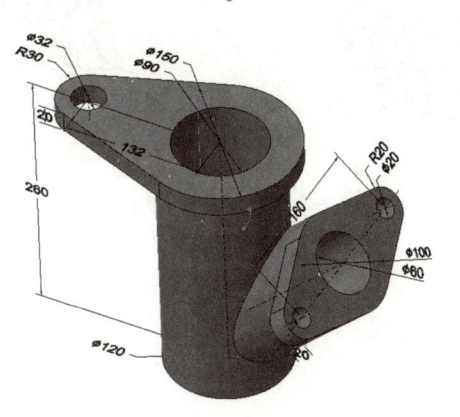

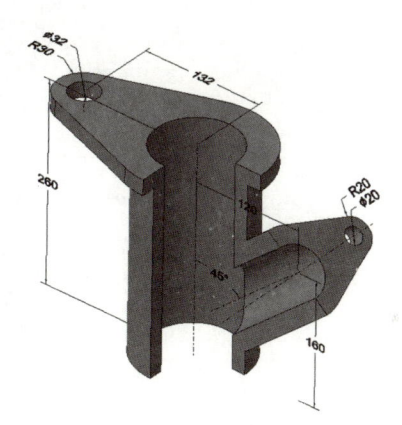

图 3-36　零件 1

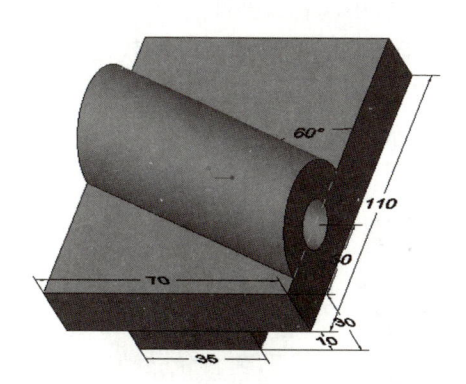

图 3-37　零件 2

项目三　基础特征设计　93

任务三 旋转特征建模——连杆头

任务下达

利用旋转特征创建"连杆头"三维模型（图3-38），完成以下操作任务。
1. 设置工作目录为 E:\Creo 练习。
2. 新建模型文件，命名为"连杆头"，选择公制尺寸模板。
3. 利用旋转、拉伸等特征工具创建连杆头模型。
4. 保存文件至工作目录。

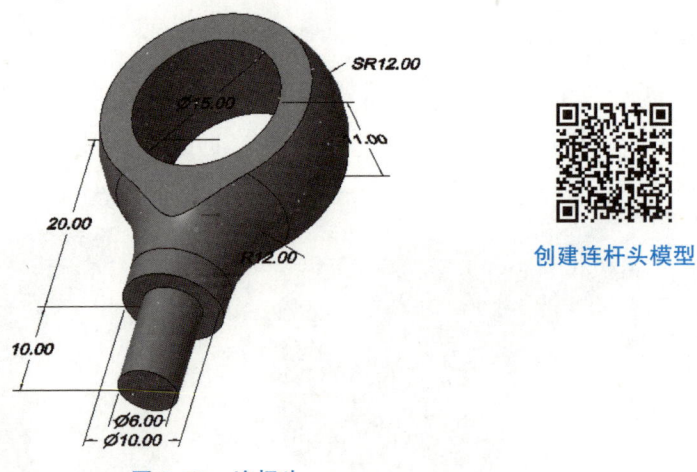

图3-38 连杆头

创建连杆头模型

任务解析

连杆头零件是一种常用的连接件，在机械装置中起着将部件连接在一起的作用，使得各部件能够协调工作并一起完成任务。对于典型的回转体零件常使用车削加工来完成。在本任务模型中，连杆头零件采用 SR12 的球头，通过双侧剪切和拉伸剪切的方法完成建模。具体构建流程如图3-39所示。

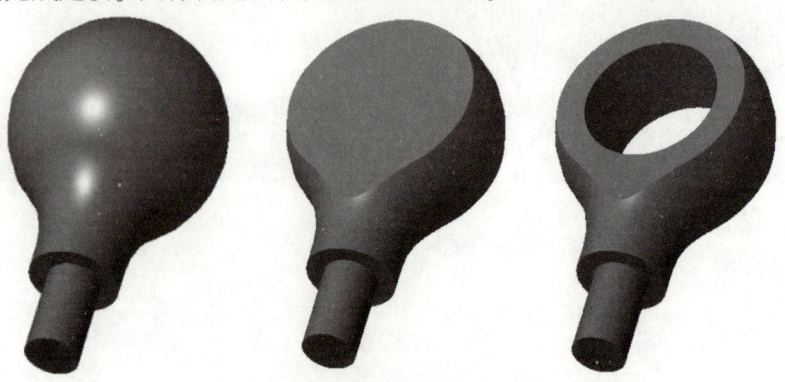

图3-39 SR12 球头构建流程

任务实施

1. 准备工作环境

将工作目录建立在"E:\Creo 练习\项目三",新建名称为"连杆头.prt"的模型文件,选择"mmns_part_solid_abs"模板,如图3-40所示。

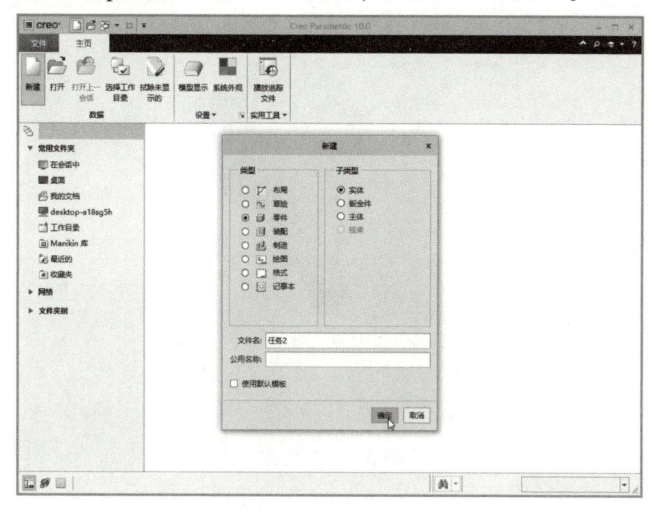

图3-40 新建文件

2. 利用旋转工具创建连杆头基体

①单击 [模型] 选项卡 [形状] 组中的 [旋转] 按钮。选择 TOP 基准面作为草绘平面,随即打开 [旋转] 和 [草绘] 选项卡,系统自动进入 Creo 的草绘环境。

②单击 [草绘] 选项卡 [设置] 组中 [草绘视图] 按钮,将草绘平面置于与屏幕平行。单击 [草绘] 组中的 [中心线] 按钮,完成水平中心线的绘制。利用 [草绘] 组中 [线链] [圆角] [圆] [删除段] 工具完成草绘图形绘制并调整尺寸。单击 ✔ 确定(图3-41)。

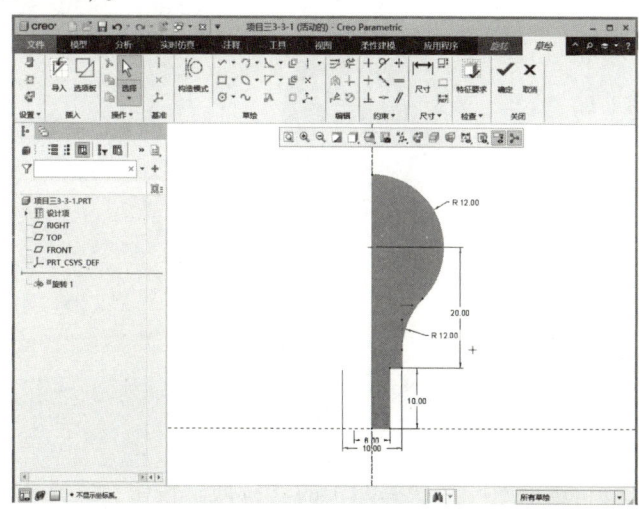

图3-41 创建连杆头基体

项目三 基础特征设计 95

③角度选择［可变］，输入数值"360"，单击✓确定，如图3-42所示。

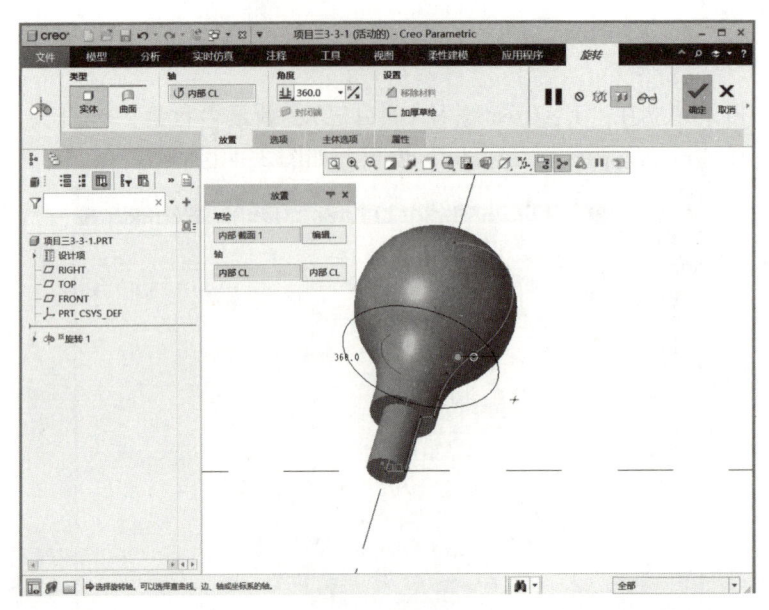

图3-42 角度

3. 利用拉伸工具进行双侧切割

①选择TOP基准平面，单击［模型］选项卡中［基准］组［平面］按钮，在［基准平面］对话框中输入偏移距离"5.5"，单击［确定］按钮，新建一个基准平面DTM1，如图4-43所示。

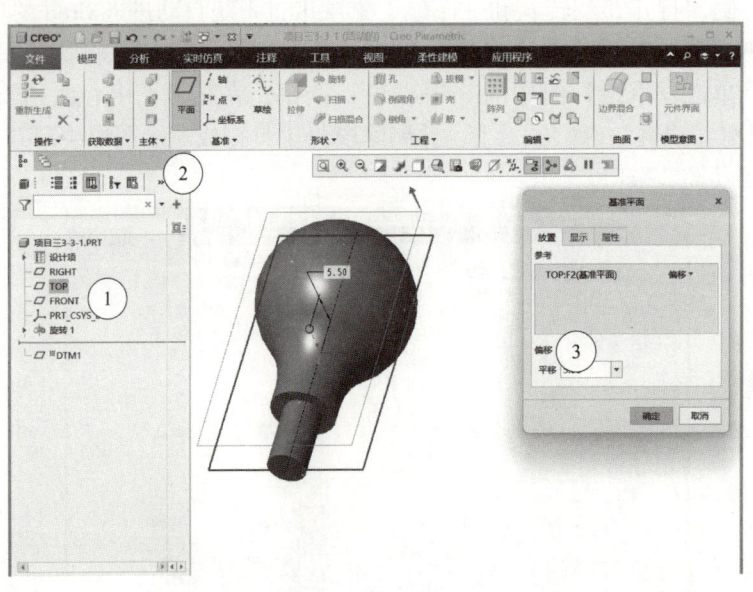

图4-43 新建基准平面

②单击［模型］选项卡［形状］组中的［拉伸］按钮，选择DTM1基准面作为草绘平面，随即打开［拉伸］和［草绘］选项卡，系统自动进入Creo的草绘环境。

单击［草绘］选项卡［设置］组中［草绘视图］按钮，将草绘平面置于与屏幕平行。利用［草绘］组中［中心矩形］工具完成草绘图形绘制并调整尺寸，单击✔确定（图3-44）。

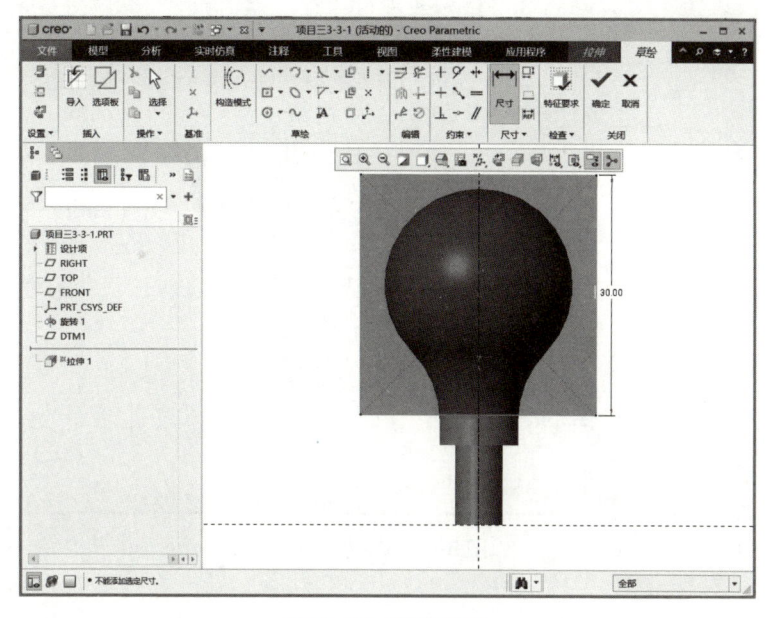

图3-44　草绘图形

③深度选择［可变］，输入数值20，设置选择［移除材料］，单击✔确定（图3-45）。

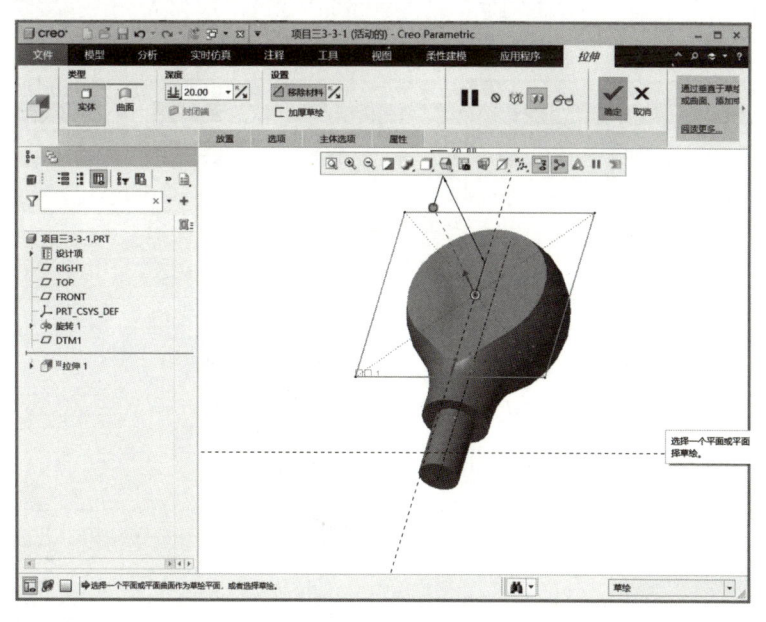

图3-45　移除材料

④在模型树中单击［拉伸1］，单击［编辑］选项卡中［镜像］工具，镜像平

面选择 TOP 平面，单击✔确定，如图 3-46 所示。

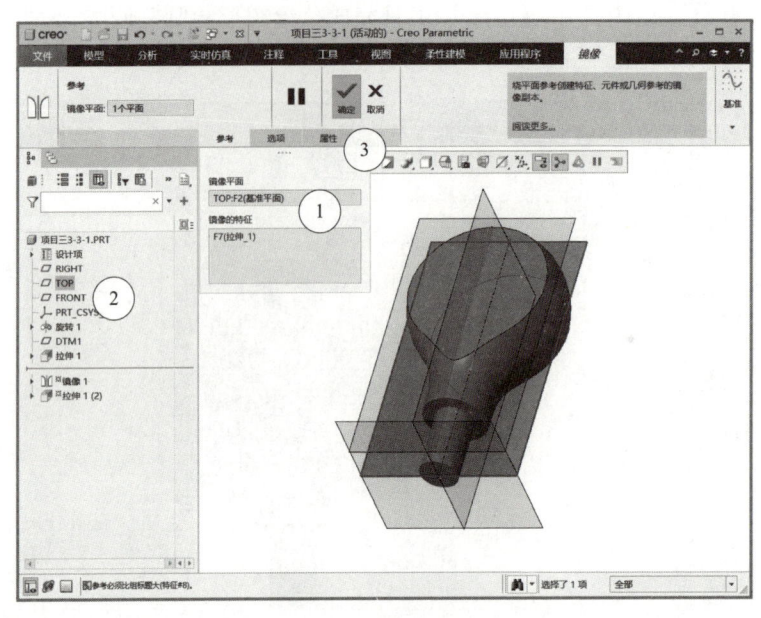

图 3-46　镜像平面

4. 利用拉伸工具创建通孔

①单击［模型］选项卡［形状］组中的［拉伸］按钮，选择 TOP 基准面作为草绘平面，随即打开［拉伸］和［草绘］选项卡，系统自动进入 Creo 的草绘环境。利用［草绘］组中［圆］工具完成草绘图形绘制并调整尺寸，单击✔确定，如图 3-47 所示。

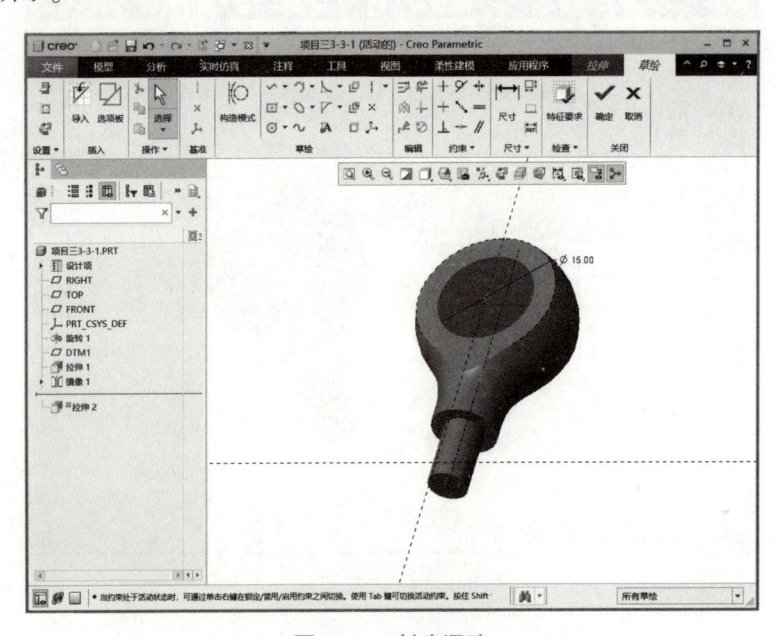

图 3-47　创建通孔

②深度选择［可变］，输入数值"11"，设置选择［移除材料］，单击✔确定（图3-48）。

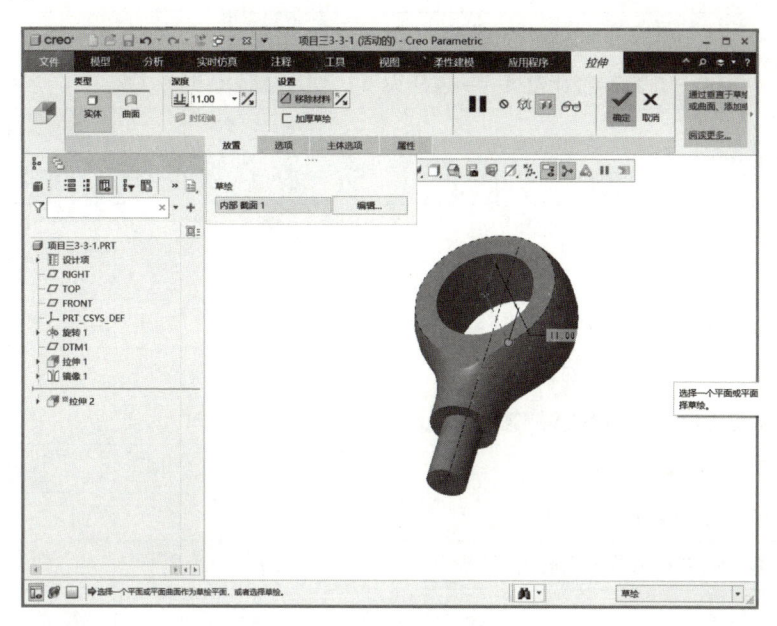

图3-48 移除材料

5. 保存文件至工作目录

调用［保存］工具将文件保存至工作目录，如图3-49所示。

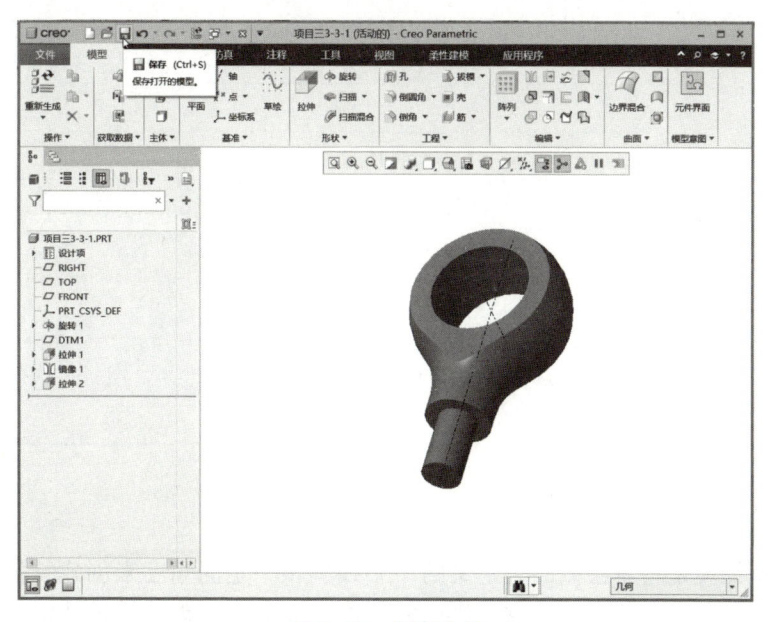

图3-49 保存文件

项目三 基础特征设计 99

学习笔记

任务评价

项目	项目三 基础特征设计		日期	年　月　日	
任务	任务三 旋转特征建模——连杆头		组别	第　　小组	
班级			组长	教师	
序号	评价内容		分值	学生自评	小组评价	教师评价
1	敬业精神		10			
2	团队协作能力		10			
3	能够在指定位置设定工作目录		10			
4	能够按照尺寸要求创建实体		20			
5	能够及时保存文件并退出软件		10			
6	工作效率		10			
7	工作过程合理性		10			
8	学习成果展示及个人心得感悟		20			
9						
10						
合计			100			

遇到的问题	解决方法

心得体会

知识链接

旋转特征就是将草绘截面绕定义的中心线旋转一定的角度来创建特征。旋转工具也是基本的创建方法之一，它允许以实体或曲面的形式创建旋转几何，以及添加或去除材料。

1. [旋转] 操控板

单击 [模型] 选项卡中 [形状] 组上方的 [旋转] 按钮，打开 [旋转] 操控板，如图 3-50 所示。

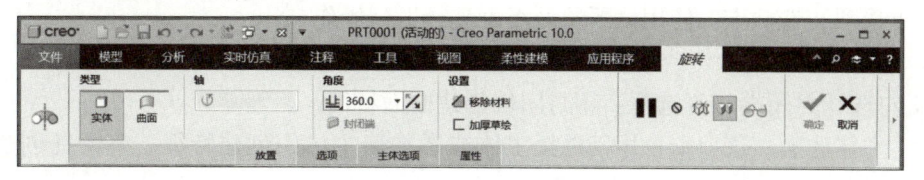

图 3-50 打开旋转操控板

2. 操控板主要按钮介绍

⬜：创建实体特征。

⌒：创建曲面特征。

⌒：选择旋转特征的旋转轴。

⊥：角度选项。列出约束特征的旋转角度选项，包括可变 ⊥、对称 ⊕ 和到参考 ⊥。

⊥：自定义草绘平面以指定角度值旋转截面。在文本框中键入角度值或选择一个预定义的角。

⊕：在草绘平面的每一侧上以指定角度值的一半旋转截面。

⊥：旋转截面直至选定的基准点、顶点、平面或曲面。

⊥ 360.0：用于指定旋转特征的角度值。

✕：创建相对于草绘平面反转的特征方向。

◿：使用旋转特征移除材料。

▭：通过为截面轮廓指定厚度来创建特征。

✕：在草绘的一侧、另一侧或双侧间更改旋转方向。

3. 操控板选项卡介绍

［旋转］工具提供下列选项卡。如图 3-51 所示。

图 3-51 旋转操控板选项卡

［放置］选项卡：使用此下拉面板可重定义草绘截面并指定旋转轴。单击［定

义］按钮可创建或更改截面，在［轴］列表框中单击并按系统提示可定义旋转轴。

［选项］选项卡：使用该下拉面板可进行下列操作。

重定义草绘的一侧或两侧的旋转角度及孔的性质。

勾选［封闭端］复选框：用封闭端创建曲面特征。

［主体选项］选项卡：用于选择主体或者在新主体中创建特征。将特征创建为实体时可用，不可用于创建装配级特征。

［属性］选项卡：使用该下拉面板可以编辑特征名，并打开 Creo 浏览器显示特征信息。

4. 旋转特征的截面

创建旋转特征需要定义要旋转的截面和旋转轴，该轴可以是线性参考又可以是草绘截面中心线。

提示与技巧

1. 在使用旋转特征建模时，草绘截面可使用开放或闭合截面。
2. 在绘制草绘截面图形时，图形必须在旋转轴的一侧。

定义旋转特征的旋转轴，可使用以下方法。

外部参考：使用现有的有效类型的零件几何。

内部中心线：使用草绘界面中创建的中心线。

使用模型几何作为旋转轴：可选择现有线性几何作为旋转轴，如将基准轴、直边、直曲线、坐标系的轴作为旋转轴。

使用草绘器绘制的中心线作为旋转轴：在草绘界面中可绘制中心线用作旋转轴。

提示与技巧

1. 如果截面包含一条中心线，则自动将其用作旋转轴。
2. 如果截面包含一条以上的中心线，则在默认的情况下将第一条中心线用作旋转轴。

拓展任务

为图 3-52 和图 3-53 所示的零件创建模型。要求文件保存在路径"D:\Creo 实体建模\项目三"下。

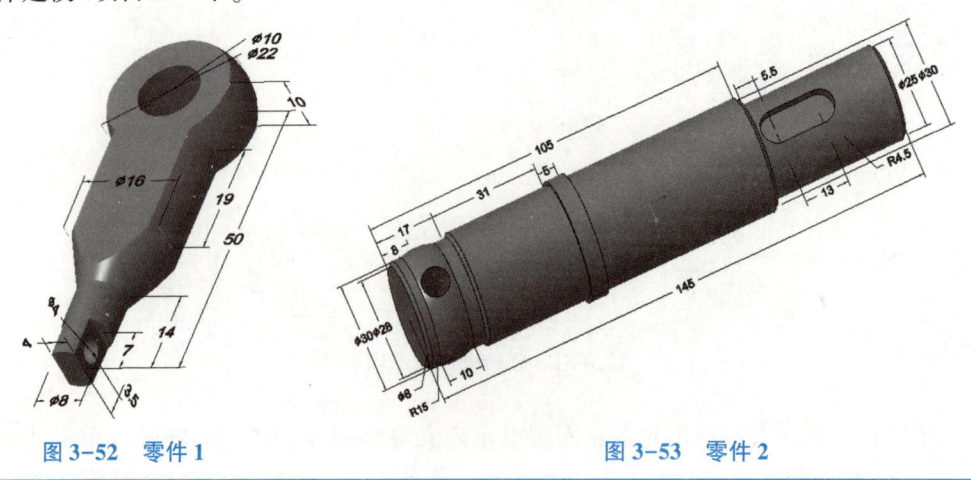

图 3-52　零件 1　　　　　图 3-53　零件 2

任务四 扫描特征建模——弯管

任务下达

利用扫描特征创建"弯管"三维模型（图3-54），完成以下操作任务。
1. 设置工作目录为 D:\Creo 实体建模\项目三。
2. 新建模型文件，命名为"弯管"，选择公制尺寸模板。
3. 利用拉伸、扫描、平面等特征工具创建模型。
4. 保存文件至工作目录。

创建弯管模型

图3-54 弯管

任务解析

弯管零件由方形底板、弯管、圆板、凸台四部分组成，可以使用［拉伸］［扫描］等工具完成模型创建，构建流程如图3-55所示。弯管零件创建流程不唯一，读者可以多尝试几种造型方法，对比一下不同方法的优缺点。

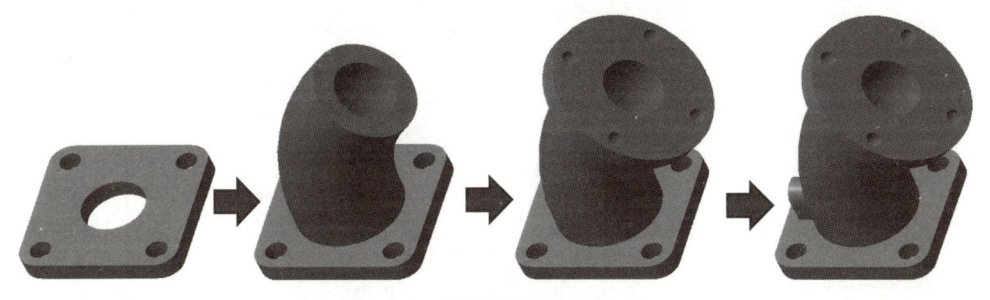

图3-55 弯管零件构建流程

任务实施

1. 准备工作环境

将工作目录建立在"D:\Creo 实体建模\项目三"，新建名称为"弯管.prt"的

项目三 基础特征设计　103

模型文件，选择"mmns_part_solid_abs"模板（图3-56）。

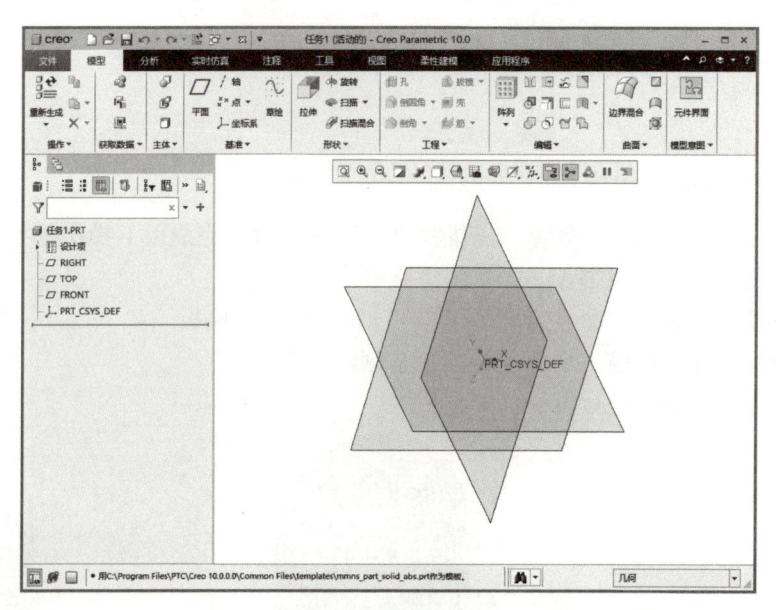

图3-56 新建模型文件

2. 利用拉伸工具创建方形底板

①单击［模型］选项卡［形状］组中的［拉伸］按钮。选择TOP基准面作为草绘平面，随即打开［拉伸］和［草绘］选项卡，系统自动进入Creo的草绘环境。单击［草绘］选项卡［设置］组中［草绘视图］按钮，将草绘平面置于与屏幕平行。利用［草绘］组中［中心矩形］［圆］［圆角］工具完成草绘图形绘制并调整尺寸，单击✔确定（图3-57）。

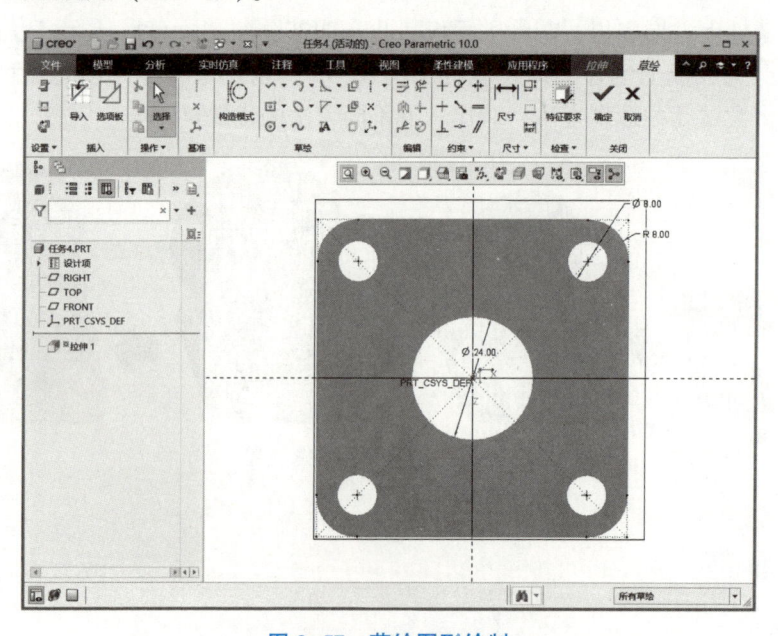

图3-57 草绘图形绘制

104 ■ Creo 三维设计项目教程

②深度选择［可变］，输入数值"8"，单击✔确定（图 3-58）。

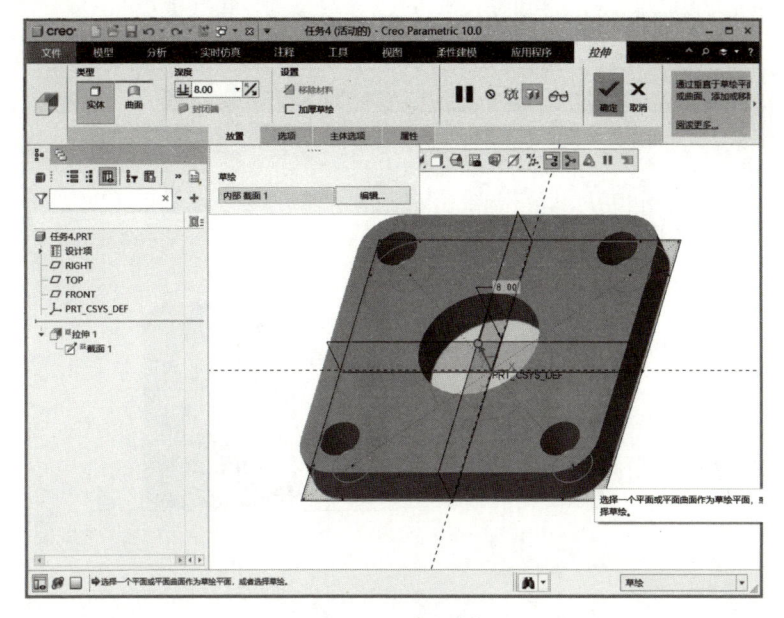

图 3-58　深度选择

3. 利用扫描工具创建弯管

①单击［模型］选项卡［基准］组中的［草绘］按钮。选择 FRONT 基准面作为草绘平面，系统自动进入 Creo 的草绘环境。按照要求绘制扫描轨迹。单击✔确定，如图 3-59 所示。

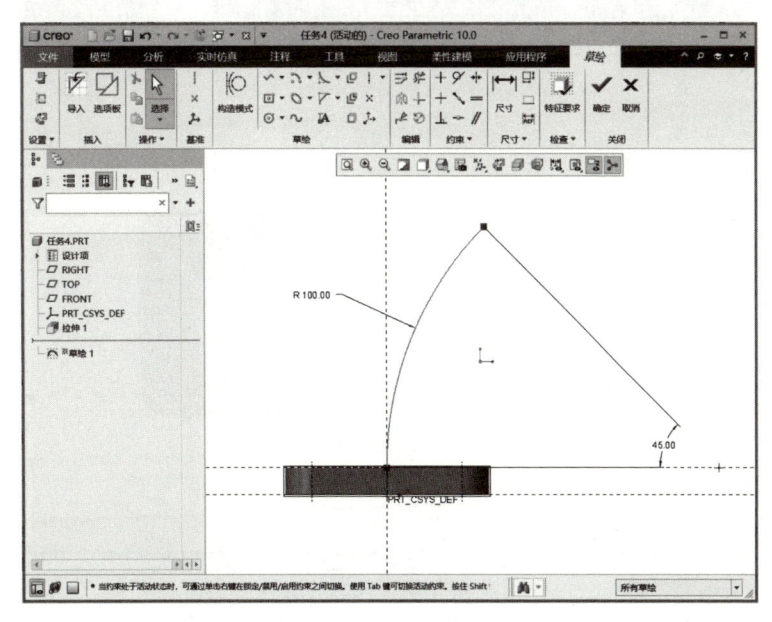

图 3-59　绘制扫描轨迹

②单击［模型］选项卡［形状］组中的［扫描］按钮，系统自动选择上一步

项目三　基础特征设计　105

草图为轨迹，在操控面板中单击［草绘］按钮，系统自动进入 Creo 的草绘环境。按照要求完成草绘图形绘制并调整尺寸，单击✔确定（图 3-60）。

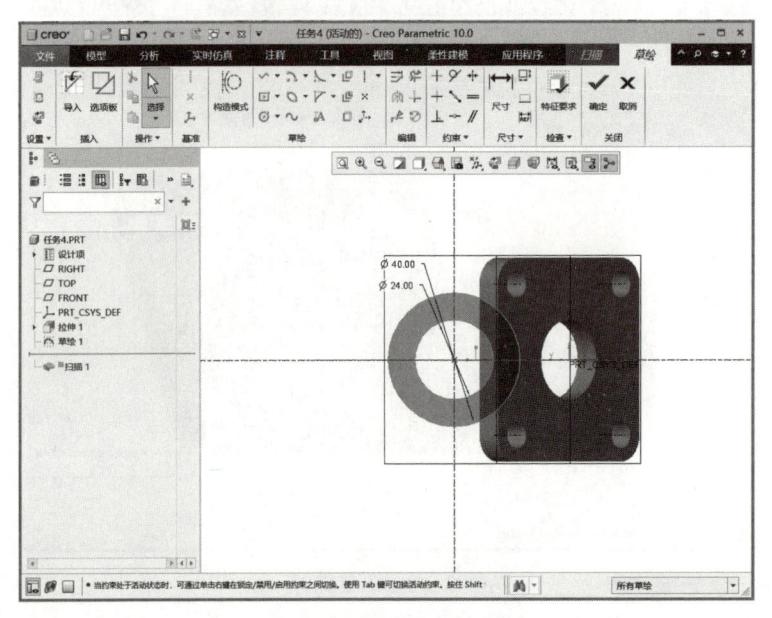

图 3-60　草绘图形绘制

③［类型］选择［实体］按钮，［选项］选择［恒定截面］按钮，单击✔确定（图 3-61）。

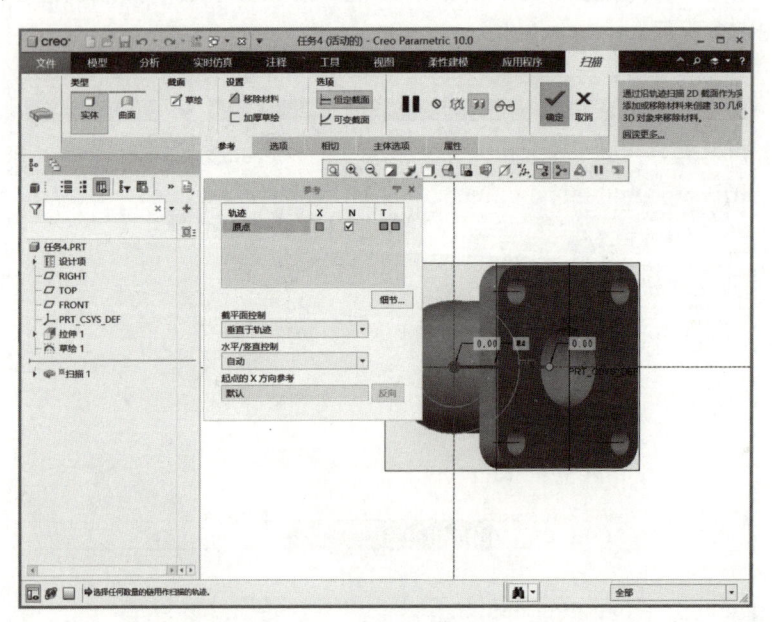

图 3-61　设定类型及选项

4．利用拉伸工具创建圆板

①单击［模型］选项卡［形状］组中的［拉伸］按钮，选择弯管起始端平面

作为草绘平面，随即打开［拉伸］和［草绘］选项卡，系统自动进入 Creo 的草绘环境。单击［草绘］选项卡［设置］组中［草绘视图］按钮，使草绘平面与屏幕平行。利用［草绘］组中［圆］工具完成草绘图形绘制并调整尺寸，单击 ✔ 确定（图 3-62）。

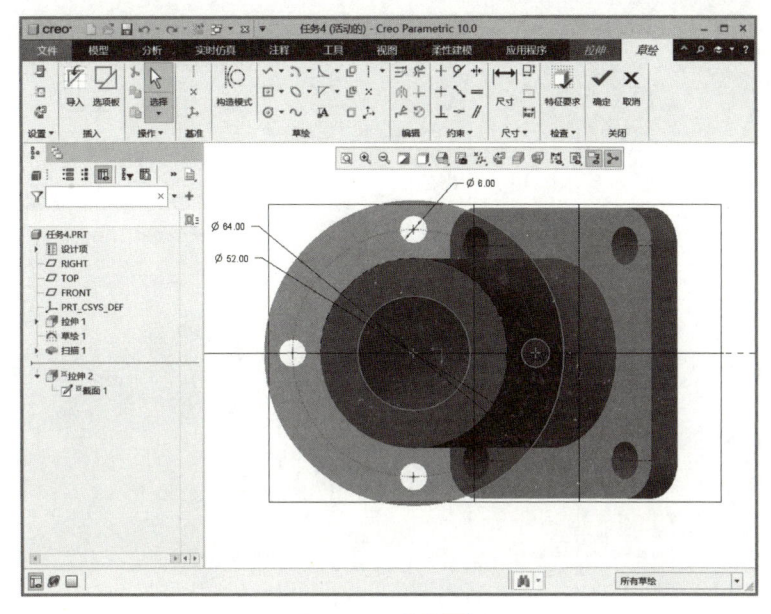

图 3-62　创建圆板

②深度选择［可变］，输入数值 8，单击 ✔ 确定，如图 3-63 所示。

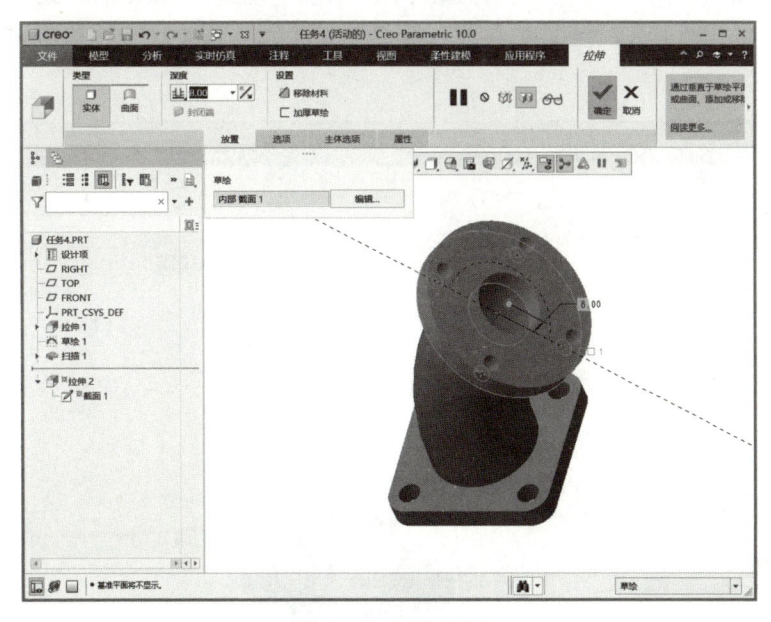

图 3-63　深度选择

项目三　基础特征设计　107

5. 利用拉伸工具完成凸台创建

①单击［模型］选项卡［基准］组中的［平面］按钮。选择 RIGHT 平面向左平移 25，创建 DTM1 面（图 3-64）。

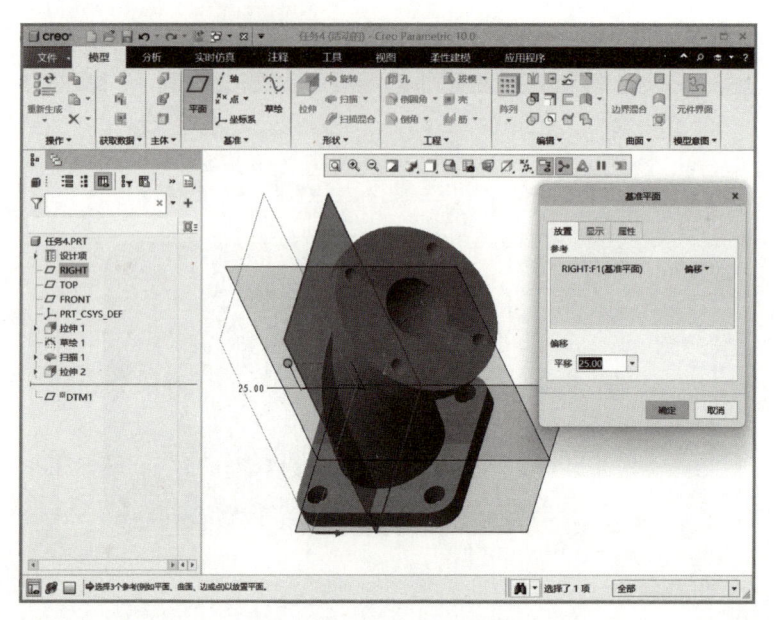

图 3-64　创建 DTM1 面

②单击［模型］选项卡［形状］组中的［拉伸］按钮，选择 DTM1 面作为草绘平面随即打开［拉伸］和［草绘］选项卡，系统自动进入 Creo 的草绘环境。利用［草绘］组中［圆］［线链］工具完成草绘图形绘制并调整尺寸，单击✔确定，如图 3-65 所示。

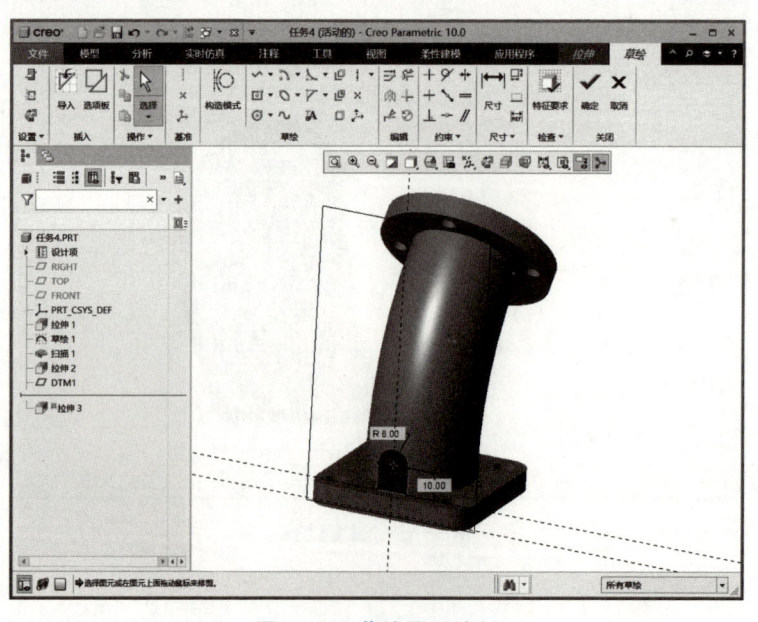

图 3-65　草绘图形绘制

③深度选择［到参考］ 到参考，单击弯管外表面，单击 确定，如图 3-66 所示。

图 3-66　深度选择

④单击［模型］选项卡［形状］组中的［拉伸］按钮，选择 DTM1 面作为草绘平面，系统自动进入 Creo 的草绘环境。利用［草绘］组中［圆］工具完成草绘图形绘制并调整尺寸，单击 确定。设置选择［移除材料］，深度选择［到参考］，单击弯管内表面，单击 确定（图 3-67）。

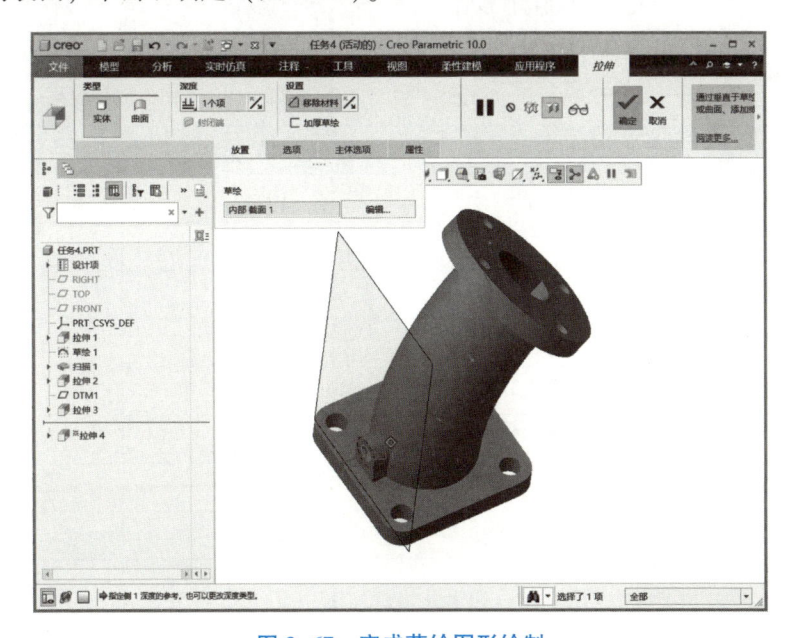

图 3-67　完成草绘图形绘制

项目三　基础特征设计　109

6. 保存文件至工作目录

单击［快速访问工具栏］中的［保存］按钮，将三维实体模型保存至工作目录中，如图 3-68 所示。

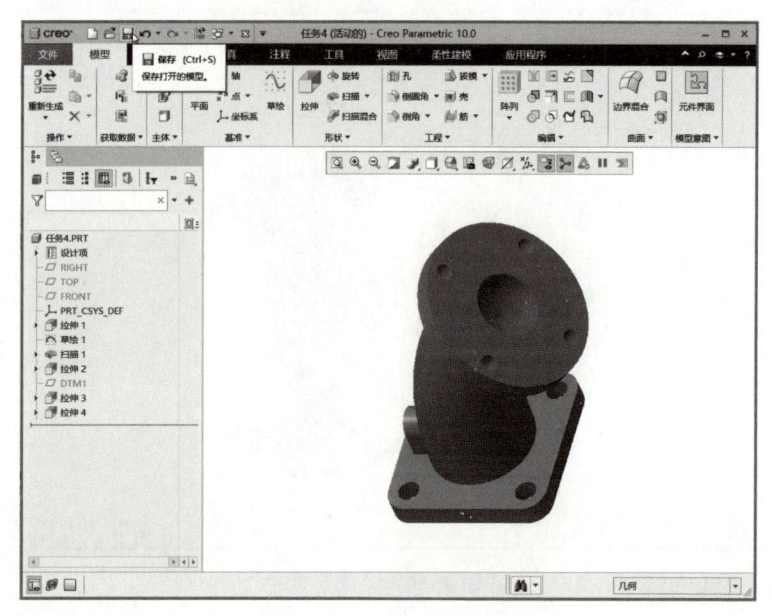

图 3-68　保存文件

任务评价

项目	项目三　基础特征设计		日期	年　　月　　日		
任务	任务四　扫描特征建模——弯管		组别	第　　　小组		
班级			组长	教师		
序号	评价内容		分值	学生自评	小组评价	教师评价
1	敬业精神		10			
2	团队协作能力		10			
3	能够在指定位置设定工作目录		10			
4	能够按照尺寸要求创建实体		20			
5	能够及时保存文件并退出软件		10			
6	能够进行造型过程合理性对比		10			
7	工作效率		10			
8	学习成果展示		20			
9						
10						
合计			100			

续表

遇到的问题	解决方法
心得体会	

知识链接

1. 扫描特征

扫描特征是通过草绘或选择轨迹，然后沿该轨迹对草绘截面进行扫描来创建实体。创建扫描特征需要创建两类草图特征：扫描轨迹和扫描截面。扫描轨迹可以有多条，可指定现有的曲线、边，也可进入草绘模式绘制轨迹。扫描截面包括恒定截面和可变截面两种。

（1）［扫描］操控板

单击［模型］选项卡中［形状］组上方的［扫描］按钮，打开图 3-69 所示的［扫描］操控板。

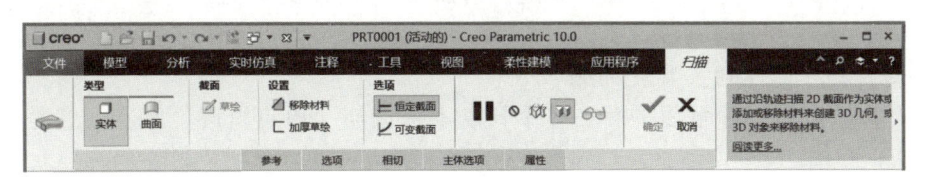

图 3-69　扫描操控板

（2）操控板主要按钮介绍

：创建实体特征。

：创建曲面特征。

：打开内部草绘器以创建或编辑扫描横截面。

：沿扫描移除材料，以便为实体特征创建切口或为曲面特征创建面组修剪。

：将需要移除材料的一侧从草绘的一侧反向到另一侧。

：为草绘添加厚度以创建薄实体、薄实体切口或薄曲面修剪。

：切换要移除材料的侧，从草绘的一侧、另一侧，或两侧均保留。

项目三　基础特征设计　111

┗━：创建恒定截面扫描。沿轨迹扫描时，截面不会更改其形状。

┗━：将截面约束到轨迹，或使用带参数的截面关系来使草绘可变。

（3）操控板选项卡介绍

［扫描］工具提供下列选项卡，如图3-70所示。

参考选项卡　　　　选项选项卡　　　　相切选项卡　　　　主体选项选项卡

图3-70　扫描工具选项卡

1）［参考］选项卡。

①［轨迹］收集器。

原点轨迹：在扫描的过程中，截面的原点永远落在此轨迹上，创建扫描特征时必须选择一条原点轨迹。

链轨迹：扫描过程中截面顶点参考的轨迹，用于交截面扫描，可以有多条，其中一条可以是截面 X 方向上的控制轨迹。

［X］选项：该轴作为 X 方向的控制轨迹。

［N］选项：该轨迹作为法向轨迹，扫描截面与该轨迹垂直。

［T］选项：切向参考。

②［截平面控制］下拉列表。

［垂直于轨迹］：截面平面在整个长度上保持与［原点轨迹］垂直。它是普通（默认）扫描。

［垂直于投影］：沿投影方向看去，截面平面与［原点轨迹］保持垂直。Z 轴与指定方向上的［原点轨迹］的投影相切。必须指定方向参考。

［恒定法向］：Z 轴平行于指定方向参考向量。必须指定方向参考。

③［水平/竖直控制］下拉列表。

［X 轨迹］选项：选择一条轨迹作为 X 向轨迹。在扫描过程中，以原点轨迹上的点与 X 向轨迹上的对应点的连线作为 X 轴。X 轴确定了，草绘平面的 Y 轴自然也就确定了，整个草绘平面也就被完全控制了。

［自动］选项：系统自动选择 X 轴方向。

2）［选项］选项卡。使用该选项卡可进行下列操作。

重定义草绘的一侧或两侧的旋转角度及孔的性质。

勾选［封闭端］复选框，系统自动计算扫出几何延伸并和已有的实体进行合并，从而消除扫出几何和已有几何之间的间隙。

勾选［自由端］复选框：扫描命令在端部不做任何特殊处理，几何和已有几何之间产生间隙。

3)［相切］选项卡。

4)［主体选项］选项卡。用于选择主体或者在新主体中创建特征。将特征创建为实体时可用，不可用于创建装配级特征。

2. 扫描轨迹及扫描截面

（1）扫描轨迹的要求

扫描轨迹草图图元可封闭也可开放，但不能有交错情形。

扫描轨迹可以是草绘的直线、圆弧、曲线或者三者的组合，也可以是已存在的基准曲线、模型边界。

截面草图与轨迹截面之间的比例要恰当。比例不恰当通常会导致特征创建失败。若扫描轨迹有圆弧线或是以样条曲线定义的，其最小的半径值与草图的比例不可太小，否则截面在扫描时会自我交错，无法计算特征。

（2）扫描截面的要求

扫描截面草图各图元可并行、嵌套，但不可自我交错。

扫描实体时扫描截面必须封闭，扫描曲面和薄壳时扫描截面可开放也可封闭。

系统会自动将截面草图的绘图平面定义为扫描轨迹的法向，并通过扫描轨迹的起点。

3. 恒定截面扫描特征

在沿轨迹扫描的过程中，草绘形状不变，仅截面所在框架的方向发生变化。

（1）新建文件

启动 Creo，设定临时工作目录，创建新文件，如图 3-71 所示。

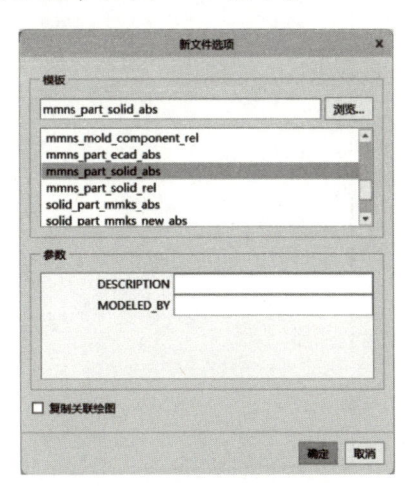

图 3-71　创建新文件

（2）绘制扫描轨迹

单击［模型］选项卡［基准］组中的［草绘］按钮。选择 TOP 基准面作为草绘平面，系统自动进入 Creo 的草绘环境。按照要求绘制扫描轨迹，单击✔确定，如图 3-72 所示。

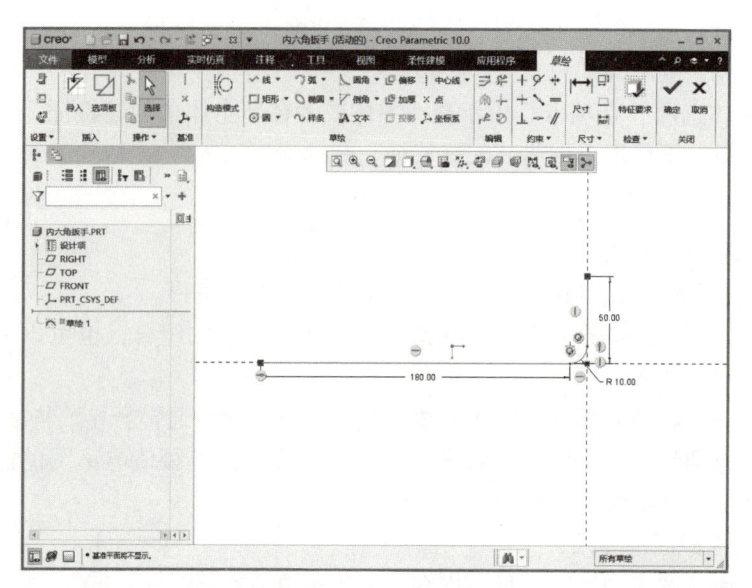

图 3-72 绘制扫描轨迹

(3) 扫描特征

单击［模型］选项卡［形状］组中的［扫描］按钮，系统自动选择上一步草图为轨迹，在操控面板中单击［草绘］按钮，系统自动进入 Creo 的草绘环境，如图 3-73 所示。

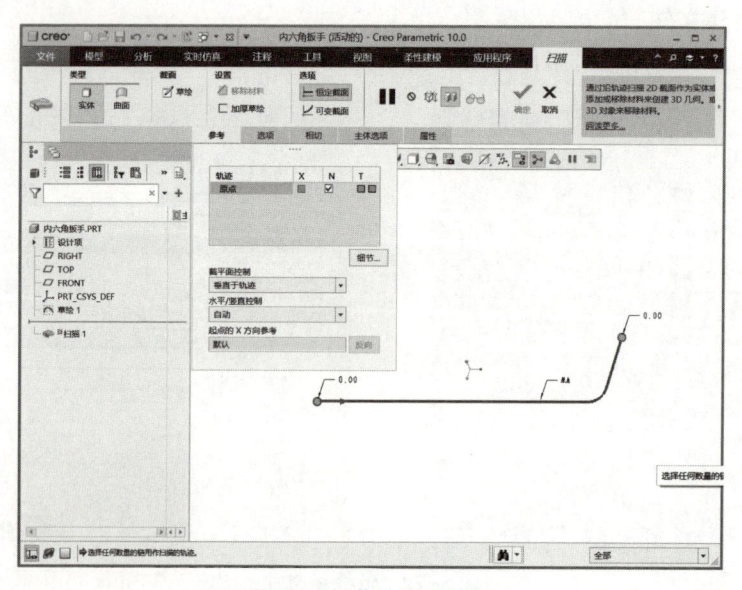

图 3-73 草绘图形绘制

(4) 完成绘制

按照要求完成草绘图形绘制并调整尺寸，单击 ✔ 确定，扫描生成实体，如图 3-74 所示。

114 ■ Creo 三维设计项目教程

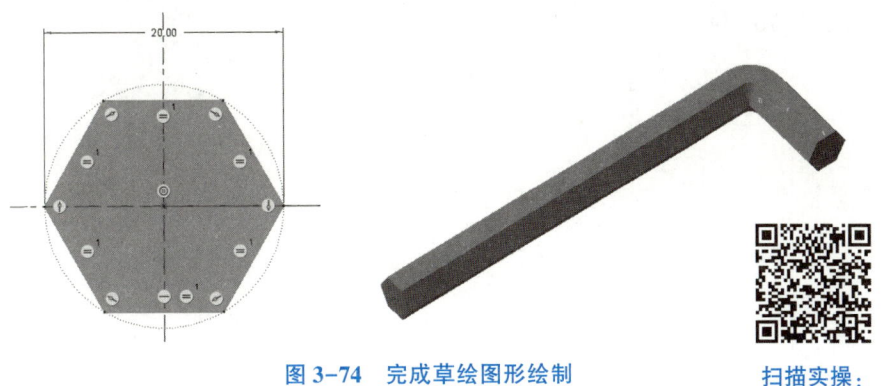

图 3-74　完成草绘图形绘制

扫描实操：
创建六角扳手模型

4. 可变截面扫描特征

可变截面扫描特征是在沿一个或多个选定轨迹扫描剖面时，通过控制剖面的方向、旋转和几何来添加或移除材料，以创建实体或曲面特征。在扫描过程中可使用恒定截面或可变截面创建扫描。

将草绘图元约束到其他轨迹（中心平面或现有几何），或使用由 trajpar 参数设置的截面关系来使草绘可变。草绘所约束的参考可改变截面形状。另外，控制曲线、关系式（使用 trajpar）或定义标注形式也能使草绘可变。草绘在轨迹点处再生，并相应更新其形状。

（1）新建文件

启动 Creo，设定临时工作目录，创建新文件如图 3-75 所示。

图 3-75　创建新文件

（2）绘制扫描轨迹

单击［模型］选项卡［基准］组中的［草绘］按钮。选择 FRONT 基准面作为草绘平面，系统自动进入 Creo 的草绘环境。按照要求绘制扫描轨迹。单击✔确定。单击［模型］选项卡［基准］组中的［草绘］按钮。选择 RIGHT 基准面作为草绘平面，系统自动进入 Creo 的草绘环境。按照要求绘制扫描轨迹。单击✔确定，如图 3-76 所示。

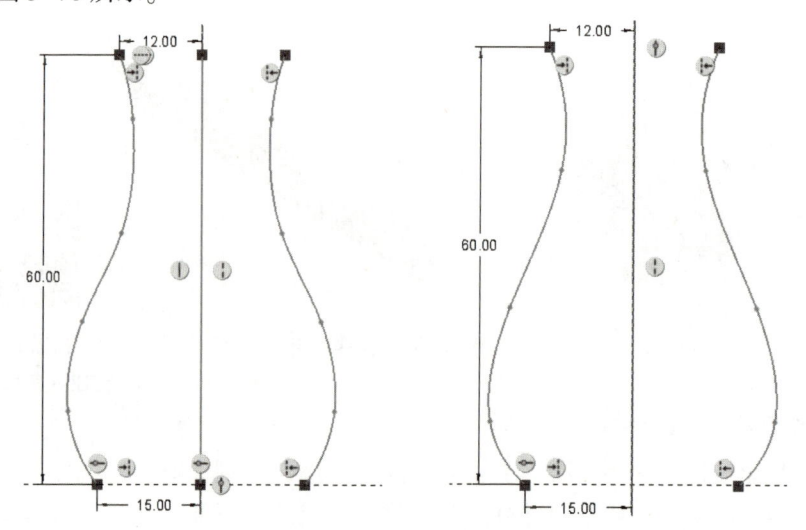

图 3-76　绘制扫描轨迹

(3) 创建可变截面扫描

①单击［模型］选项卡［形状］组中［扫描］按钮，打开扫描操控板。

②单击［实体］按钮和［可变截面］按钮，单击［加厚草绘］按钮，输入数值1，然后单击［参考］选项卡，如图 3-77 所示。

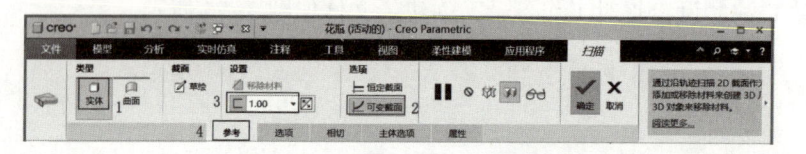

图 3-77　创建可变截面扫描 1

③单击［轨迹］收集器，然后单击［原点］轨迹。按住 Ctrl 键依次单击选择链 1、链 2、链 3、链 4，［截平面控制］选择垂直于轨迹，［水平/竖直控制］选择自动，［起点的 X 方向参考］选择默认。如图 3-78 所示。

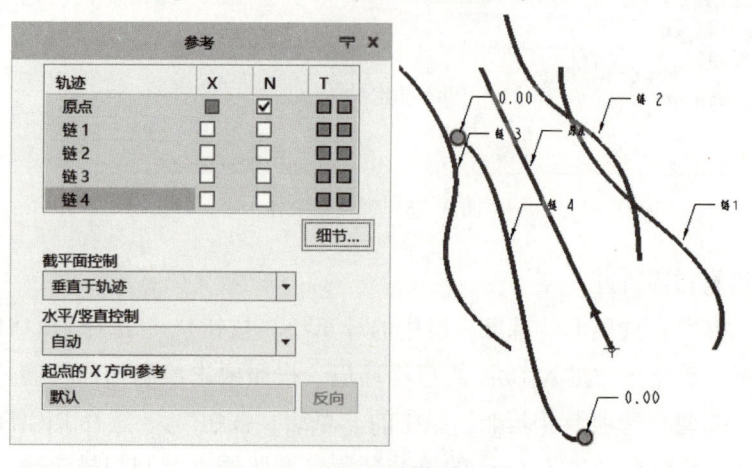

图 3-78　创建可变截面扫描 2

116　■ Creo 三维设计项目教程

④单击截面［草绘］按钮，绘制扫描截面。所绘制的截面必须通过1、2、3、4点。单击✔确定，如图3-79所示。

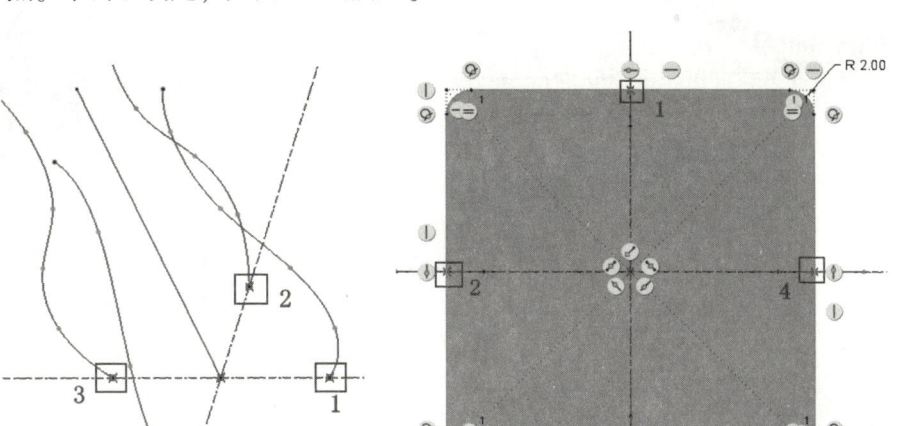

图 3-79　绘制扫描截面

(4) 完成创建

单击✔确定，完成可变截面扫描特征创建，效果如图3-80所示。

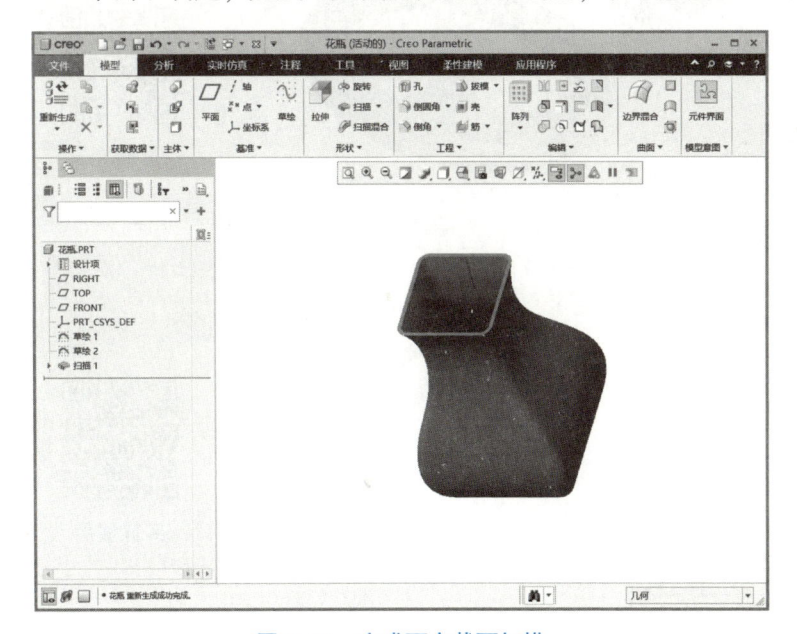

可变截面扫描实操：
创建花瓶模型

图 3-80　完成可变截面扫描

拓展任务

为如图3-81、图3-82、图3-83所示的零件创建模型。要求文件保存在路径"D:\Creo 实体建模\项目三"下。

项目三　基础特征设计　117

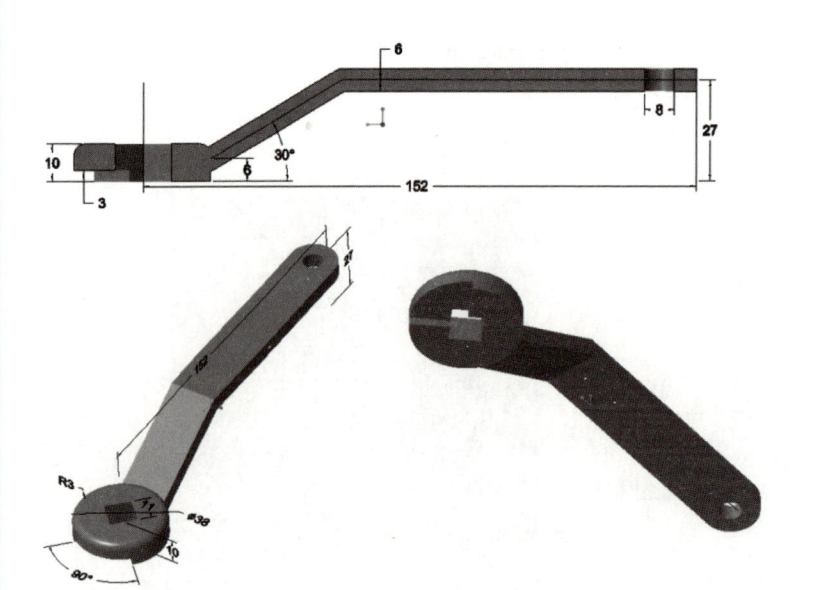

图 3-81　实体 1

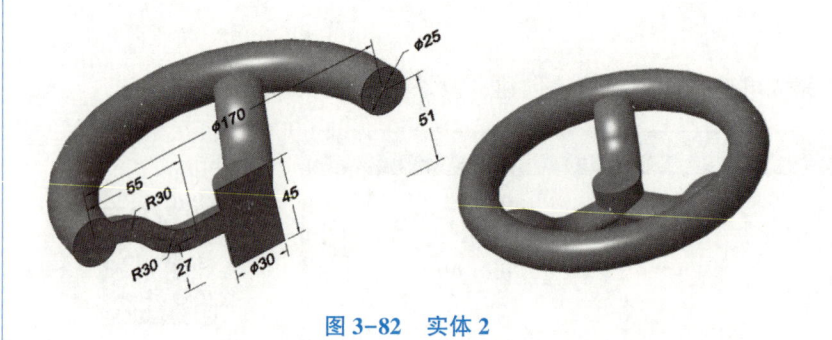

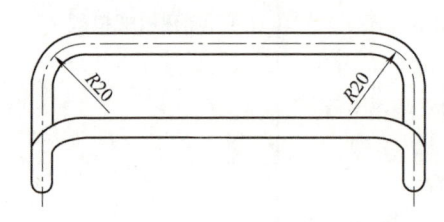

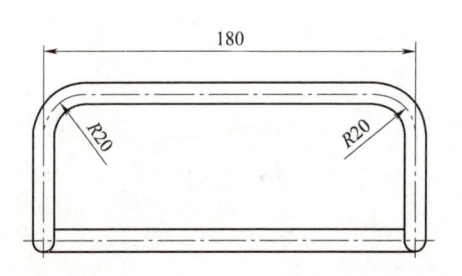

图 3-82　实体 2

图 3-83　实体 3

实操演示

实操演示

实操演示

118　■　Creo 三维设计项目教程

任务五 混合特征建模——棱台

任务下达

利用混合特征创建"棱台"三维模型，如图 3-84 所示，完成以下操作任务。
1. 设置工作目录为 E:\Creo 练习。
2. 新建模型文件，命名为"棱台"，选择公制尺寸模板。
3. 利用混合工具创建棱台模型。
4. 保存文件至工作目录。

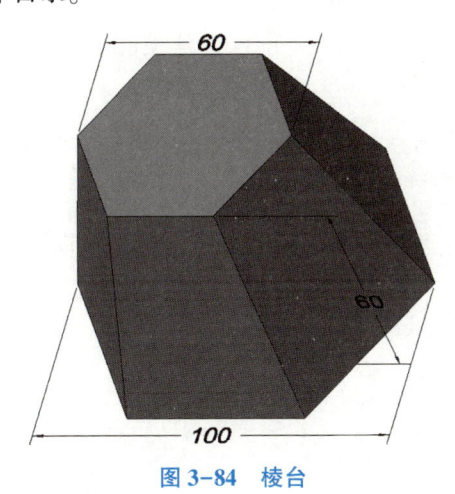

图 3-84 棱台

创建棱台模型

任务解析

图中棱台由两个截面混合而成，下方截面是一个对应顶点间距为 100 的正六边形，上方截面是一个对应顶点间距为 60 的正六边形，上下两截面间距为 60。具体构建流程如图 3-85 所示。

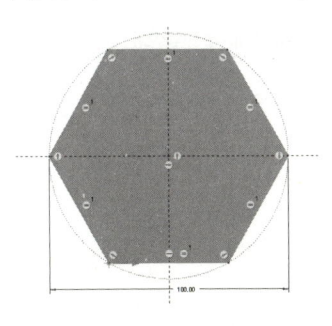

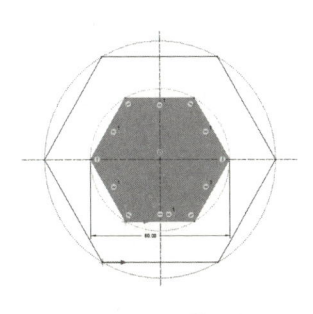

图 3-85 正六边形截面构建流程

项目三 基础特征设计　119

任务实施

1. 启动软件

双击桌面上的快捷方式图标![], 启动 Creo, 关闭资源中心网页链接, 关闭浏览器链接, 进入用户初始界面。

2. 设置工作目录

3. 新建文件

单击［文件］→［新建］命令, 选择文件类型为［零件］,［子类型］为［实体］。

在［文件名］文本框中输入文件的名称"棱台"。取消勾选［使用默认模板］复选框, 单击［确定］按钮, 如图 3-86 所示。弹出［新文件选项］对话框, 选择模板［mmns_part_solid_abs］选项, 即保证建模时长度单位为 mm, 单击［确定］按钮, 如图 3-87 所示。

图 3-86　新建对话框

图 3-87　新文件选项对话框

4. 利用混合工具创建棱台

单击［模型］选项卡［形状］组中的［混合］按钮, 如图 3-88 所示。

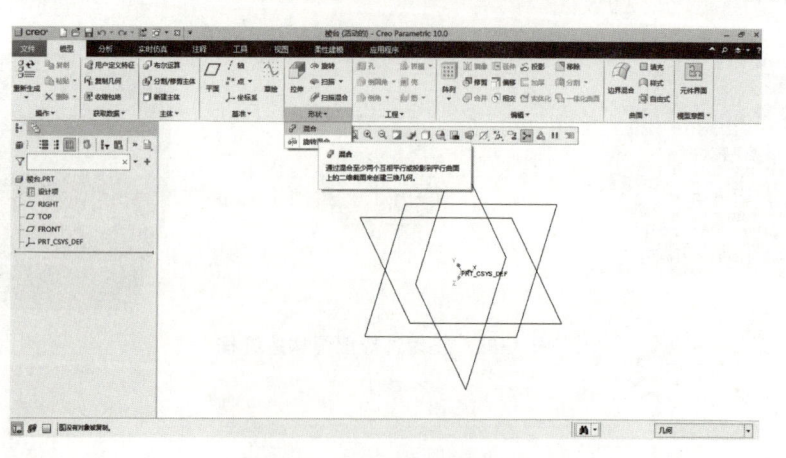

图 3-88　调用混合特征工具

弹出操控面板，在［截面］菜单选择［草绘截面］，单击［定义］按钮，如图 3-89 所示。

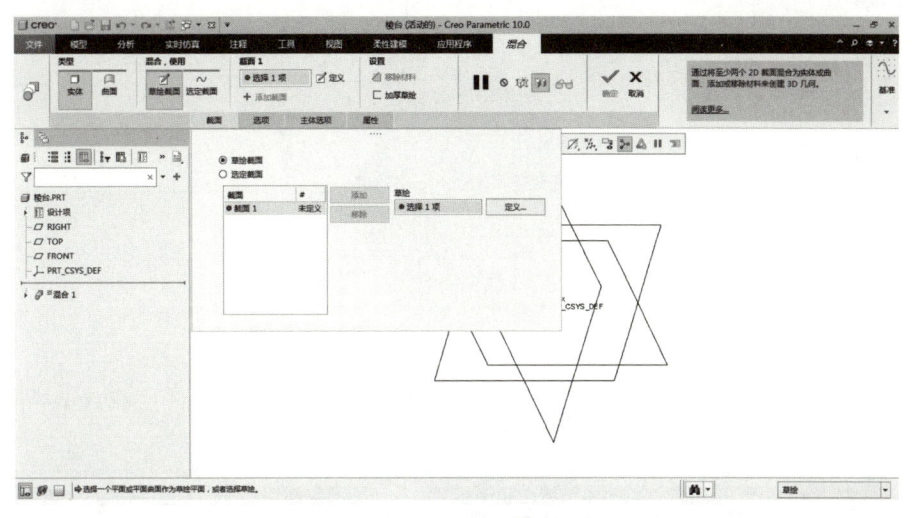

图 3-89　调用草绘截面工具

弹出［草绘］对话框，选择 TOP 基准面作为草绘平面，单击［草绘］按钮，进入截面 1 的草绘环境，如图 3-90 所示。

图 3-90　设置草绘平面

单击［视图工具栏］的［草绘视图］按钮，将草绘平面置于与屏幕平行。使用［插入］组中的［选项板］命令，绘制下方正六边形截面，单击✔确定，如图 3-91 所示。

返回操控面板，［截面］菜单中自动产生截面 2，在右侧编辑框中输入截面 2 与截面 1 的间距"60"，单击［草绘］按钮，进入截面 2 的草绘环境，如图 3-92 所示。

单击［视图工具栏］的［草绘视图］按钮，将草绘平面置于与屏幕平行。使用［插入］组中的［选项板］命令，绘制上方正六边形截面，单击✔确定，如图 3-93 所示。

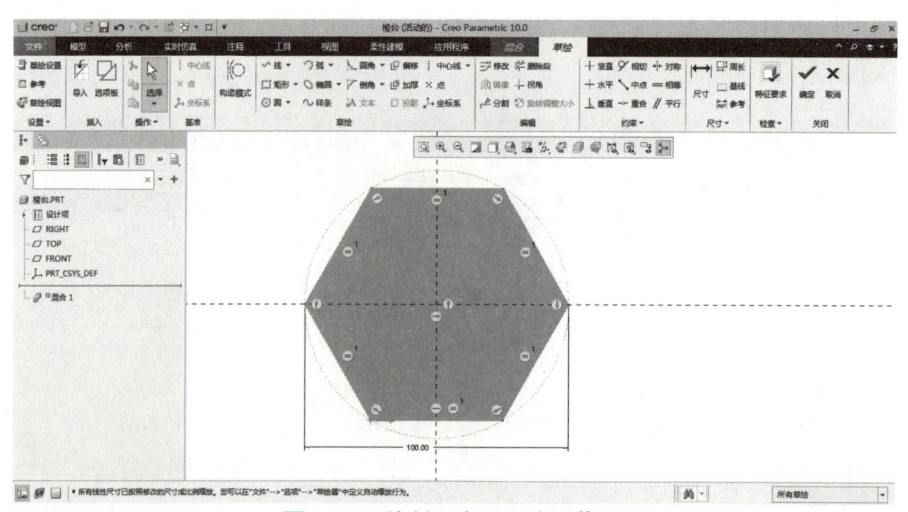

图 3-91 绘制下方正六边形截面

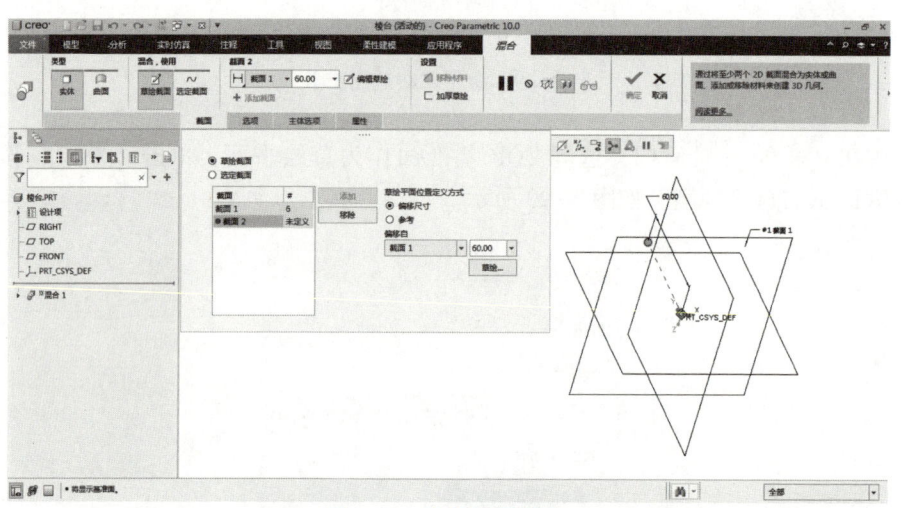

图 3-92 设置截面间距

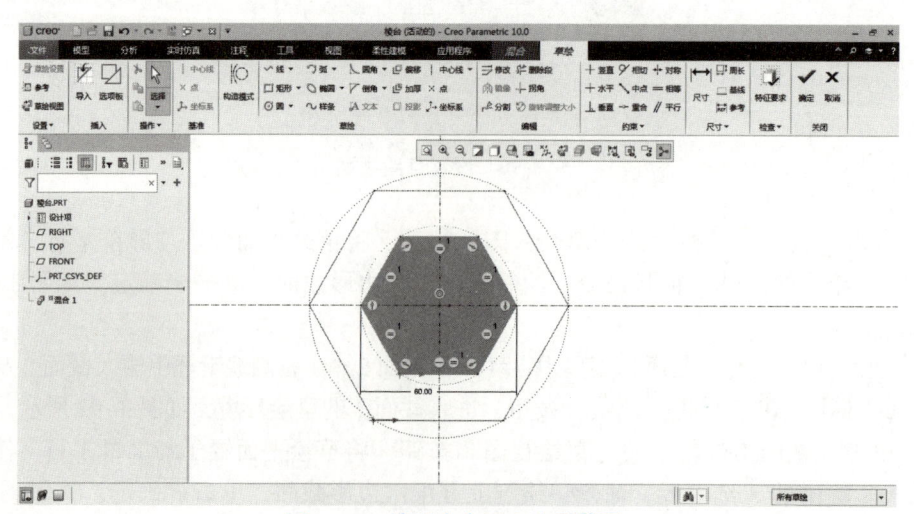

图 3-93 绘制上方正六边形截面

返回操控面板，在［选项］菜单中选择混合曲面方式为［直］，单击✔确定，完成棱台模型的创建，如图 3-94 所示。

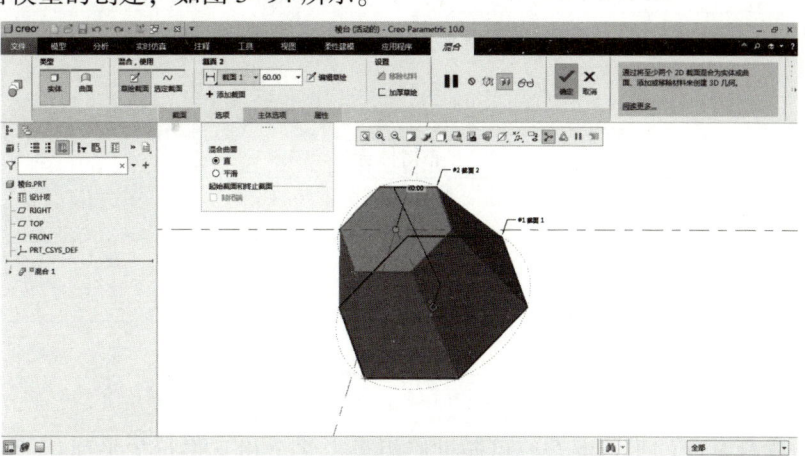

图 3-94　设置混合曲面方式完成建模

5. 保存文件至工作目录

单击［快速访问工具栏］中的［保存］按钮，将三维实体模型保存至工作目录中，如图 3-95 所示。

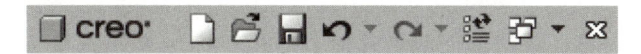

图 3-95　保存文件

任务评价

项目	项目三　基础特征设计	日期	年　　月　　日		
任务	任务五　混合特征建模——棱台	组别	第　　小组		
班级		组长		教师	
序号	评价内容	分值	学生自评	小组评价	教师评价
1	敬业精神	10			
2	团队协作能力	10			
3	能够在指定位置设定工作目录	10			
4	能够按照尺寸要求创建实体	30			
5	能够及时保存文件并退出软件	10			
6	工作效率	10			
7	工作过程合理性	10			
8	学习成果展示	10			
9					
10					
合计		100			

项目三　基础特征设计

续表

遇到的问题	解决方法
心得体会	

知识链接

具有常规截面的平行混合，可通过使用至少两个相互平行的平面截面来创建平行混合，这两个平面截面在其边缘用过渡曲面连接形成一个连续特征。

可草绘或选择这两个平面截面。可通过［草绘截面］选项来草绘截面或使用在进入［混合］工具之前草绘的截面。可通过［选定截面］选项来选择形成截面的链。如果混合中的第一个截面是一个内部或外部草绘的话，那么混合中的其余截面必须为内部草绘。如果第一个截面是通过选择链定义的，那么也必须要选择其余截面。

可通过使用与另一草绘截面的偏移值或使用一个参考来定义草绘截面的草绘平面。可将第一个和最后一个截面定义为点。

［混合］操控面板如图 3-96 所示。

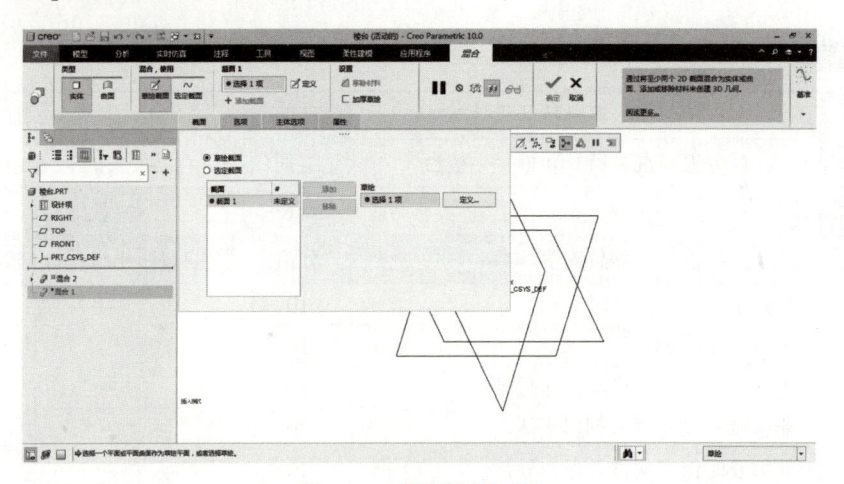

图 3-96　混合操控面板

一、主要工具按钮

1. ［类型］区

［实体］：用于创建实体混合。

◧ ［曲面］：用于创建曲面混合。

2. ［混合，使用］区

◪ ［草绘截面］：使用内部或外部草绘截面创建混合。

◠ ［选定截面］：使用选定截面创建混合。

3. ［截面］区

［截面］区用于定义混合截面。

4. ［设置］区

◩ ［移除材料］：沿混合移除材料，以便为实体特征创建切口或为曲面特征创建面组修剪。

▭ ［加厚草绘］：为草绘截面添加厚度。

二、主要菜单

1. ［截面］菜单

［截面］菜单用于指定扫描轨迹和截平面控制，如图 3-97 所示。

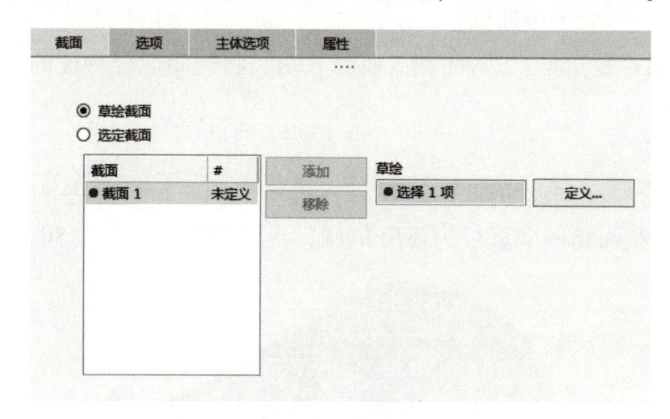

图 3-97　截面菜单

1) ［草绘截面］：使用草绘截面来创建混合。

［草绘］收集器：显示要用于混合的第一个截面的草绘。

［定义］：打开［草绘器］以定义第一个截面的内部草绘。

［编辑］：打开［草绘器］以编辑第一个截面的内部草绘。

［断开链接］：断开与外部草绘的关联并将该草绘复制为第一个截面的内部草绘。

［草绘平面位置定义方式］：

① ［偏移尺寸］：通过偏移尺寸设置草绘平面位置。

② ［偏移自］收集器：显示当前草绘偏移时参考的截面。

③ ［偏移值］框：设置当前草绘和当前草绘偏移时参考的草绘之间的距离值。

④ ［参考］：通过使用参考来设置草绘平面位置。

⑤［穿过］收集器：显示用于定义草绘平面位置的参考。

［草绘］：打开用于草绘截面的［草绘器］。

2)［选定截面］：通过使用选定截面来创建混合。

［截面］收集器：显示要用于活动截面的曲线。

［细节］：打开［链］对话框。

［添加混合顶点］：在活动截面中添加混合顶点。

截面表。

［截面］：将截面按其混合顺序列出。可以更改此顺序并使用不同于草绘定义顺序的混合顺序。

［#］：显示截面中的图元数。

［插入］：在活动截面下插入一个新的截面。

［移除］：删除活动截面。

2.［选项］菜单

［选项］菜单用于指定或创建混合截面和控制混合顶点，如图3-98所示。

1)［直］：在两个截面间形成直曲面。

图3-98 选项菜单

2)［平滑］：形成平滑曲面。

3)［封闭端］复选框：选择 ［曲面］后，将封闭混合特征的两端。

拓展任务

1) 利用混合特征创建如图3-99所示三维模型，下方截面是一个边长为100的正六边形，上方截面是一个直径为φ70的圆，上下两截面间距为80。

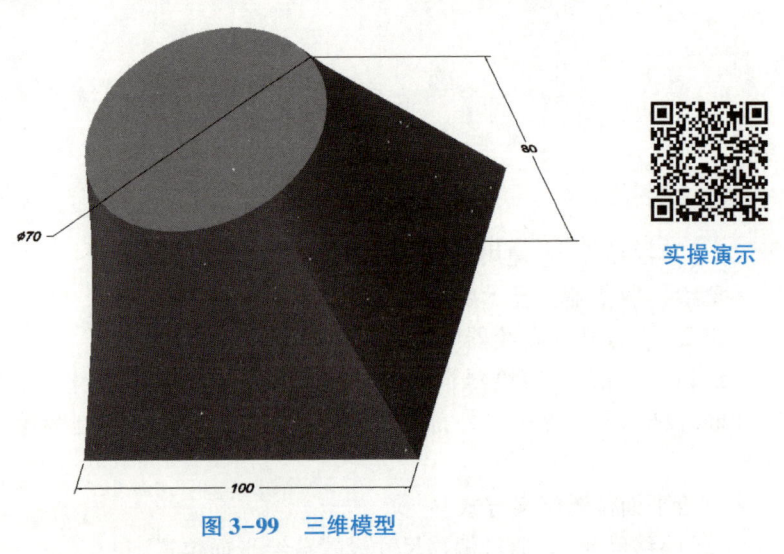

实操演示

图3-99 三维模型

2) 利用混合特征创建如图3-100所示五角星模型。

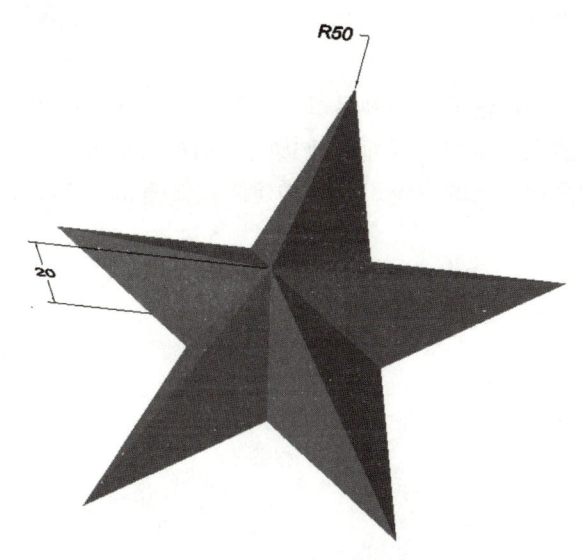

图 3-100　五角星

任务六　扫描混合特征建模——吊钩

任务下达

利用扫描混合特征创建如图 3-101 所示"吊钩"三维模型，已知截面 1 为边长为 40 的正方形，截面 2 为直径为 φ45 的圆，截面 3 为直径为 φ35 的圆，截面 4 为一个点，轨迹线通过四个截面的中心，形状和尺寸如图 3-102 所示，完成以下操作任务。

1. 设置工作目录为 E:\Creo 练习。
2. 新建模型文件，命名为"吊钩"，选择公制尺寸模板。
3. 利用扫描混合特征工具创建吊钩模型。
4. 保存文件至工作目录。

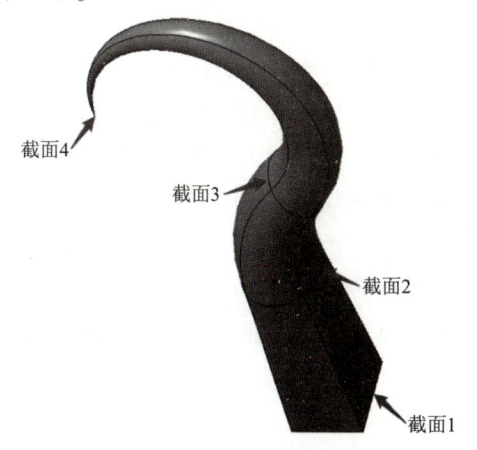

图 3-101　吊钩

项目三　基础特征设计

任务解析

吊钩是起重机械中最常见的一种吊具，常借助于滑轮组等部件悬挂在起升机构的钢丝绳上。吊钩的成型由四个截面沿轨迹线扫描混合而成，注意不同截面图元数和对应点的位置对吊钩形状的影响。具体构建流程如图 3-102 所示。

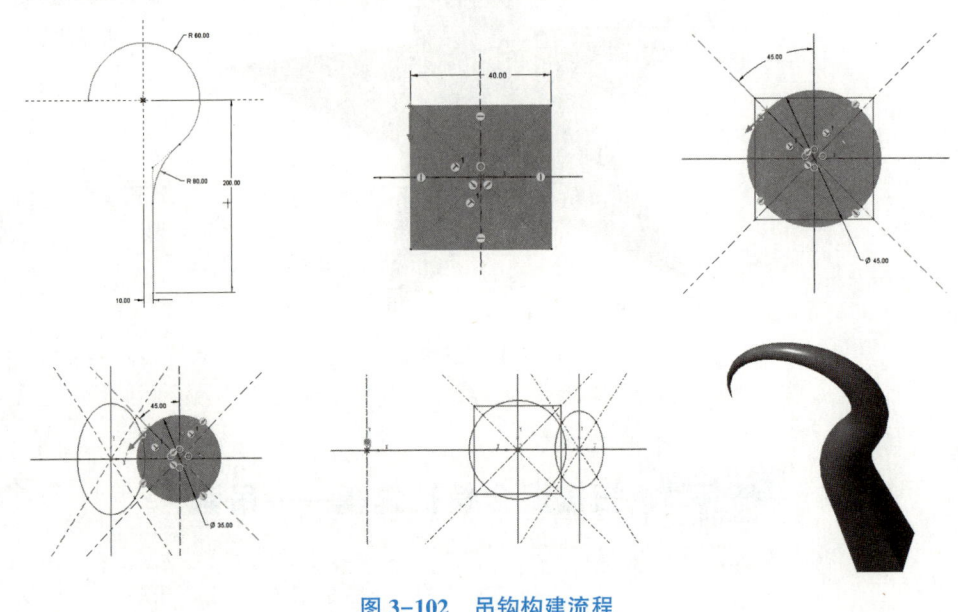

图 3-102 吊钩构建流程

任务实施

1. 启动软件

双击桌面上的快捷方式图标 ▇，启动 Creo，关闭资源中心网页链接，关闭浏览器链接，进入用户初始界面。

2. 设置工作目录

3. 新建文件

单击［文件］→［新建］命令，选择文件类型为［零件］，［子类型］为［实体］。在［文件名］文本框中输入文件的名称"吊钩"。取消勾选［使用默认模板］复选框，单击［确定］按钮，如图 3-103 所示。弹出［新文件选项］对话框，如图 3-104 所示。选择模板［mmns_part_solid_abs］选项，即保证建模时长度单位为 mm，单击［确定］按钮。

4. 利用草绘工具创建扫描混合的轨迹线

单击［模型］选项卡［基准］组中的［草绘］按钮，如图 3-105 所示。

128　Creo 三维设计项目教程

图 3-103　新建对话框　　　　　　　　　　图 3-104　新文件选项对话框

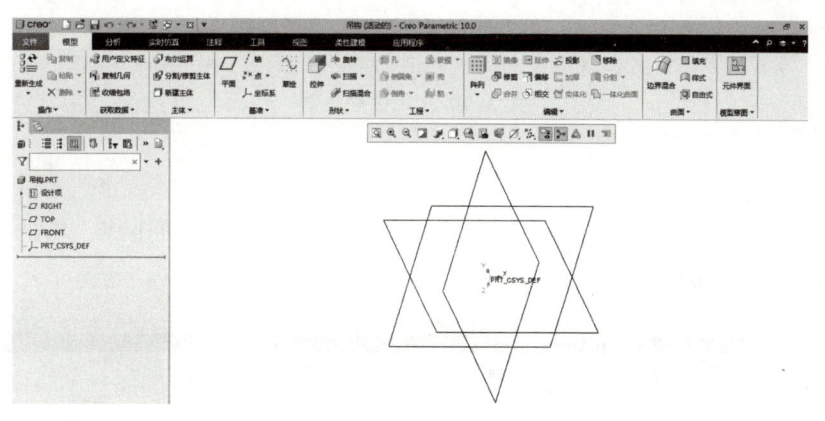

图 3-105　调用草绘命令

弹出草绘对话框，选择 FRONT 基准面作为草绘平面，单击下方［草绘］按钮，进入 Creo 的草绘环境，如图 3-106 所示。

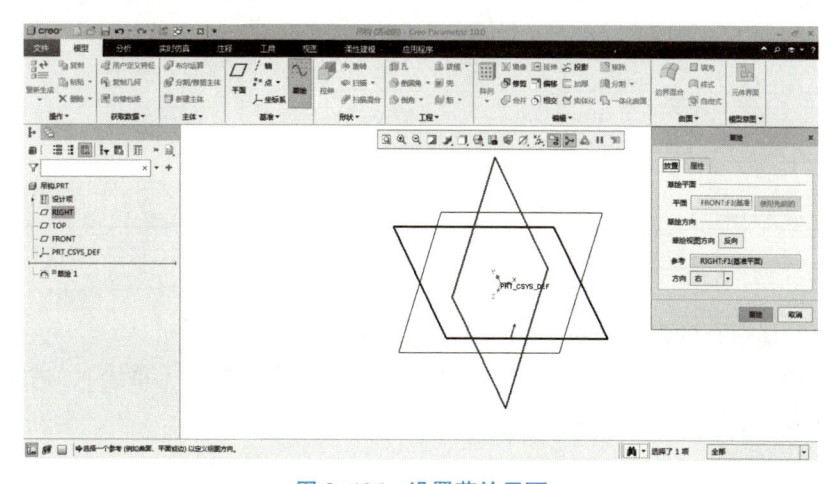

图 3-106　设置草绘平面

项目三　基础特征设计　129

单击［视图工具栏］的［草绘视图］按钮，将草绘平面置于与屏幕平行。依次使用［草绘］组中的［圆］［直线］和［圆角］命令，绘制、编辑轨迹线，如图3-107所示。单击✔确定。

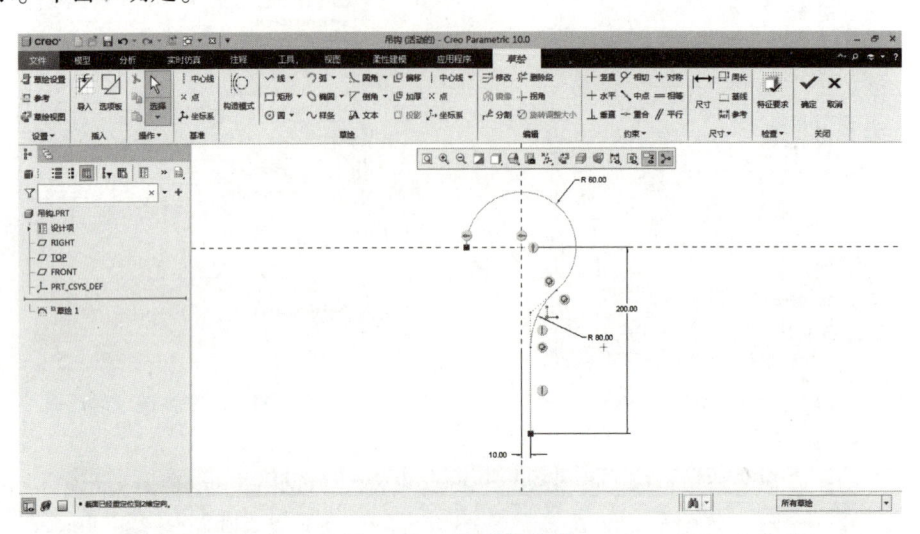

图3-107　绘制轨迹线

5. 利用扫描混合特征工具创建吊钩

选择模型树中轨迹线的名称［草绘1］或者绘图区域的轨迹线，单击［模型］选项卡［形状］组的［扫描混合］特征工具，如图3-108所示。

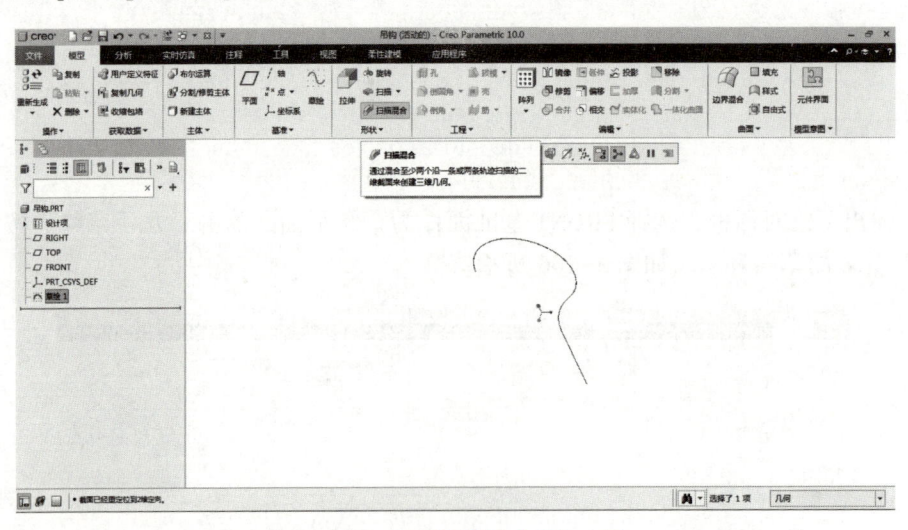

图3-108　调用扫描混合特征工具

弹出扫描混合的操控面板，如图3-109所示。

单击操控面板的［截面］菜单，选择［草绘截面］，单击［草绘］，进入截面1的草绘环境，如图3-110所示。

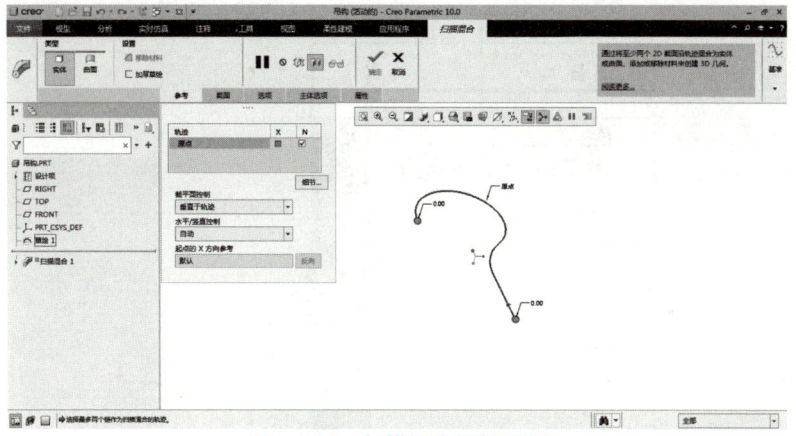

图 3-109　扫描混合操控面板

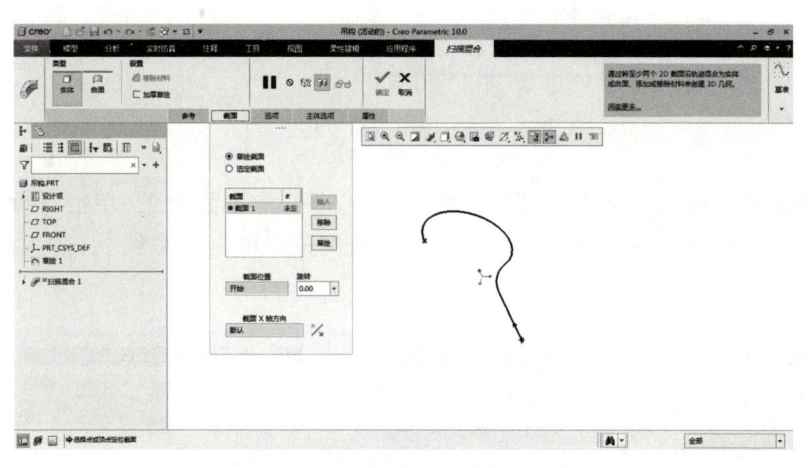

图 3-110　调用截面 1 的草绘环境

单击［视图工具栏］的［草绘视图］按钮，将草绘平面置于与屏幕平行。采用［中心矩形］命令，如图 3-111 所示。绘制截面 1 正方形，单击正方形左上方点，单击右键，在菜单中选择［特征工具］级联菜单中的［起点］，将起始点设置在左上角点，如图 3-112 所示。单击✔确定。

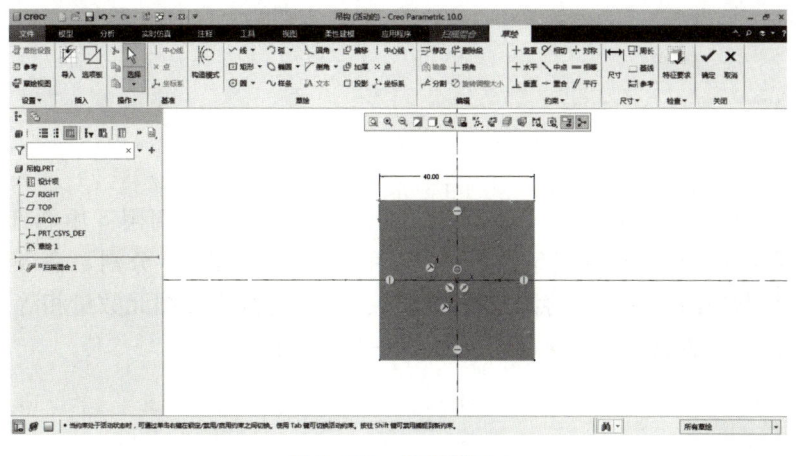

图 3-111　绘制截面 1

项目三　基础特征设计　131

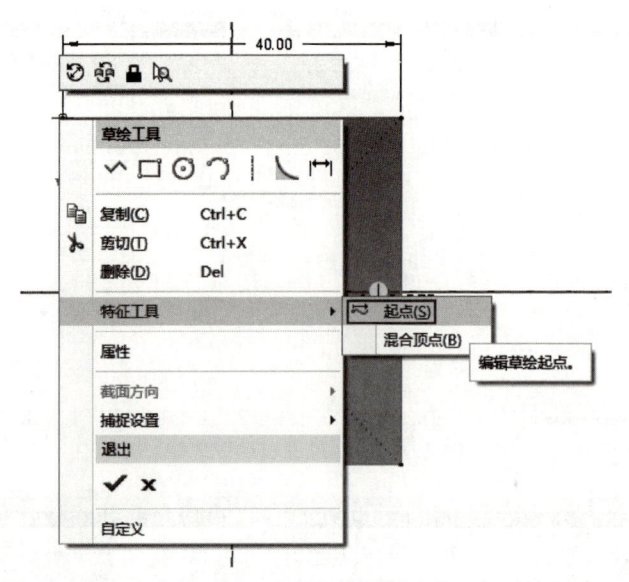

图 3-112 设置截面 1 起始点

单击操控面板的［截面］菜单，单击［插入］，产生截面 2，单击［截面位置］编辑框，拾取轨迹线中直线的上端点作为截面位置，单击［草绘］，进入截面 2 的草绘环境，如图 3-113 所示。

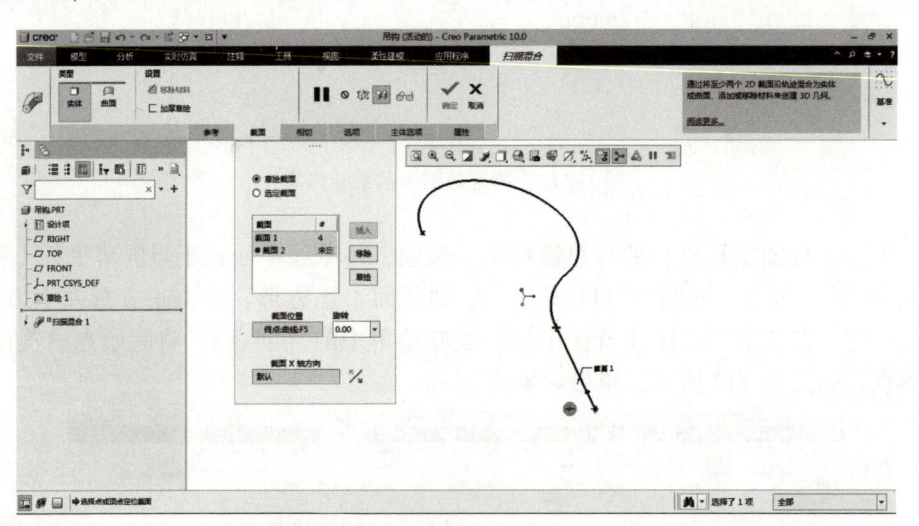

图 3-113 调用截面 2 的草绘环境

调用［草绘］组的［圆］命令，绘制直径 $\phi45$ 的圆，调用［中心线］命令，绘制与参照线夹角为 45°的两条中心线，调用［编辑］组的［分割］命令，分别单击中心线与圆的四个交点，将圆分成四部分，保证与截面 1 图元数量相等。将左上方交点设置为起始点，单击 ✔ 确定，如图 3-114 所示。

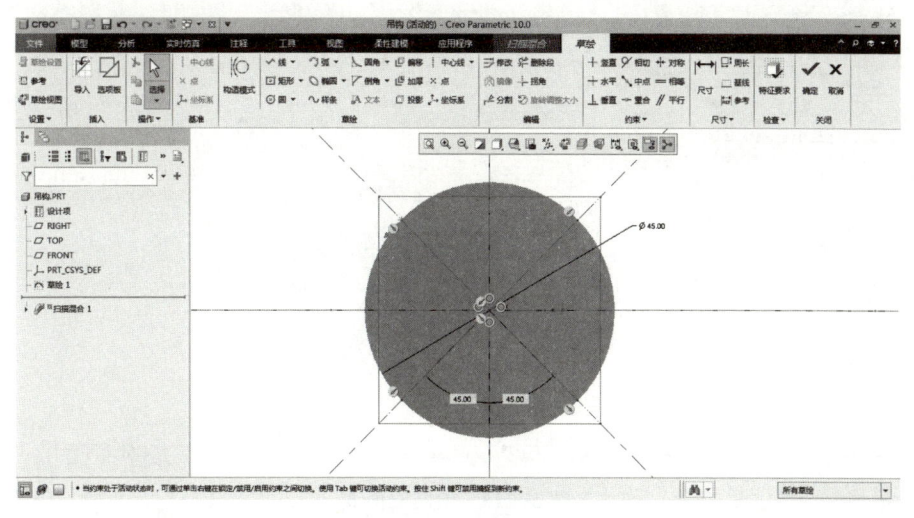

图 3-114　绘制截面 2

单击操控面板的［截面］菜单，单击［插入］，产生截面 3，单击［截面位置］编辑框，拾取轨迹线中 R80 圆角的上端点作为截面位置，单击［草绘］，进入截面 3 的草绘环境，如图 3-115 所示。

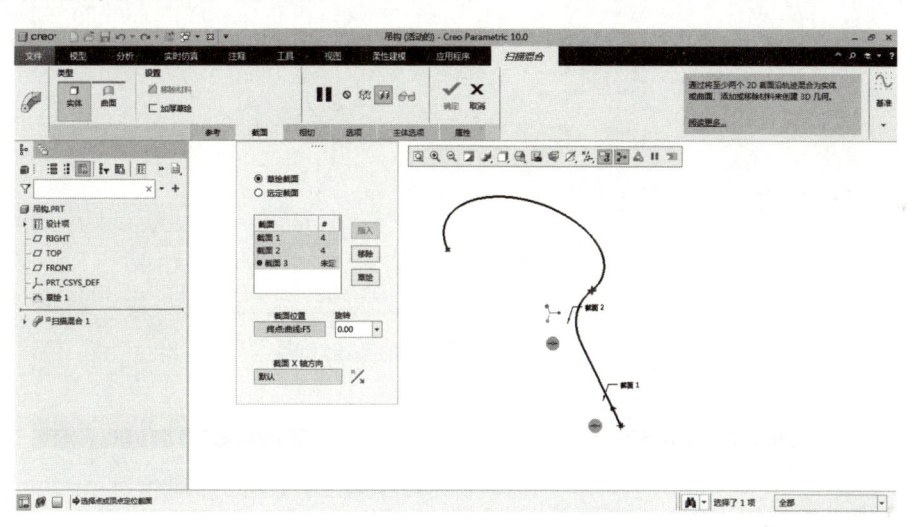

图 3-115　调用截面 3 的草绘环境

调用［草绘］组的［圆］命令，绘制直径 ϕ35 的圆，调用［中心线］命令，绘制与参照线夹角为 45°的两条中心线，调用［编辑］组的［分割］命令，分别单击中心线与圆的四个交点，将圆分成四部分，保证与截面 1 和截面 2 图元数量相等。将左上方交点设置为起始点，如图 3-116 所示。单击✔确定。

单击操控面板的［截面］菜单，单击［插入］，产生截面 4，［截面位置］默认［结束］，单击［草绘］，进入截面 4 的草绘环境，如图 3-117 所示。

调用［草绘］组的［点］命令，在绘图区域参照线交点位置绘制一个点，如图 3-118 所示。单击✔确定。

项目三　基础特征设计　133

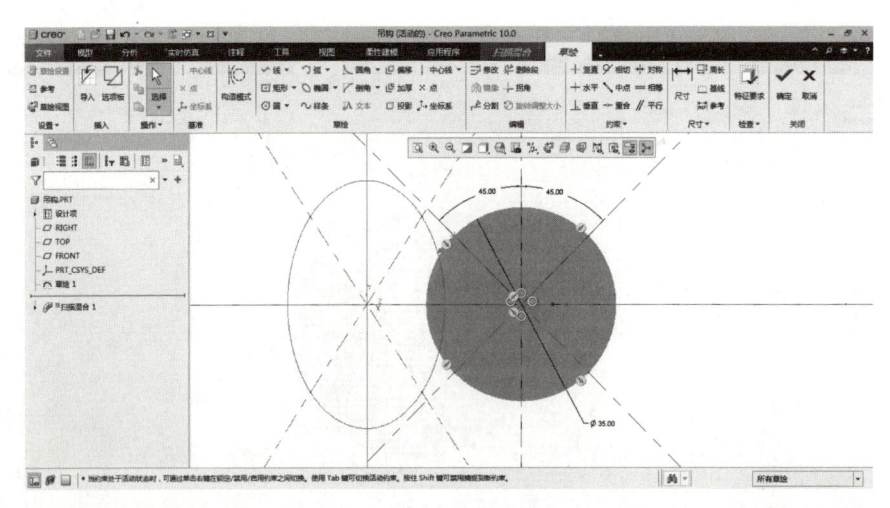

图 3-116　绘制截面 3

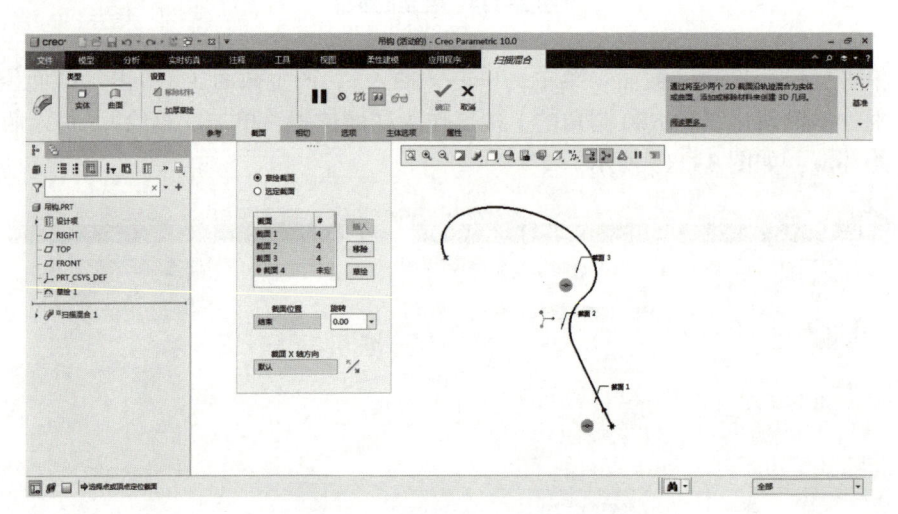

图 3-117　调用截面 4 的草绘环境

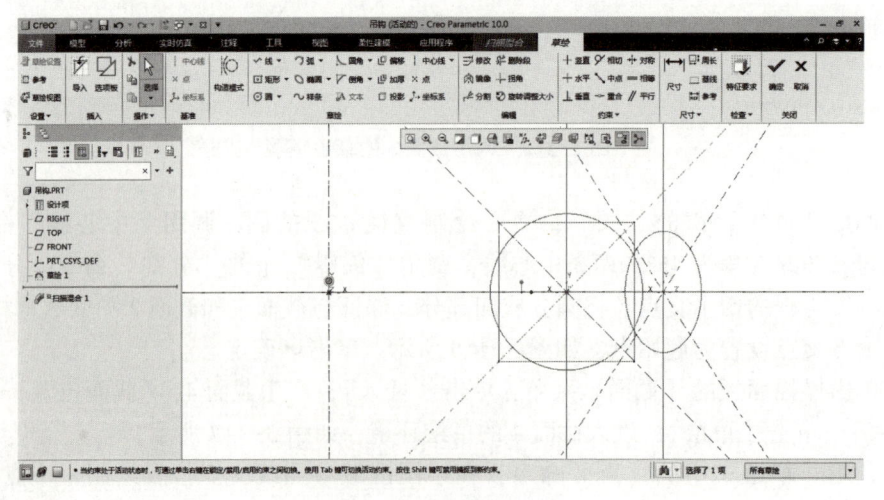

图 3-118　绘制截面 4

134　■ Creo 三维设计项目教程

单击操控面板的 ✔ 确定，完成吊钩构建，如图 3-119 所示。

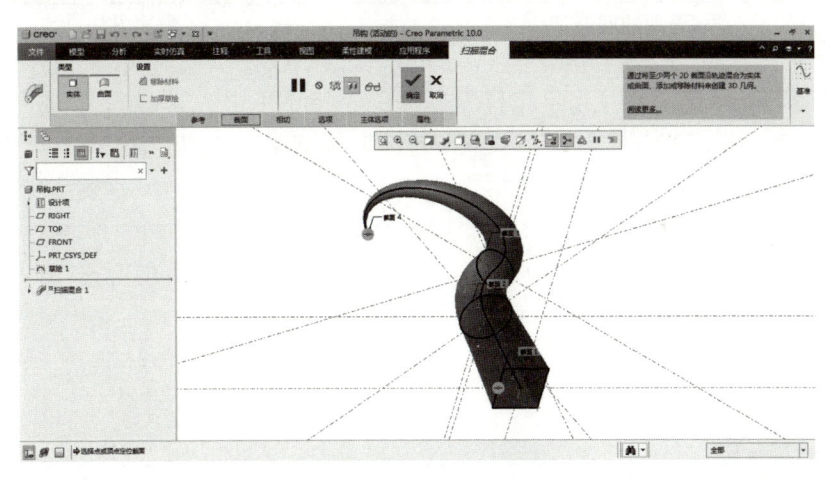

图 3-119　完成吊钩构建

6. 保存文件至工作目录

单击 [快速访问工具栏] 中的 [保存] 按钮，将三维实体模型保存至工作目录中，如图 3-120 所示。

图 3-120　保存文件

任务评价

项目	项目三　基础特征设计		日期	年　　月　　日		
任务	任务六　扫描混合特征建模——吊钩		组别	第　　　　小组		
班级			组长	教师		
序号	评价内容		分值	学生自评	小组评价	教师评价
1	敬业精神		10			
2	团队协作能力		10			
3	能够在指定位置设定工作目录		10			
4	能够按照尺寸要求创建实体		30			
5	能够及时保存文件并退出软件		10			
6	工作效率		10			
7	工作过程合理性		10			
8	学习成果展示		10			
9						
10						
合计			100			

续表

遇到的问题	解决方法
心得体会	

知识链接

扫描混合可以具有两种轨迹：原点轨迹（必需）和第二轨迹（可选）。每个［扫描混合］特征必须至少有两个截面，且可在这两个截面间添加截面。要定义扫描混合的轨迹，可选择一条草绘曲线、基准曲线或边的链。每次只有一个轨迹是活动的。

在原点轨迹指定段的顶点或基准点处，草绘要混合的截面。要确定截面的方向，请指定草绘平面的方向（Z 轴）以及该平面的水平/竖直方向（X 或 Y 轴）。使用［选定截面］选项来选择在进入扫描混合刀具之前草绘的截面。使用［草绘截面］选项在沿选定原点轨迹的点上草绘截面。

［扫描混合］操控面板，如图 3-121 所示。

图 3-121　扫描混合操控面板

一、主要工具按钮

1. ［类型］区

▫ ［实体］：用于创建实体特征。

▫ ［曲面］：用于创建曲面特征。

2. ［设置］区

▫ ［移除材料］：用于沿扫描混合移除材料，以便为实体特征创建切口或为曲面特征创建面组修剪。

▫ ［加厚草绘］：用于为草绘添加厚度以创建薄实体、薄实体切口或薄曲面修剪。此选项不适用于从选定截面创建的扫描混合。

二、主要菜单

1.［参考］菜单

该菜单用于指定扫描轨迹和截平面控制。如图 3-122 所示。

其中，［截平面控制］：用于设置定向截平面的方式（扫描坐标系的 Z 方向）。

1)［垂直于轨迹］：截平面在整个长度内保持垂直于指定的轨迹（在 N 列中检测）。此为默认设置。

2)［垂直于投影］：Z 轴与指定方向上的原点轨迹投影相切。［方向参考］收集器激活，提示选取方向参考。不需要水平/竖直控制。

3) 恒定法向：Z 轴平行于指定方向矢量。［方向参考］收集器激活，提示选取方向参考。

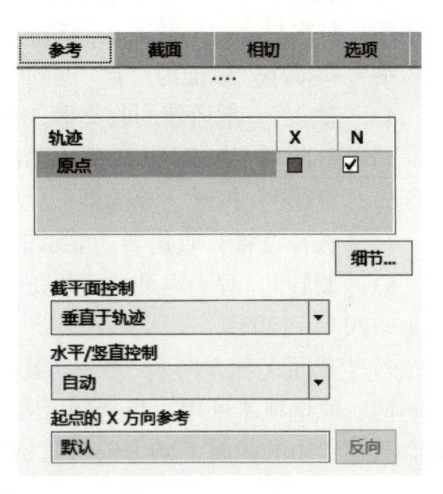

图 3-122　参考菜单

2.［截面］菜单

该菜单用于指定或创建混合截面和控制混合顶点，如图 3-123 所示。

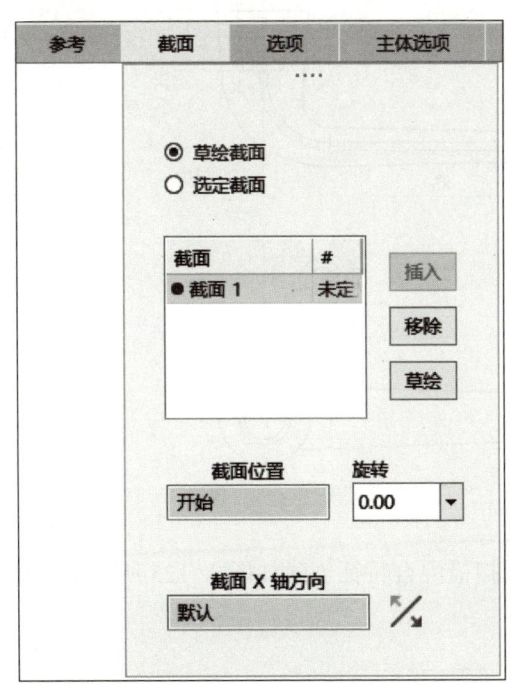

图 3-123　截面菜单

1）［草绘截面］：在轨迹上选择一点，并单击［草绘］（Sketch）可定义扫描混合的横截面。

2）［选定截面］：将先前定义的截面选择为扫描混合横截面。

3）［截面］表：列出为扫描混合定义的横截面表。表格的每一行起参考收集器的作用。每次只有一个截面是活动的。当将截面添加到列表时，会按时间顺序对其进行编号和排序。标记为"#"的列中显示草绘横截面中的图元数。

4）［插入］：激活新的收集器。新截面为活动截面。

5）［移除］：从表中移除选定的截面和扫描混合。

6）［草绘］：打开［草绘器］，为横截面定义草绘。

7）［选择位置］收集器：显示链端点、顶点或基准点以定位截面。

8）［旋转］：对于定义截面的每个顶点或基准点，指定截面关于 Z 轴的旋转角度（-120°~+120°）。

9）［截面 X 轴方向］：为活动截面设置 X 轴方向。只有在为 X 轴控制选择［自动］时，此选项才可用。当选择［参考］选项卡中的［水平/竖直］控制时，［截面］选项卡中的截面 X 轴方向与起始处 X 方向参考同步。

拓展任务

1）根据图纸利用扫描混合特征创建如图 3-124 所示烟斗模型。

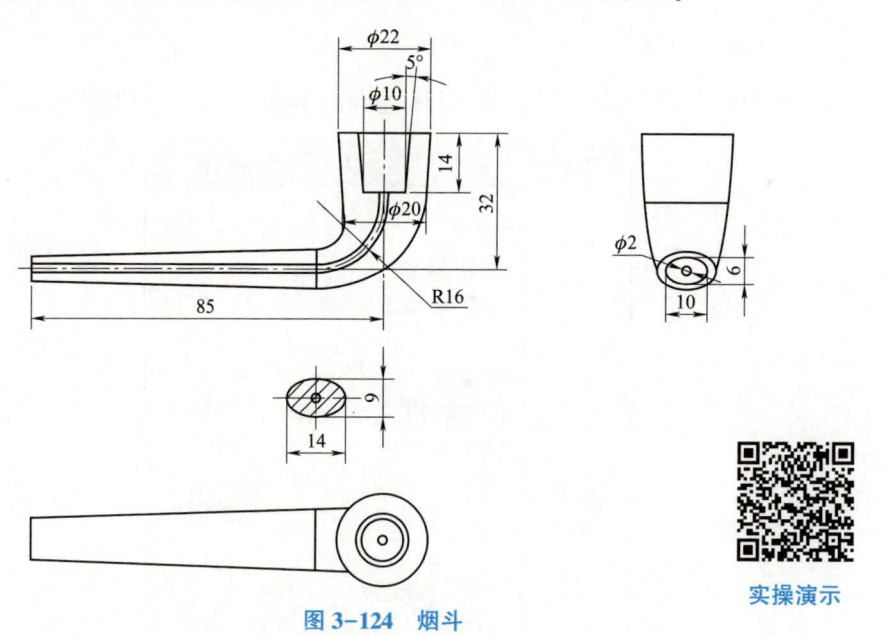

图 3-124 烟斗

实操演示

2）根据图纸利用扫描混合特征创建如图 3-125 所示吊钩模型。

图 3-125 吊钩

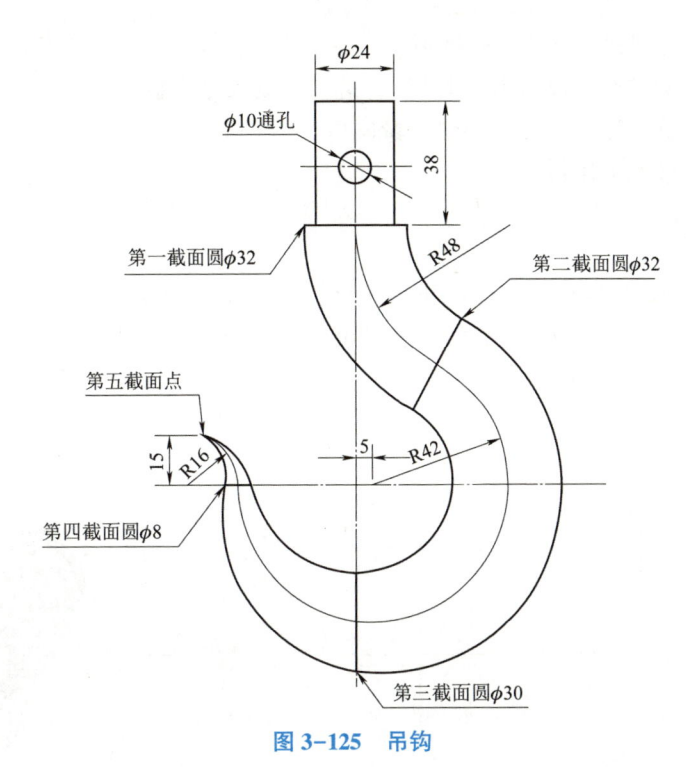

任务七 螺旋扫描特征建模——弹簧

任务下达

利用螺旋扫描特征创建如图 3-126 所示的"弹簧"三维模型,螺距为 10,完成以下操作任务。

图 3-126 弹簧

学习笔记

1. 设置工作目录为 E:\Creo 练习。
2. 新建模型文件，命名为"弹簧"，选择公制尺寸模板。
3. 利用螺旋扫描特征工具创建弹簧模型。
4. 保存文件至工作目录。

任务解析

弹簧是一种利用弹性来工作的机械零件，一般用弹簧钢制成。利用它的弹性可以控制机件的运动、缓和冲击或震动、储蓄能量、测量力的大小等，广泛应用于工程机械中。本任务是一恒定螺距弹簧，具体构建流程如图 3-127 所示。

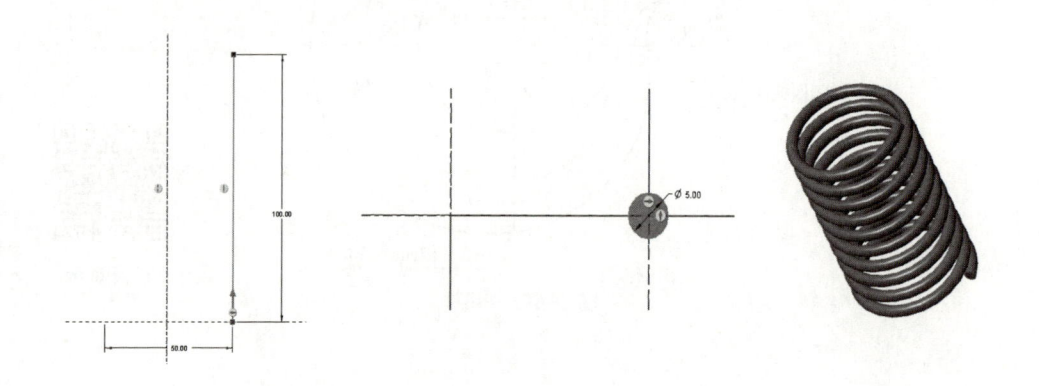

图 3-127　弹簧构建流程

任务实施

1. 启动软件

双击桌面上的快捷方式图标，启动 Creo，关闭资源中心网页链接，关闭浏览器链接，进入用户初始界面。

2. 设置工作目录

3. 新建文件

单击［文件］→［新建］命令，选择文件类型为［零件］，［子类型］为［实体］。在［文件名］文本框中输入文件的名称"吊钩"。取消勾选［使用默认模板］复选框，单击［确定］按钮，如图 3-128 所示。弹出［新文件选项］对话框，如图 3-129 所示。选择模板［mmns_part_solid_abs］选项，即保证建模时长度单位为 mm。单击［确定］按钮。

4. 利用螺旋扫描特征工具创建弹簧

单击［模型］选项卡［形状］组的［螺旋扫描］特征工具，如图 3-130 所示。

图 3-128　新建文件

图 3-129　新文件选项对话框

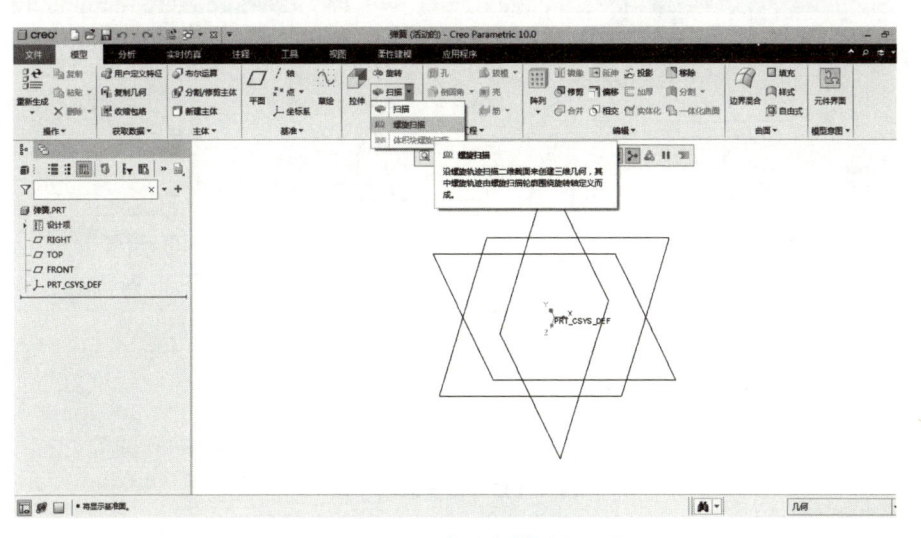

图 3-130　调用螺旋扫描特征工具

弹出螺旋扫描的操控面板。如图 3-131 所示。

图 3-131　螺旋扫描操控面板

单击操控面板的［参考］菜单，选择［定义］按钮，如图 3-132 所示。

打开草绘对话框，拾取 FRONT 基准平面作为草绘平面，单击［草绘］，如图 3-133 所示。

单击［视图工具栏］的［草绘视图］按钮，将草绘平面置于与屏幕平行。调用［中心线］和［线］命令，绘制螺旋轮廓图形，调用［标注］命令，修改尺寸，单击 ✔ 确定，如图 3-134 所示。

项目三　基础特征设计　141

图 3-132　参考菜单

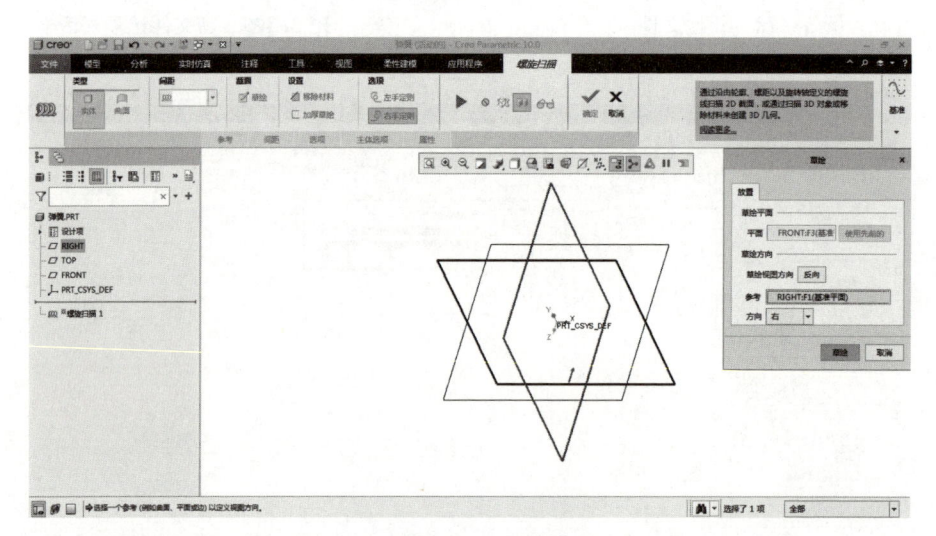

图 3-133　设置草绘平面

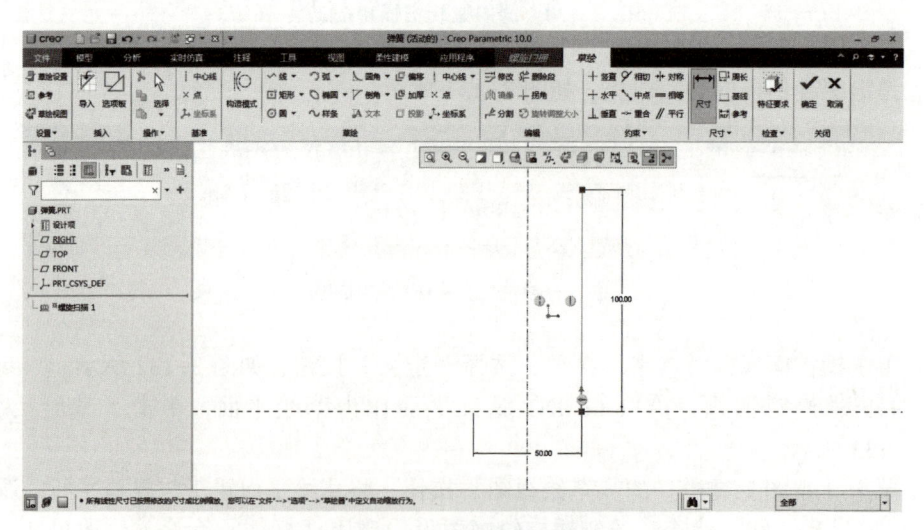

图 3-134　绘制螺旋轮廓图形

142　■　Creo 三维设计项目教程

将［参考］菜单的截面方向定义为［穿过螺旋轴］，在操控面板中输入间距"10"，单击［右手定则］，调用操控面板的［草绘］，进入草绘环境，绘制截面，如图 3-135 所示。

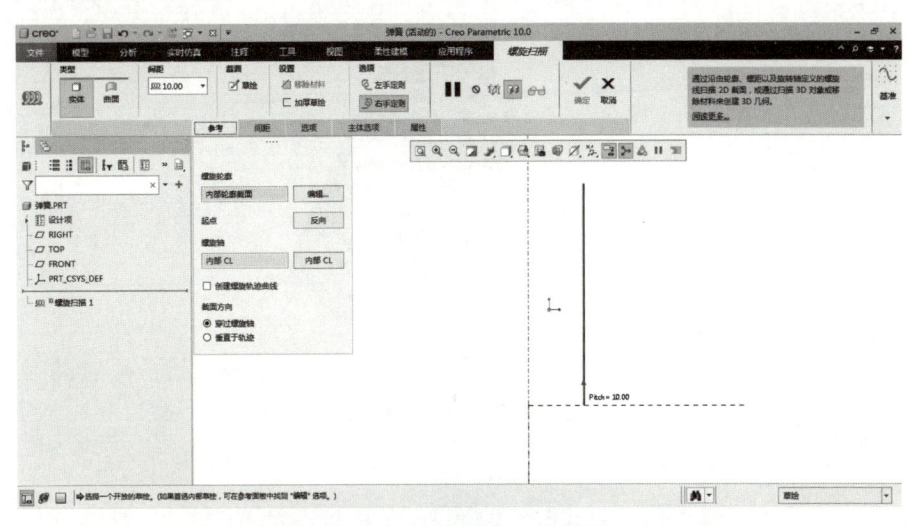

图 3-135　设置螺旋扫描要素

调用［草绘］组的［圆］命令，绘制直径 $\phi 5$ 的圆，单击✔确定，如图 3-136 所示。

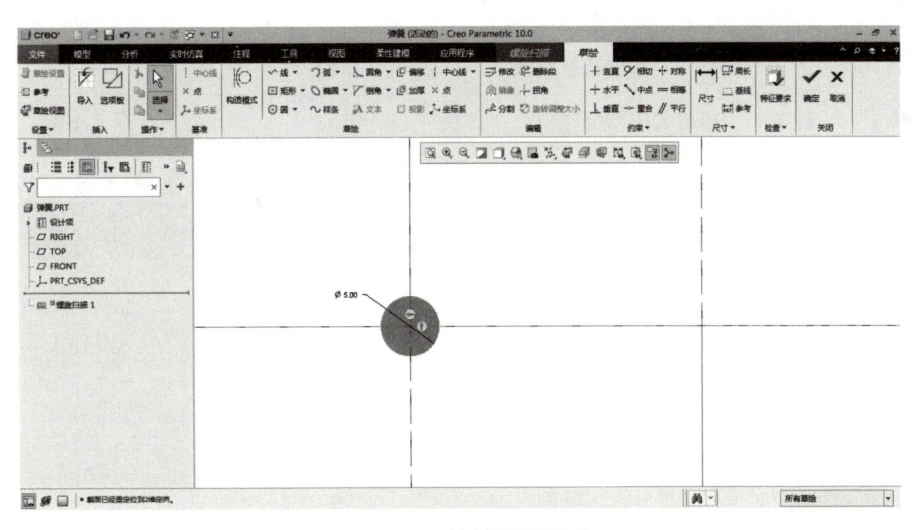

图 3-136　绘制截面图形

单击操控面板的✔确定，完成弹簧构建，如图 3-137 所示。

5. 保存文件至工作目录

单击［快速访问工具栏］中的［保存］■按钮，将三维实体模型保存至工作目录中，如图 3-138 所示。

项目三　基础特征设计　143

图 3-137　完成弹簧建模

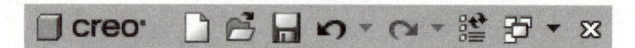

图 3-138　保存文件

任务评价

项目	项目三　基础特征设计		日期	年　　月　　日	
任务	任务七　螺旋扫描特征建模——弹簧		组别	第　　　小组	
班级			组长	教师	
序号	评价内容		分值	学生自评	小组评价	教师评价
1	敬业精神		10			
2	团队协作能力		10			
3	能够在指定位置设定工作目录		10			
4	能够按照尺寸要求创建实体		30			
5	能够及时保存文件并退出软件		10			
6	工作效率		10			
7	工作过程合理性		10			
8	学习成果展示		10			
9						
10						
合计			100			

续表

遇到的问题	解决方法
心得体会	

知识链接

螺旋扫描通过沿着螺旋（螺旋轨迹）扫描截面（横截面草绘）来创建。扫描混合可以具有两种轨迹：原点轨迹（必需）和第二轨迹（可选）。每个［扫描混合］特征必须至少有两个截面，且可在这两个截面间添加截面。要定义扫描混合的轨迹，可选择一条草绘曲线、基准曲线或边的链。每次只有一个轨迹是活动的。

在原点轨迹指定段的顶点或基准点处，草绘要混合的截面。要确定截面的方向，请指定草绘平面的方向（Z 轴）以及该平面的水平/竖直方向（X 或 Y 轴）。使用［选定截面］选项来选择在进入扫描混合刀具之前草绘的截面。使用［草绘截面］选项在沿选定原点轨迹的点上草绘截面。

［螺旋扫描］操控面板，如图 3-139 所示。

图 3-139　螺旋扫描操控面板

一、主要工具按钮

1. 类型区

　［实体］：创建实体特征。

　［曲面］：创建曲面特征。

2. 间距区

　收集器：设置螺距值。

3. ［截面］区

　［草绘］：打开草绘器以创建或编辑扫描横截面。

4. 设置区

　［移除材料］：沿螺旋扫描移除材料，以便为实体特征创建切口或为曲面特

征创建面组修剪。

▢ [加厚草绘]：为草绘添加厚度以创建薄实体、薄实体切口或薄曲面修剪。

5. [选项] 区

[左手定则]：使用左手定则设置扫描方向。

[右手定则]：使用右手定则设置扫描方向。

二、主要菜单

1) [参考] 菜单：用于指定扫描轨迹和截平面控制，如图 3-140 所示。

① [螺旋轮廓] 收集器：显示螺旋扫描的草绘轮廓。

② [定义]：打开"草绘器"以定义内部草绘。

③ [起点] 旁的 [反向]（Flip）：在螺旋轮廓的两个端点间切换螺旋扫描的起点。

④ [螺旋轴] 收集器：显示螺旋的旋转轴。

⑤ [内部 CL]：将在螺旋轮廓草绘中定义的几何中心线设置为扫描的旋转轴。

⑥ [创建螺旋轨迹曲线] 复选框：从螺旋轨迹创建一条曲线，这样在创建螺旋扫描后，曲线将在 Creo 中可用。

⑦ [截面方向]：设置扫描截面的方向。

[穿过螺旋轴]：定向截面以通过螺旋轴。

[垂直于轨迹]：将截面定向为垂直于扫描轨迹。

2) [间距] 菜单：用于指定或创建混合截面和控制混合顶点，如图 3-141 所示。

图 3-140　参考菜单　　　　图 3-141　间距菜单

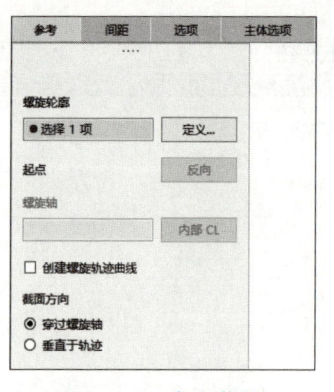

① [间距]：显示选定点的螺距值。

② [位置类型]：设置一种方法，该方法决定第三点以后的间距点的放置。

[按值]：使用距起点的距离值设置点位置。

[按参考]：使用参考设置点位置。

[按比率]：使用距螺旋轮廓起点的轮廓长度的比率设置点位置。

③ [位置]：设置点位置。

选择［按值］：显示距起点的距离值。
选择［按参考］：显示确定间距点位置的点、顶点、平面或曲面。
选择［按比率］：显示距起点的轮廓长度比率。
④［添加间距］：在间距表中添加新行并添加一个新的间距点。

拓展任务

1）利用螺旋扫描特征创建如图 3-142 所示螺栓。

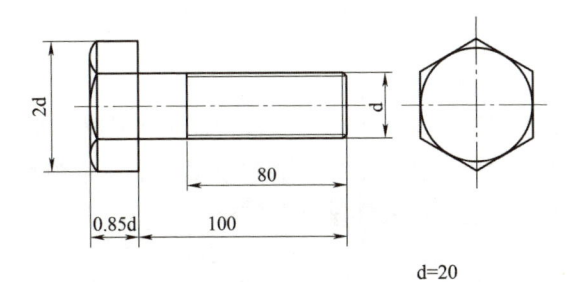

图 3-142　螺栓

实操演示

2）利用螺旋扫描特征创建如图 3-143 所示圆锥螺旋弹簧模型。

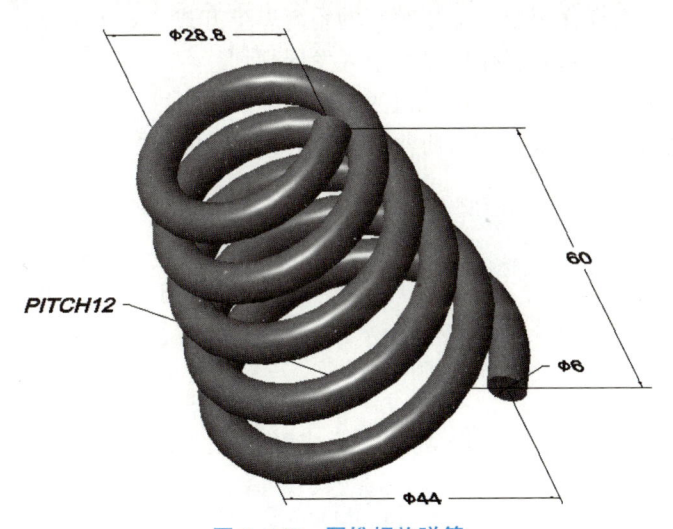

图 3-143　圆锥螺旋弹簧

实操演示

项目四　工程特征设计

项目描述

本项目将介绍工程特征的基本操作，工程特征是在基础特征等的基础上创建的。工程特征包括倒圆角、倒角、孔、抽壳、筋和拔模特征。本项目结合典型实例，介绍工程特征的基本操作，建议读者熟练掌握。

项目目标

1. 掌握创建倒圆角、倒角、孔、抽壳、筋和拔模特征的基本方法。
2. 能够独立完成任务实施中的操作任务。
3. 养成良好的操作习惯，形成缜密的系统思维方式。
4. 鼓励学生在学习和工作中做好个人发展规划。
5. 培养学生坚持不懈、持之以恒的工匠精神。
6. 增强团队意识，提升团结协作与语言表达能力。

课程思政案例七

任务一　倒圆角特征建模——挡圈

任务下达

创建"挡圈"三维模型（图4-1），完成以下操作任务。

创建挡圈模型

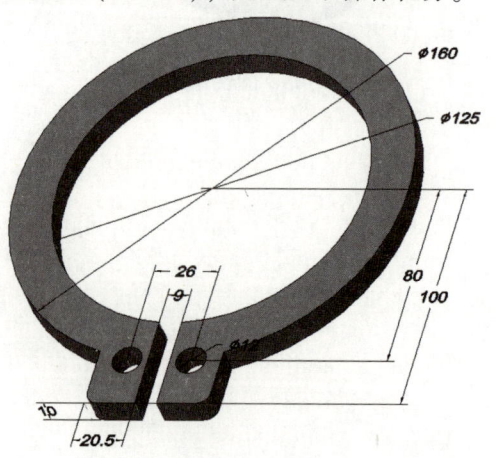

图4-1　挡圈

1. 设置工作目录为 E:\Creo 练习。
2. 新建模型文件，命名为"挡圈"，选择公制尺寸模板。
3. 绘制挡圈基础特征。
4. 创建 R5 倒圆角。
5. 保存文件至工作目录。

任务解析

挡圈是一种安装于槽轴上，用作固定零部件的轴向运动，这类挡圈的内径比装配轴径稍小。挡圈多为标准件，相关详细尺寸可以通过查阅机械设计手册获得。该模型创建步骤如下。

1. 绘制基础特征。
2. 创建倒圆角特征。

任务实施

1. 新建文件

①单击［文件］→［新建］命令。
②弹出［新建］对话框，选择文件类型为［零件］，［子类型］为［实体］。
③在［文件名］文本框中输入文件的名称"挡圈"。
④取消勾选［使用默认模板］复选框，如图 4-2 所示。单击［确定］按钮。
⑤弹出［新文件选项］对话框，如图 4-3 所示。选择公制模板［mmns_part_solid_abs］选项，单击［确定］按钮。

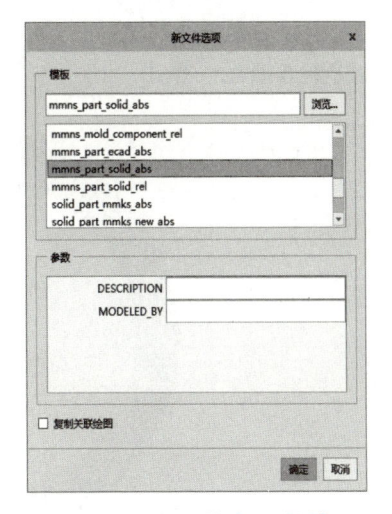

图 4-2　新建对话框　　　　　　图 4-3　新文件选项对话框

2. 绘制拉伸体

①单击［模型］选项卡［形状］工具组中［拉伸］按钮，打开［拉伸］选项卡，如图 4-4 所示。

项目四　工程特征设计　149

图 4-4　拉伸选项卡

②单击［拉伸］操控板的［放置］下拉面板中的［定义］按钮，打开［草绘］对话框，如图 4-5 所示。在绘图区中单击 FRONT 基准平面，选定此平面为草绘平面，其他选项采用系统默认。单击［草绘］按钮，进入草绘界面。

图 4-5　草绘对话框

③单击［草绘视图］按钮，定向草绘平面使其与屏幕平行。绘制拉伸截面草图，如图 4-6 所示。单击［确定］按钮，退出草绘环境。

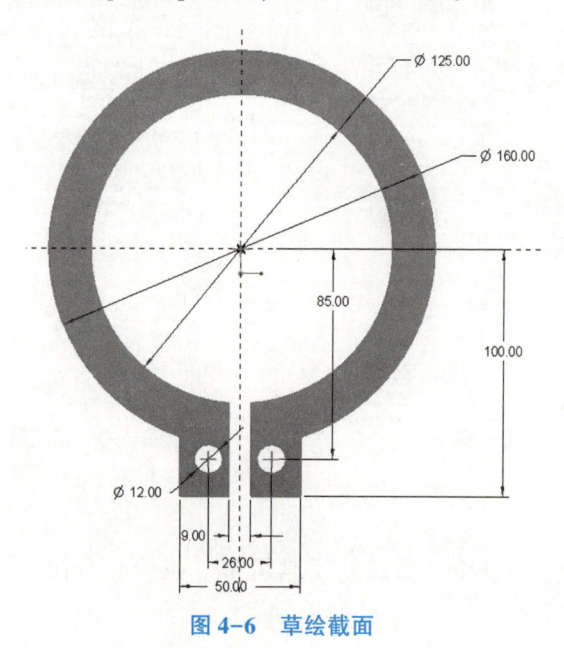

图 4-6　草绘截面

150　■　Creo 三维设计项目教程

④在［拉伸］操控板中单击［以指定的深度值拉伸］按钮，在拉伸值框中输入拉伸值"10"，单击［确定］按钮，完成拉伸特征的创建，如图4-7所示。

图4-7　拉伸完成

3. 创建倒圆角

①单击［模型］选项卡［工程］工具组中［倒圆角］按钮，打开［倒圆角］操控板，如图4-8所示。

图4-8　倒圆角操控板

②在绘图窗口中按住Ctrl键选择需要倒圆角的两条边，如图4-9所示。

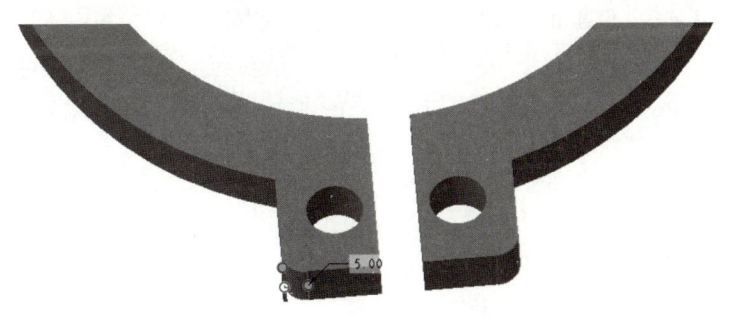

图4-9　选择倒圆角的边

③在［倒圆角］操控板中的［半径］框中输入倒圆角尺寸"5"。
④单击［确定］按钮，完成挡圈的创建，如图4-10所示。

4. 保存模型

单击［快速访问工具栏］中的［保存］按钮，将三维实体模型保存至工作目录中，如图4-11所示。

项目四　工程特征设计　151

图 4-10 挡圈

图 4-11 保存文件

5. 退出 Creo Parametric 10.0

单击［文件］选项卡中［退出］命令 ✕，退出软件。

任务评价

项目	项目四　工程特征设计		日期	年　　月　　日		
任务	任务一　倒圆角特征建模——挡圈		组别	第　　　　小组		
班级			组长		教师	
序号	评价内容		分值	学生自评	小组评价	教师评价
1	敬业精神		10			
2	团队协作能力		10			
3	能够完成基础特征的创建		30			
4	能够完成倒圆角特征的创建		10			
5	能够查阅相关资料获得准确尺寸		10			
6	能够及时保存文件并退出软件		10			
7	工作效率，工作过程合理性		10			
8	学习成果展示		10			
9						
10						
合计			100			

续表

遇到的问题	解决方法
心得体会	

知识链接

倒圆角是一种边处理特征，通过向一条或多条边、边链或在曲面之间的空白处添加半径或弦形成。曲面可以是实体模型曲面和面组的任意组合。

要创建倒圆角，必须定义一个或多个倒圆角集。倒圆角集是一种结构单位，包含一个或多个倒圆角几何段。在指定倒圆角放置参考后，将使用默认属性、半径值或弦值以及过渡来创建最适合选定几何的倒圆角。当选择多个参考时，倒圆角沿着相切的邻边进行传播，直至在切线中遇到断点。但是，如果使用"依次"链，倒圆角则不会沿着相切的邻边进行传播。

1. 倒圆角剖析

倒圆角包含下列项。

［集］：创建的属于放置参考的倒圆角段（几何）。倒圆角段由唯一属性、几何参考以及一个或多个半径或弦组成。

［过渡］：连接倒圆角段的填充几何。过渡位于倒圆角段相交或终止处。在最初创建倒圆角时将使用默认过渡，但是也可使用其他过渡类型。

2. 横截面形状

倒圆角横截面分为三类：［圆］［圆锥］以及［曲率连续］。使用圆形轮廓可以创建含圆形横截面的简单倒圆角；使用圆锥形轮廓可以创建含圆锥横截面的倒圆角。曲率连续横截面的精调方式与圆锥类似，但它通过相邻曲面保持曲率连续性，从而改进几何的美观性。如果同一个倒圆角上两个相邻倒圆角曲面的曲率被设置为彼此连续，则它们倒圆角的曲面的曲率必须彼此连续。如果这些曲面相切，则［C2 连续］倒圆角或［D1×D2 C2］倒圆角上的相应曲面彼此相切，而不是曲率连续的。

［圆形］：用于定义半径或弦。

［圆锥］：利用介于 0.05 到 0.95 之间的圆锥参数定义锥形的锐度。在［集］选项卡上的［D1×D2 圆锥］（D1×D2 圆锥）和［圆锥］之间进行切换，或单击右键并

从快捷菜单中选取或取消选择［独立］。

［圆锥］：使用相等的边长。当一条边被修改时，另一条边自动更新。此选项适用于［恒定］和［可变］倒圆角集。

［D1×D2 圆锥］：采用独立边长，此选项仅适用于［恒定］倒圆角集。

［C2 连续］：利用介于 0 到 0.95 之间的［C2 形状因子］定义样条形状，然后设置圆锥长度。此选项适用于［恒定］倒圆角集。

［D1×D2 C2］：使用［C2 形状因子］定义样条形状。边长相等的［D1×D2 C2］倒圆角仅适用于［恒定］倒圆角集。

3. 其他倒圆角创建参数

［延伸曲面］：倒圆角在接触曲面延伸时继续展开。仅适用于边倒圆角，且在默认情况下为关闭状态。创建新倒圆角集时，新倒圆角集的［延伸曲面］值从活动集继承而来。例如，如果为活动倒圆角集打开了［延伸曲面］，且创建了新倒圆角集，则默认情况下，会为该新集打开［延伸曲面］。

［完全倒圆角］：将活动倒圆角集转换为［完全］倒圆角，或允许使用第三个曲面来驱动曲面到曲面［完全］倒圆角。如果需要，则激活［驱动曲面］收集器。再次单击［完全倒圆角］可取消完全倒圆角的创建。仅当选择有效的完全倒圆角参考、［圆形］横截面形状以及［滚球］创建方法时，该选项才可用。如果选择了［通过曲线］，则该选项不可用。

［通过曲线］：活动倒圆角的半径由选定曲线驱动。这会激活［驱动曲线］收集器。再次单击此按钮可取消［通过曲线］创建。仅在选择有效倒圆角参考、［圆形］［圆锥］或［C2 连续］横截面形状以及［滚球］创建方法时，该选项才可用。

［弦］：使用恒定弦长创建倒圆角。在选择［圆形］［圆锥］或［C2 连续］横截面形状以及［滚球］创建方法的情况下可用。

4. 倒圆角类型

可创建以下五种倒圆角类型，如表 4-1 所示。

表 4-1　倒圆角类型

倒圆角类型	图例	说明
恒定半径倒圆角		倒圆角段具有恒定半径或弦长
可变半径倒圆角		倒圆角段具有多个半径

续表

倒圆角类型	图例	说明
完全倒圆角		在两个平面之间创建倒圆角
通过曲线倒圆角		倒圆角的半径由基准曲线驱动
自动倒圆角		为凸边和凹边创建具有恒定半径的自动倒圆角特征

5. 倒圆角放置参考

要创建倒圆角特征，需要掌握如何指定倒圆角放置参考（表4-2）。所选择的放置参考类型决定着可创建的倒圆角类型。

表4-2 倒圆角放置参考

参考类型	图例	创建倒圆角类型
边		恒定半径倒圆角 可变半径倒圆角 完全倒圆角 通过曲线倒圆角
边链		
曲面与边		恒定半径倒圆角 可变半径倒圆角

项目四　工程特征设计　155

续表

参考类型	图例	创建倒圆角类型
曲面与曲面	曲面与曲面参考	恒定半径倒圆角 可变半径倒圆角 完全倒圆角 通过曲线倒圆角

倒圆角概述　　　　　　　　倒圆角实操

拓展任务

按照项目四—任务一—任务实施中讲解的方法与步骤，可扫码下载教材配套资源，包含题目源文件、参考答案等模型文件。倒圆角的创建流程如图 4-12 所示。

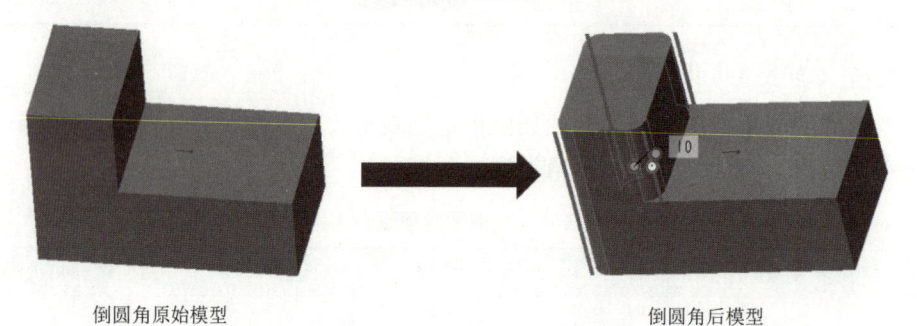

倒圆角原始模型　　　　　　　　倒圆角后模型

图 4-12　倒圆角的创建流程

任务二　倒角特征建模——平键

任务下达

创建"平键"三维模型（图 4-13），完成以下操作任务。
1. 设置工作目录为 E:\Creo 练习。
2. 新建模型文件，命名为"平键"，选择公制尺寸模板。
3. 绘制平键基础特征。
4. 创建 $C0.5$ 倒角。
5. 保存文件至工作目录。

图 4-13　平键

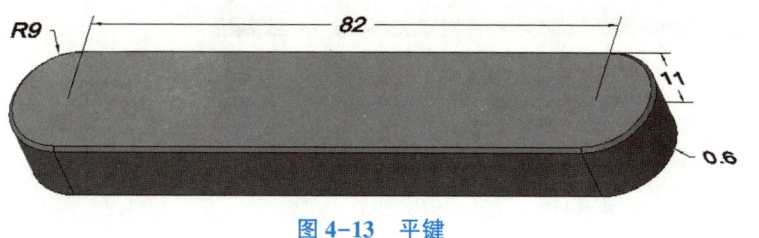

创建平键模型

任务解析

平键是依靠两个侧面作为工作面，靠键与键槽侧面的挤压来传递转矩的键。该模型创建步骤如下。

1. 绘制基础特征。
2. 创建倒角特征。

任务实施

1. 新建文件

①单击［文件］→［新建］命令。
②弹出［新建］对话框，选择文件类型为［零件］，［子类型］为［实体］。
③在［文件名］文本框中输入文件的名称"平键"。
④取消勾选［使用默认模板］复选框，单击［确定］按钮，如图4-14所示。
⑤弹出［新文件选项］对话框，如图4-15所示。选择公制模板［mmns_part_solid_abs］选项，单击［确定］按钮。

图 4-14　新建对话框　　　　图 4-15　新文件选项对话框

2. 绘制拉伸体

①单击［模型］选项卡［形状］工具组中［拉伸］按钮，打开［拉伸］选项卡，如图4-16所示。

项目四　工程特征设计　157

图 4-16　拉伸选项卡

②单击［拉伸］操控板的［放置］下拉面板中的［定义］按钮，打开［草绘］对话框，在绘图区中单击 TOP 基准平面，选定此平面为草绘平面，其他选项采用系统默认，如图 4-17 所示，单击［草绘］按钮，进入草绘界面。

图 4-17　草绘对话框

③单击［草绘视图］按钮，定向草绘平面使其与屏幕平行。绘制拉伸截面草图，如图 4-18 所示。单击［确定］按钮，退出草图绘制环境。

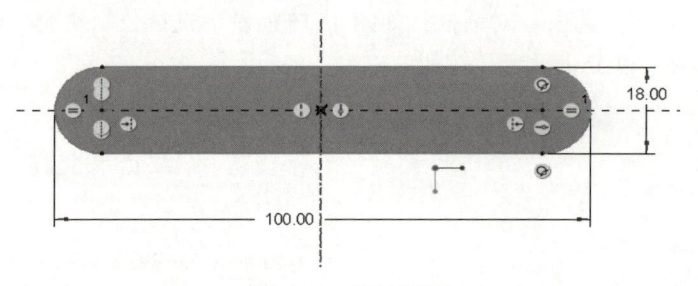

图 4-18　草绘截面

④在［拉伸］操控板中单击［实体］按钮和［对称拉伸］按钮，在拉伸值框中输入拉伸值"11"，再单击［确定］按钮，如图 4-19 所示，完成拉伸特征的创建，如图 4-20 所示。

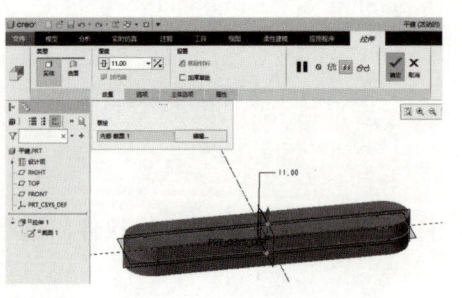

图 4-19　拉伸对话框　　　　　　　　图 4-20　拉伸完成

■ Creo 三维设计项目教程

3. 创建倒角

①单击［模型］选项卡［工程］工具组中［倒角］按钮，打开［边倒角］操控板，如图 4-21 所示。

图 4-21　边倒角操控板

②在绘图窗口中选择平键的上下两平面边线，如图 4-22 所示。

图 4-22　选择平键的上下两平面边线

③在操控板中选择倒角方式为［D×D］，输入倒角尺寸"0.6"。

④单击［确定］按钮，完成倒角操作，创建后的平键如图 4-23 所示。

图 4-23　平键

4. 保存模型

单击［快速访问工具栏］中的［保存］按钮，将三维实体模型保存至工作目录中，如图 4-24 所示。

图 4-24　保存文件

5. 退出 Creo Parametric 10.0

单击［文件］选项卡中［退出］命令，退出软件。

任务评价

项目	项目四　工程特征设计		日期	年　　月　　日	
任务	任务二　倒角特征建模——平键		组别	第　　　　小组	
班级			组长	教师	
序号	评价内容		分值	学生自评	小组评价	教师评价
1	敬业精神		10			
2	团队协作能力		10			
3	能够完成平键体的创建		30			
4	能够完成倒角特征的创建		10			
5	能够及时保存文件并退出软件		10			
6	工作效率		10			
7	工作过程合理性		10			
8	学习成果展示		10			
9						
10						
合计			100			
遇到的问题			解决方法			
心得体会						

知识链接

倒角特征是一类对边或拐角进行斜切削的特征。曲面可以是实体模型曲面和面组的任意组合。可创建两种倒角类型：拐角倒角和边倒角。

1. 边倒角特征

使用 [边倒角] 工具可创建边倒角。要创建边倒角，需要定义一个或多个倒角集。倒角集是一种结构化单位，包含一个或多个倒角段（倒角几何）。在指定倒角放置参考后，系统将使用默认属性、距离值以及最适于被参考几何的默认过渡来创建倒角。

单击［模型］选项卡中［工程］组上方的［倒角］按钮，打开［边倒角］操控板。操控板中包括以下选项。

1）［集模式］按钮：用来设置倒角集。系统默认选择此选项，如图 4-25 所示。［尺寸标注］下拉列表框显示倒角集的当前标注形式，系统包含的标注方式有［D×D］［D1×D2］［角度×D］［45×D］［O×O］［O1×O2］共 6 种。

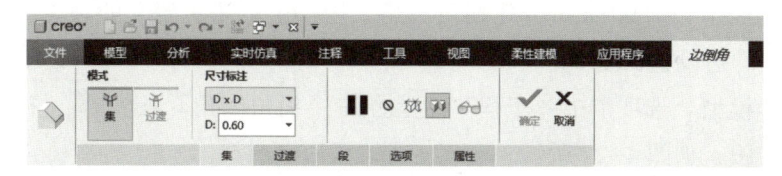

图 4-25　集模式边倒角操控板

2）［过渡模式］按钮：当在绘图窗口中选择倒角几何时，过渡模式按钮被激活，单击该按钮则倒角模式转变为过渡，操控板如图 4-26 所示，可以定义倒角特征的所有过渡。

图 4-26　过渡模式边倒角操控板

［边倒角］由以下内容组成。

1）集：倒角段，由唯一属性、几何参考、平面角及一个或多个倒角距离组成，由倒角和相邻曲面形成的三角边。

2）过渡：连接倒角段的填充几何。过渡位于倒角段或倒角集端点会合或终止处。在最初创建倒角时，系统使用默认过渡，并提供多种过渡类型，以允许创建和修改过渡。

2. 边倒角标注形式

标注形式基于选择的放置参考和使用的倒角创建方法。因此，对于给定几何，并非所有标注形式都可用。软件提供下列标注形式。

1）［D×D］：在各曲面上与边相距 D 处创建倒角。软件默认选择此选项。

2）［D1×D2］：在一个曲面距选定边 $D1$、在另一个曲面距选定边 $D2$ 处创建倒角。

3）［角度×D］：创建一个倒角，它距相邻曲面的选定边距离为 D，与该曲面的夹角为指定角度。

4）［45×D］：创建一个倒角，它与两个曲面都成 45°，且与各曲面上的边的距离为 D。此标注方案仅适用于使用 90°曲面的倒角。

5）［O×O］：在与各曲面上的边之间的偏移距离 O 处创建倒角。仅当［D×D］不可用时，默认情况下才会选择此选项。仅当使用［偏移曲面］创建方法时，此方案才可用。

6）［O1×O2］：在与一个曲面上的选定边的偏移距离 O1、与另一个曲面上的选定边的偏移距离 O2 处创建倒角。仅当使用［偏移曲面］创建方法时，此方案才可用。

3. 拐角倒角特征

拐角倒角从零件的拐角处移除材料，以在形成拐角的三个曲面间创建斜角曲面。使用［拐角倒角］工具 可创建拐角倒角。选择由三条边定义的顶点，然后沿每个倒角方向的边设置长度值。

单击［模型］选项卡中［工程］组上方的［拐角倒角］按钮 ，打开［拐角倒角］操控板，如图 4-27 所示。

图 4-27 拐角倒角操控板

$D1$：沿第一方向边设置从顶点到倒角的距离值。
$D2$：沿第二方向边设置从顶点到倒角的距离值。
$D3$：沿第三方向边设置从顶点到倒角的距离值。

倒角概述　　　　　　　　　　倒角实操

拓展任务

按照项目四—任务二—任务实施中讲解的方法与步骤，可扫码下载教材配套资源，包含题目源文件、参考答案等模型文件。倒角的创建如图 4-28 所示。

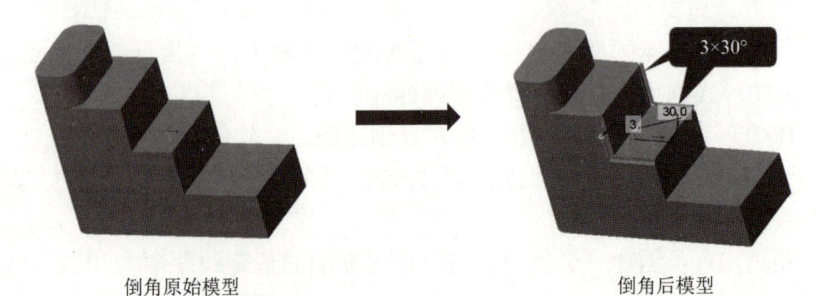

倒角原始模型　　　　　　　　倒角后模型

图 4-28 倒角的创建

任务三 孔特征建模——圆螺母

任务下达

创建"端面带孔圆螺母"三维模型,如图 4-29 所示,完成以下操作任务。

1. 设置工作目录为 E:\Creo 练习。
2. 新建模型文件,命名为"圆螺母",选择公制尺寸模板。
3. 按照尺寸要求创建模型。
4. 保存文件至工作目录。

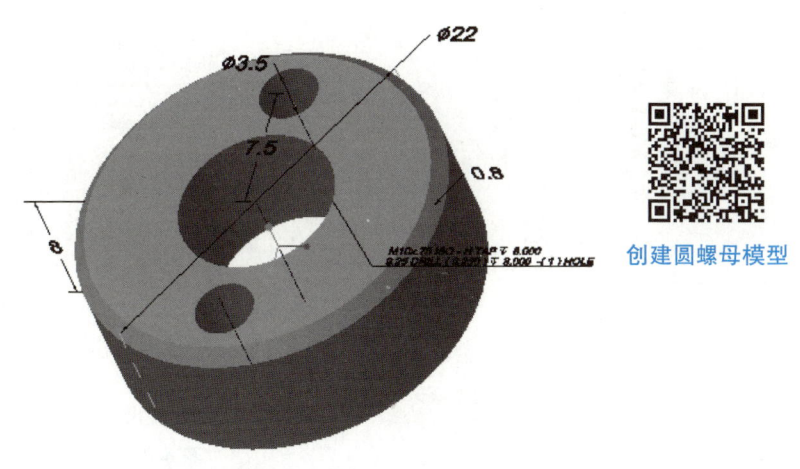

图 4-29 端面带孔圆螺母

创建圆螺母模型

任务解析

圆螺母主要用于轴端锁紧,通常与止退圈一起使用。该模型的构建流程如下(图 4-30)。

(1) 绘制基础特征。
(2) 创建孔特征。
(3) 创建倒角特征。

图 4-30 圆螺母的构建流程

任务实施

1. 新建文件

①单击［文件］→［新建］命令。

②弹出［新建］对话框，选择文件类型为［零件］，［子类型］为［实体］。

③在［文件名］文本框中输入文件的名称"圆螺母"。

④取消勾选［使用默认模板］复选框，单击［确定］按钮，如图 4-31 所示。

⑤弹出［新文件选项］对话框，选择公制模板［mmns_part_solid_abs］选项，单击［确定］按钮，如图 4-32 所示。

图 4-31　新建对话框

图 4-32　新文件选项对话框

2. 绘制拉伸体

①单击［模型］选项卡［形状］工具组中［拉伸］按钮，打开［拉伸］选项卡，如图 4-33 所示。

图 4-33　拉伸选项卡

②单击［拉伸］操控板的［放置］下拉面板中的［定义］按钮，打开［草绘］对话框，在绘图区中单击 FRONT 基准平面，选定此平面为草绘平面，其他选项采用系统默认，如图 4-34 所示。单击［草绘］按钮，进入草绘界面。

③单击［草绘视图］按钮，定向草绘平面使其与屏幕平行。绘制拉伸截面草图，如图 4-35 所示。单击［确定］按钮，退出草绘环境。

图 4-34　草绘对话框　　　　　　　图 4-35　草绘截面

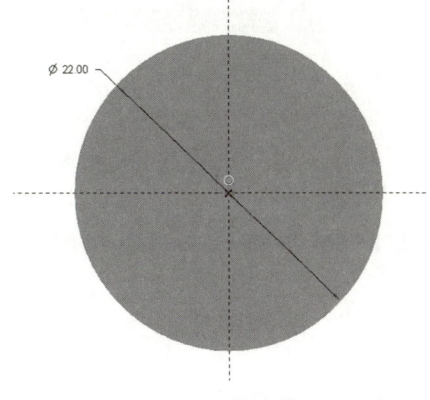

④在［拉伸］操控板中单击［以指定的深度值拉伸］按钮，在拉伸值框中输入拉伸值"8"，单击［确定］按钮，如图 4-36 所示。完成拉伸特征的创建，如图 4-37 所示。

图 4-36　拉伸参数设置

图 4-37　拉伸完成

3．创建孔特征

①单击［模型］选项卡［工程］工具组中［孔］按钮，打开［孔］操控板，在操控板中单击［标准］按钮，操控板如图 4-38 所示。

②操控板的设置为［ISO］类型、［M10×0.75］螺钉、螺纹深度 8 mm，具体设置如图 4-39 所示。

项目四　工程特征设计　165

图 4-38　孔操控板

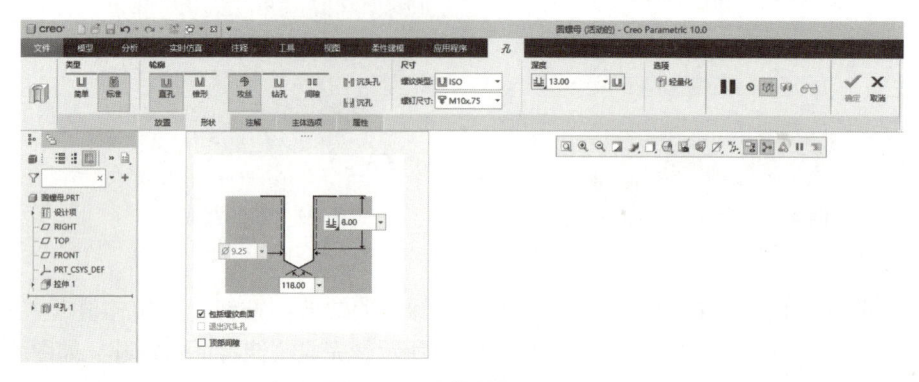

图 4-39　孔操控板的设置

③选择圆柱体上表面放置螺纹孔，按住 Ctrl 键选择圆柱体轴线，放置类型为同轴，如图 4-40 所示。

④单击［确定］按钮✔，完成孔的创建，效果如图 4-41 所示。

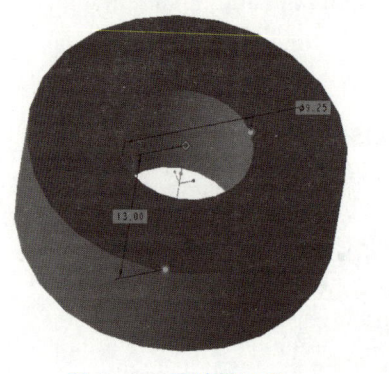

图 4-40　孔放置设置　　　　　　　　图 4-41　标准孔效果

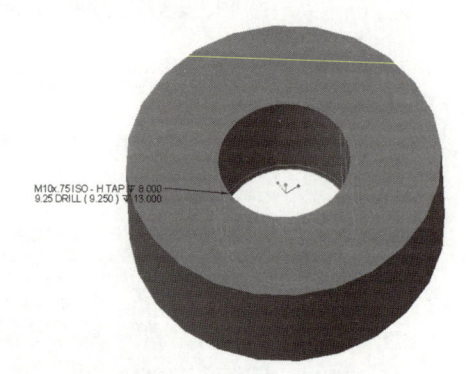

⑤继续单击［模型］选项卡［工程］工具组中的［孔］按钮，打开［孔］操控板，轮廓选择钻孔，输入直径值 3.5，深度值 4。操控板的设置如图 4-42 所示。

图 4-42　孔操控板的设置

⑥选择圆柱体上表面放置孔，被选择的表面将加亮显示，并预显孔的位置和大小，如图 4-43 所示，通过孔的控制手柄可以调整孔的位置和大小。

⑦分别拖动两个控制手柄到圆柱体轴线和 RIGHT 基准面，系统将显示孔的中心到偏移参考的距离，双击尺寸值进行尺寸修改，到 RIGHT 基准面的距离为 0，到圆柱体轴线的距离为 7.5，如图 4-44 所示。

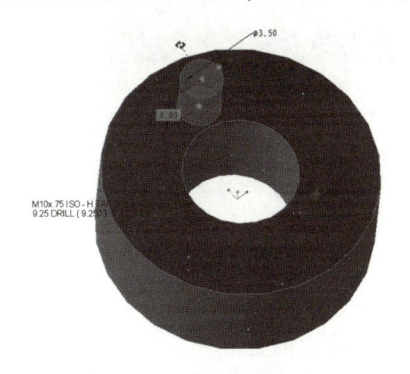

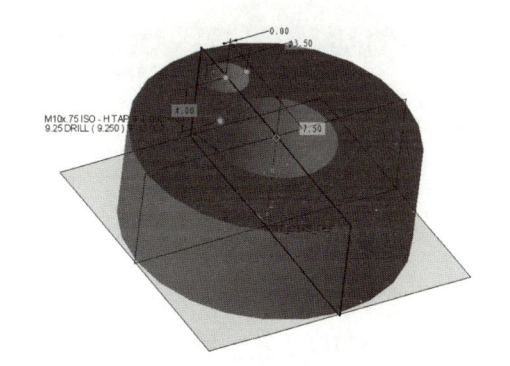

图 4-43　预显孔　　　　　　　　　图 4-44　设置孔尺寸

⑧设置完孔的各项参数之后，单击［形状］按钮，在弹出的图 4-45 所示的下拉面板中显示了当前孔的形状。

⑨单击［确定］按钮，完成孔的创建，其效果如图 4-46 所示。

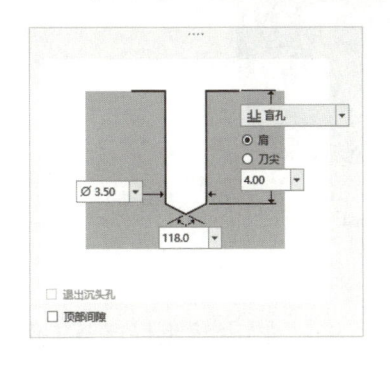

图 4-45　形状下拉面板　　　　　　图 4-46　孔效果

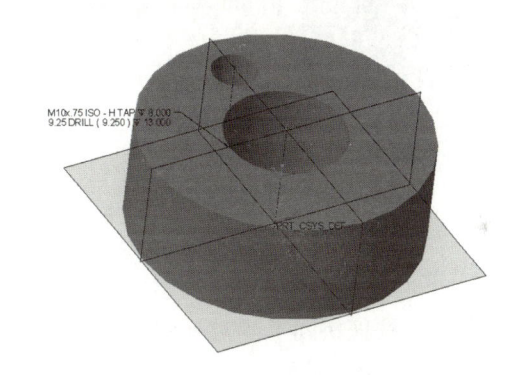

⑩在模型树中选择孔 2 特征，如图 4-47 所示。单击［模型］选项卡［编辑］工具组中［镜像］按钮，选择 TOP 基准面作为镜像平面，单击［确定］按钮，完成镜像孔的创建，其效果如图 4-48 所示。

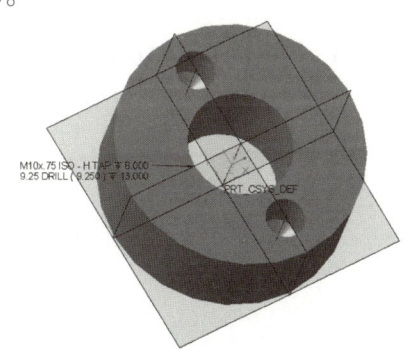

图 4-47　模型树　　　　　　　　　图 4-48　镜像孔效果

项目四　工程特征设计　167

⑪单击［模型］选项卡［工程］工具组中［边倒角］按钮，打开［边倒角］操控板，如图 4-49 所示。

图 4-49　边倒角操控板

⑫选择需要倒角的边，如图 4-50 所示。
⑬选择倒角方式为［D×D］，并设置 D 倒角距离尺寸值为 0.8。
⑭单击［确定］按钮，完成边倒角的创建，效果如图 4-51 所示。

图 4-50　选择需要倒角的边　　　　　　　　图 4-51　边倒角

4. 保存模型

单击［快速访问工具栏］中的［保存］按钮，将三维实体模型保存至工作目录中，如图 4-52 所示。

图 4-52　保存文件

5. 退出 Creo Parametric 10.0

单击［文件］选项卡中［退出］命令，退出软件。

任务评价

项目	项目四 工程特征设计		日期	年 月 日		
任务	任务三 孔特征建模——圆螺母		组别	第 小组		
班级			组长		教师	
序号	评价内容		分值	学生自评	小组评价	教师评价
1	敬业精神		10			
2	团队协作能力		10			
3	能够完成基础特征的创建		10			
4	能够完成孔特征的创建		20			
5	能够完成倒角特征的创建		10			
6	能够及时保存文件并退出软件		10			
7	工作效率		10			
8	工作过程合理性		10			
9	学习成果展示		10			
10						
合计			100			
	遇到的问题			解决方法		
	心得体会					

知识链接

利用［孔］工具可向模型中添加简单孔、自定义孔和工业标准孔。可以通过定义放置参考、偏移参考、可选孔方向参考以及孔的特定特征来添加孔。

1. 孔类型

1) ［简单］：由不与任何行业标准直接关联的拉伸或旋转切口组成。Creo

项目四 工程特征设计 169

提供的孔图表适用于简单的平底孔和钻孔，不适用于草绘孔，该图表包含参数和孔注解创建功能。可以创建以下简单孔类型。

⊔ [平整]：使用预定义的矩形作为钻孔轮廓。在默认情况下，系统将创建单侧简单孔。但是，可以使用 [形状] 选项卡来创建双侧简单直孔。双侧简单孔通常用于装配中，允许同时对孔的两侧设置格式。

⊔ [钻孔]：使用标准孔轮廓作为钻孔轮廓，可以为孔指定沉头孔、沉孔和尖端角。

[草绘]：使用在 [草绘器] 中创建的草绘轮廓。

2) [标准]：由基于行业标准紧固件表的旋转切口组成。Creo 提供选定的紧固件的工业标准孔图表以及螺纹或间隙直径。也可创建自己的孔图表。"标准"孔会自动创建孔注解，可以从孔螺纹曲面中分离出孔轴，并将螺纹放置到指定的层。可以创建下列类型的 [标准] 孔。

[攻丝]：攻丝孔。

⊔ [钻孔]：钻孔。

[间隙]：间隙孔。

∨ [锥形]：锥形孔。

2. 孔放置类型

可选择用于定义孔放置方式的孔放置类型。可按下列方法选择放置类型：在 [放置] 选项卡上，从 [类型] 列表中选择一种放置类型，孔放置类型及说明如表 4-3 所示。

表 4-3 孔放置类型及说明

放置类型	图例	说明
线性		使用两个线性尺寸来确定孔的位置
径向		使用一个线性尺寸（半径）和一个角度尺寸来确定孔的位置

续表

放置类型	图例	说明
直径		使用一个线性尺寸（直径）和一个角度尺寸来确定孔的位置
同轴		选一参考轴来确定孔的位置
在点上		选一基准点来确定孔的位置

3. 孔放置参考

可通过选择不同的放置参考组合在模型中放置孔，不同放置类型的主参考及次参考如表 4-4 所示。

表 4-4　主参考及次参考

放置类型	主（放置）参考	次（偏移）参考
线性径向	平面、基准平面、圆柱体或圆锥体曲面	两个
直径	平面、基准平面、实体曲面	两个
同轴	轴与平面、基准平面、实体曲面	无

4. 简单孔

［简单孔］操控板如图 4-53 所示。

图 4-53　简单孔操控板

项目四　工程特征设计　171

[轮廓]：指示要用于孔特征轮廓的几何类型，主要有［平整］［钻孔］和［草绘］三种类型。

［直径］文本框：控制简单孔特征的直径。

［深度选项］下拉列表框：列出直孔的可能深度选项，如表4-5所示。

表4-5 深度选项介绍

按钮	名称	含义
	盲孔	从放置参考以指定的深度值钻孔
	对称	在放置参考的两侧对称钻孔
	到下一个	钻孔至下一曲面
	穿透	钻孔至与所有曲面相交
	穿至	钻孔至与选定的曲面相交
	到参考	钻孔至选定的曲面、边、顶点、面组、主体、曲线、平面、轴或点

1)［放置］下拉面板：用于选择和修改孔特征的位置与参考，如图4-54所示。

［类型］下拉列表框：指示孔特征使用偏移/偏移参考的方法。

［反向］按钮：改变孔放置的方向。

［放置］列表框：指示孔特征放置参考的名称。主参考列表框只能包含一个孔特征参考。

［偏移参考］列表框：指示在设计中放置孔特征的偏移参考。若主放置参考是基准点，则该列表框不可用。

2)［形状］下拉面板如图4-55所示。

［侧2］下拉列表框。对于［简单］孔特征，可确定简单孔特征第二侧的深度选项的格式。有［简单］孔深度选项均可使用。在默认的情况下，［侧2］下拉列表框深度选项为［无］。［侧2］下拉列表框不可用于草绘孔。

图4-54 放置下拉面板　　　　　图4-55 形状下拉面板

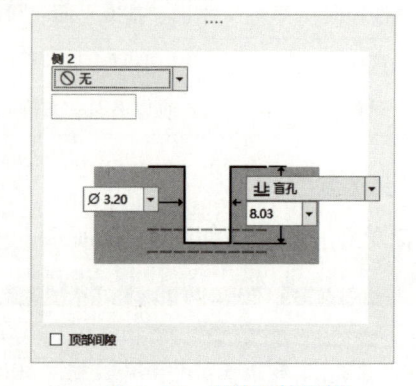

［属性］下拉面板如图 4-56 所示，用于获得孔特征的一般信息和参数信息，并可以重命名孔特征。标准孔的［属性］下拉面板比直孔多了一个参数列表框。

［名称］文本框：允许通过编辑名称文本框来设置孔特征的名称。

按钮 ：打开包含孔特征信息的嵌入式浏览器。

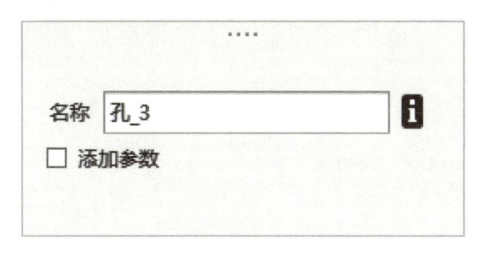

图 4-56　属性下拉面板

5. 标准孔

［标准孔］操控板如图 4-57 所示。

图 4-57　标准孔操控板

［螺纹类型］下拉列表框 ：列出可用的孔图表，其中包含螺纹类型/直径信息。初始会列出工业标准孔图表（UNC、UNF、ISO）。

［螺钉尺寸］下拉列表框 ：根据在［螺纹类型］下拉列表框中选择的孔图表，列出可用的螺纹尺寸。

［深度］下拉列表框与直孔类型类似，不再重复讲述。

［攻丝］按钮 ：指出孔特征是螺纹孔还是间隙孔，即是否添加攻丝。

［钻孔肩部深度］按钮 ：指示其前尺寸值为钻孔的肩部深度。

［钻孔深度］按钮 ：指示其前尺寸值为钻孔的总体深度。

［沉头孔］按钮 ：指示孔特征为埋头孔。

［沉孔］按钮 ：指示孔特征为沉头孔。

［形状］下拉面板如图 4-58 所示。

［包括螺纹曲面］复选框：创建螺纹曲面以代表孔特征的内螺纹。

［退出沉头孔］复选框：在孔特征的底面创建沉头孔。孔所在的曲面应垂直于当前的孔特征。

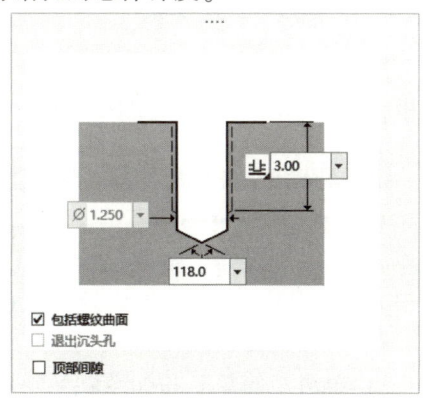

图 4-58　标准孔形状下拉面板

项目四　工程特征设计　173

[全螺纹]按钮：加工螺纹至整个孔深。

[到参考]按钮：加工螺纹至选定的曲面、边、顶点、面组、主体、曲线、平面、轴或点。

[注解]下拉面板如图4-59所示。该面板用于预览正在创建或重定义的[标准]孔特征的注释。

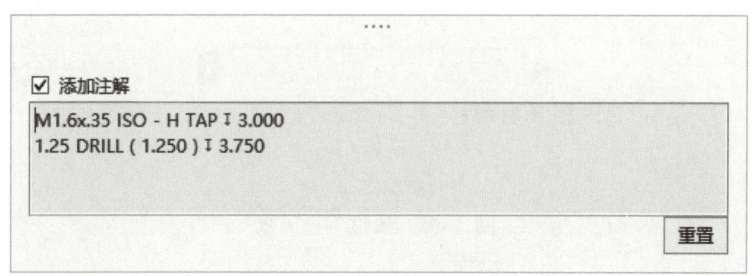

图4-59 注解下拉面板

[属性]下拉面板，如图4-60所示。用于显示孔特征的一般信息和参数信息，并可以重命名孔特征。

图4-60 属性下拉面板

6. 草绘孔的创建步骤

1）单击[模型]选项卡中[工程]组上方的[孔]按钮，打开[孔]操控板，并显示简单[孔]的操控板，如图4-61所示。

图4-61 孔操控板

2）单击[简单]按钮，创建直孔。系统会自动默认选择此选项。

3）在操控板上单击[草绘]按钮，系统会显示[草绘]孔选项。

4）在操控板中进行下列操作之一。

单击 按钮，系统打开［OPEN SECTION］对话框，如图 4-62 所示，可以选择现有草绘（.sec）文件。

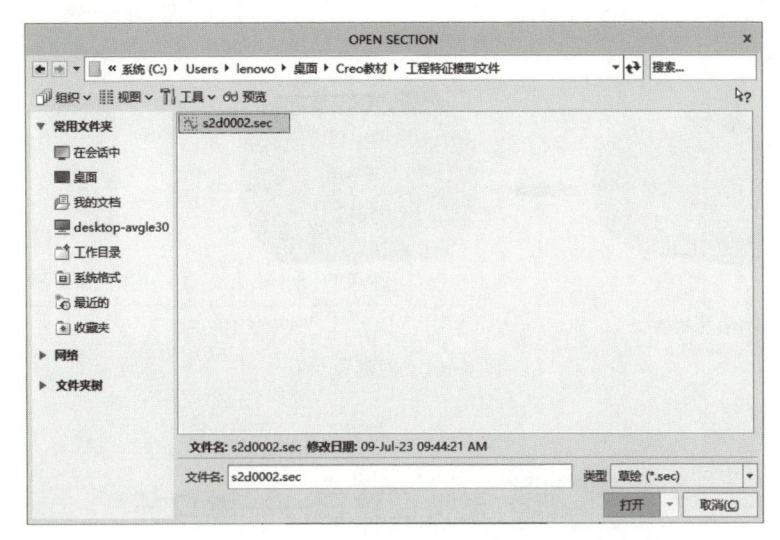

图 4-62　OPEN SECTION 对话框

单击［草绘］按钮 ，进入草绘界面，可以创建一个新草绘轮廓。在空窗口中草绘并标注草绘剖面。单击［确定］按钮 ，完成草绘剖面创建并退出草绘界面。

注意：
草绘时要有旋转轴（即中心线），它的要求与旋转命令类似。

5）如果需要重新定位孔，可将主放置柄拖到新的位置，或将其捕捉至参考。
6）将此放置参考柄拖到相应参考上以约束孔。
7）如果要将孔与偏移参考对齐，请从［偏移参考］列表框中选择该偏移参考，并将［偏移］改为［对齐］，如图 4-63 所示。

孔概述　　简单孔

草绘孔　　标准孔

图 4-63　对齐方式

项目四　工程特征设计　175

拓展任务

按照项目四—任务三—任务实施中讲解的方法与步骤,可扫码下载教材配套资源,包含题目源文件、参考答案等模型文件。草绘孔的创建如图 4-64 所示。

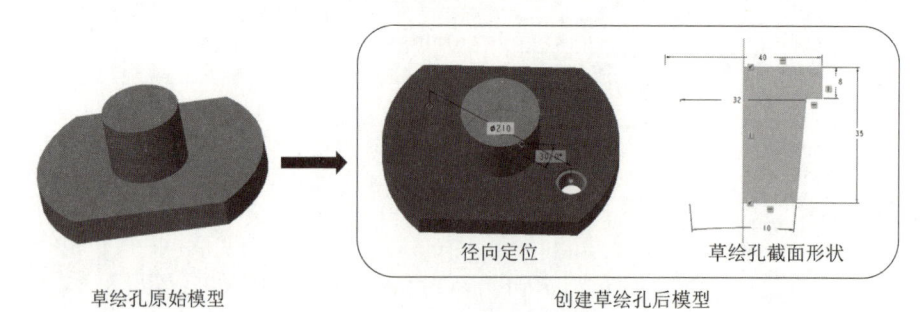

草绘孔原始模型　　径向定位　　创建草绘孔后模型　　草绘孔截面形状

图 4-64　创建草绘孔

任务四　壳特征建模——漱口杯

任务下达

创建"漱口杯"三维模型,如图 4-65 所示,完成以下操作任务。
1. 设置工作目录为 E:\Creo 练习。
2. 新建模型文件,命名为"漱口杯",选择公制尺寸模板。
3. 按照尺寸要求创建模型,并渲染。
4. 保存文件至工作目录。

创建漱口杯模型

图 4-65　漱口杯

任务解析

漱口杯是口腔健康的必备品,在日常生活中非常常见。该模型创建步骤如下。
1. 绘制基础特征。

2. 创建抽壳特征。
3. 创建倒圆角特征。
4. 完成漱口杯的渲染。

漱口杯模型的构建流程如图 4-66 所示。

图 6-66　漱口杯模型的构建流程

任务实施

1. 新建文件

①单击［文件］→［新建］命令。
②弹出［新建］对话框，选择文件类型为［零件］，［子类型］为［实体］。
③在［文件名］文本框中输入文件的名称"漱口杯"。
④取消勾选［使用默认模板］复选框，单击［确定］按钮，如图 4-67 所示。
⑤弹出［新文件选项］对话框，选择公制模板［mmns_part_solid_abs］选项，单击［确定］按钮，如图 4-68 所示。

图 4-67　新建对话框　　　　图 4-68　新文件选项对话框

2. 绘制旋转体

①单击［模型］选项卡［形状］工具组中［旋转］按钮，打开［旋转］选项卡，如图 4-69 所示。

项目四　工程特征设计　177

图 4-69 旋转选项卡

②单击［旋转］操控板的［放置］下拉面板中的［定义］按钮，打开［草绘］对话框，在绘图区中单击 FRONT 基准平面，选定此平面为草绘平面，其他选项采用系统默认，如图 4-70 所示。单击［草绘］按钮，进入草绘对话框。

③单击［草绘视图］按钮，定向草绘平面使其与屏幕平行。绘制旋转截面草图，如图 4-71 所示。单击［确定］按钮，退出草绘环境。

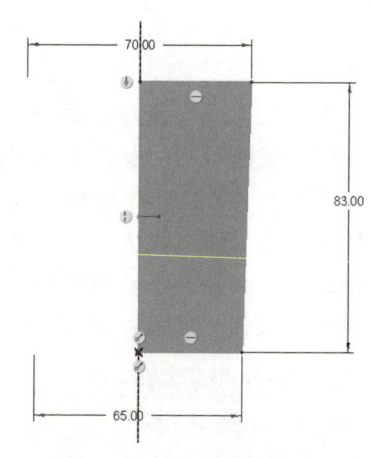

图 4-70 草绘对话框　　　图 4-71 草绘旋转截面

④在［旋转］操控板中单击［实体］按钮 ▢ 和［指定角度旋转］按钮 ▟，输入角度值为"360"，如图 4-72 所示，单击［确定］按钮，完成旋转模型的创建，如图 4-73 所示。

图 4-72 旋转参数设置

178　■ Creo 三维设计项目教程

图 4-73　旋转完成

3. 创建抽壳特征

①单击［模型］选项卡中［工程］组上方的［壳］按钮 ▣，打开［壳］操控板，如图 4-74 所示。

图 4-74　壳操控板

②在操控板［参考］下拉面板［移除的曲面］收集器中单击选择上表面为从实体上被移除的曲面，如图 4-75 所示。

图 4-75　选择要移除的曲面

③单击［非默认厚度］，选择下底面为非默认厚度。修改厚度值分别为"1.5"和"5"，如图 4-76 所示。单击［确定］按钮 ✔，完成抽壳操作，如图 4-77 所示。

4. 创建倒圆角特征 1

①单击［模型］选项卡中［工程］组上方的［倒圆角］按钮，打开［倒圆角］操控板，如图 4-78 所示。

项目四　工程特征设计　179

图 4-76　修改厚度值　　　　　　　图 4-77　抽壳

图 4-78　倒圆角操控板

②在绘图窗口中按住 Ctrl 键选择需要倒圆角的边，如图 4-79 所示。
③在［集］下滑面板中单击［完全倒圆角］按钮。
④单击［确定］按钮✔，完成完全倒圆角的创建，如图 4-80 所示。

图 4-79　选择需要倒圆角的边　　　　图 4-80　创建完全倒圆角

5. 创建倒圆角特征2

①单击［模型］选项卡中［工程］组上方的［倒圆角］按钮，打开［倒圆角］操控板，如图 4-81 所示。
②在绘图窗口中按住 Ctrl 键选择需要倒圆角的边，如图 4-82 所示。
③在［倒圆角］操控板中的［半径］框中输入倒圆角尺寸值"3"。
④单击［确定］按钮✔，完成倒圆角的创建，如图 4-83 所示。

180　■ Creo 三维设计项目教程

图 4-81　倒圆角操控板

图 4-82　选择需要倒圆角的边　　　图 4-83　创建倒圆角

6. 模型渲染

单击［应用程序］→［渲染］，选择［外观］选项卡，在［我的外观］中选择［ptc-ceramic］。选中实体零件，单击［实时渲染］，渲染完成（图 4-84）。

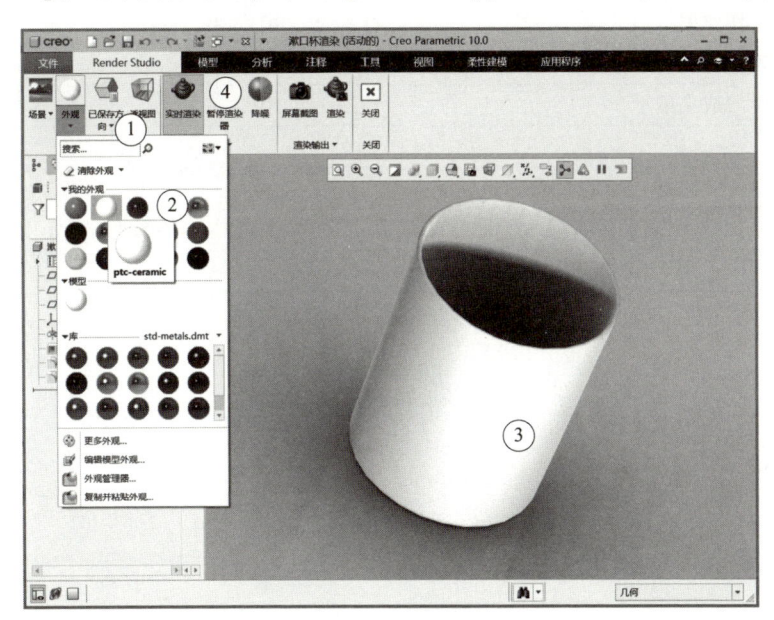

图 4-84　模型渲染

7. 保存模型

单击［快速访问工具栏］中的［保存］按钮，将三维实体模型保存至工作目录中，如图 4-85 所示。

项目四　工程特征设计　181

图 4-85　保存文件

8. 退出 Creo Parametric 10.0

单击［文件］选项卡中［退出］命令 ⊠，退出软件。

任务评价

项目	项目四　工程特征设计	日期	年　　月　　日		
任务	任务四　壳特征建模——漱口杯	组别	第　　　小组		
班级		组长	教师		
序号	评价内容	分值	学生自评	小组评价	教师评价
1	敬业精神	10			
2	团队协作能力	10			
3	能够完成基础特征的创建	10			
4	能够完成壳特征的创建	15			
5	能够完成倒圆角特征的创建	15			
6	能够及时保存文件并退出软件	10			
7	工作效率	10			
8	工作过程合理性	10			
9	学习成果展示	10			
10					
合计		100			
遇到的问题			解决方法		
心得体会					

知识链接

［壳］特征可将实体内部掏空，只留一个特定壁厚的壳，可指定要从壳中移除的曲面。如果未选择要移除的曲面，则会创建一个［封闭］壳，并将主体的整个内

部掏空，且内部无开口。在这种情况下，可在以后添加必要的切口或孔来获得特定的几何。如果选择［反向厚度侧］（如通过输入负值或单击［壳］）选项卡上的 ⬛，则壳厚度将被添加至主体的外部。

在定义壳时，可以选择多个曲面并为它们分配不同的厚度。可为每个此类曲面指定单独的厚度值。但是，无法为这些曲面输入负的厚度值或反向厚度侧。厚度侧由壳的默认厚度确定。

用户可通过在［排除曲面］收集器中指定曲面来排除一个或多个曲面，以使其不被壳化。此过程称作部分壳化。还可以使用相邻的相切曲面来排除曲面。当几何垂直于在［排除曲面］收集器中指定的曲面时，系统无法将其壳化。

1. ［壳］操控板

单击［模型］选型卡中［工程］组上方的［壳］按钮 ⬛，打开如图4-86所示的［壳］操控板。

图 4-86　壳操控板

［厚度］下拉列表框：可用来更改默认厚度值，也可输入新值。

［更改厚度方向］按钮 ⬛：可用于创建反向壳的侧。

2. 下拉面板

［壳］操控板中包含以下面板。

① ［参考］下滑面板：用于显示当前壳特征。如图4-87所示，该下滑面板包含下列选项。

图 4-87　参考下滑面板

壳

项目四　工程特征设计　183

[移除曲面]列表框：可用来选择要移除的曲面，如果未选择任何曲面，则会创建一个封闭壳。

[非默认厚度]列表框：可用于选择要在其中指定不同厚度的曲面，可以为包含在此列表框中的每个曲面指定单独的厚度值。

②[选项]下滑面板：用于设置排除曲面，如图4-88所示。

[排除曲面]列表框：可用于选择一个或多个要从壳中排除的曲面，如果未选择任何要排除的曲面，则将壳化整个零件。

[细节]按钮打开用来添加或移除曲面的[曲面集]对话框，如图4-89所示。

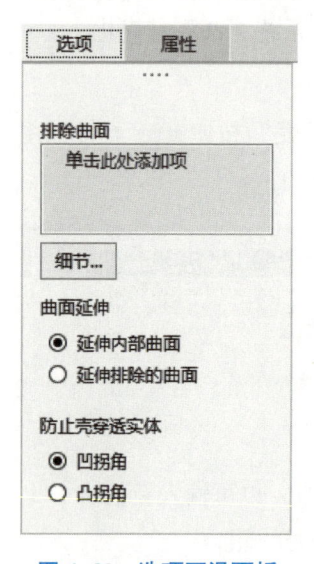

图4-88　选项下滑面板　　　　图4-89　曲面集对话框

[延伸内部曲面]单选按钮在壳特征内部曲面上形成一个盖。

[延伸排除的曲面]单选按钮用于在壳特征的排除曲面上形成一个盖。

③[属性]下滑面板包含特征名称和用于访问特征信息的图标，如图4-90所示。

图4-90　属性下滑面板

拓展任务

按照项目四—任务四—任务实施中讲解的方法与步骤，可扫码下载教材配套资源，包含题目源文件、参考答案等模型文件。壳模型的创建如图4-91所示。

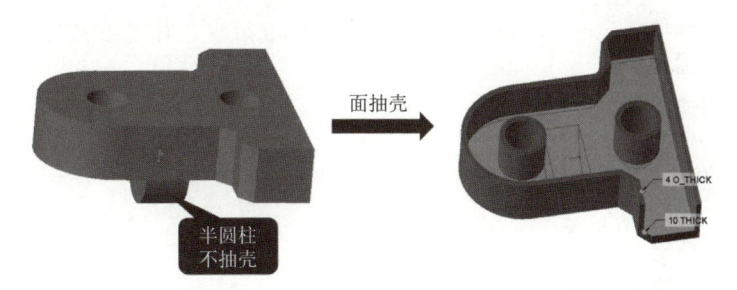

图 4-91　创建壳模型

任务五　筋特征建模——底座

任务下达

创建"底座"三维模型，如图 4-92 所示，完成以下操作任务。

1. 设置工作目录为 E:\Creo 练习。
2. 新建模型文件，命名为"底座"，选择公制尺寸模板。
3. 按照尺寸要求创建模型。
4. 保存文件至工作目录。

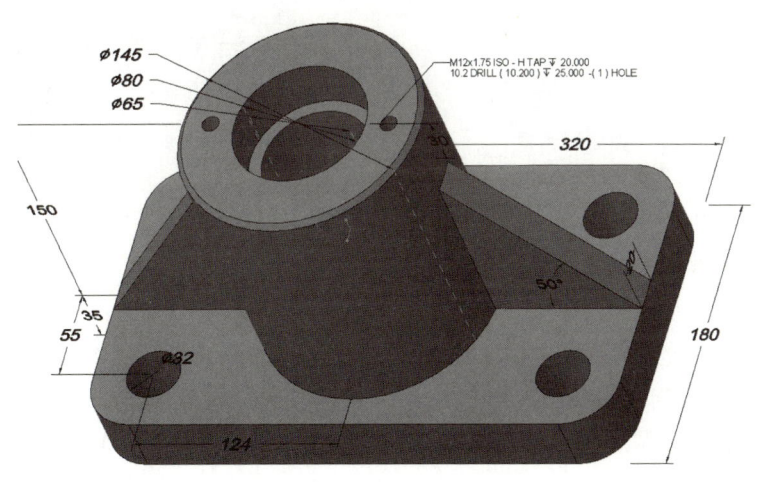

图 4-92　底座

任务解析

底座是机械中的常见零件，主要起固定和支撑作用。该模型创建步骤如下。

1. 绘制基础特征。
2. 创建孔特征。

创建底座模型

项目四　工程特征设计　185

3. 创建筋特征。

4. 创建倒圆角特征。

5. 创建倒角特征。

任务实施

1. 新建文件

①单击［文件］→［新建］命令。

②弹出［新建］对话框，选择文件类型为［零件］，［子类型］为［实体］。

③在［文件名］文本框中输入文件的名称"底座"。

④取消勾选［使用默认模板］复选框，单击［确定］按钮，如图 4-93 所示。

⑤弹出［新文件选项］对话框，选择公制模板［mmns_part_solid_abs］选项，单击［确定］按钮，如图 4-94 所示。

图 4-93　新建对话框　　　　　　图 4-94　新文件选项对话框

2. 绘制拉伸实体

①单击［模型］选项卡［形状］工具组中［拉伸］按钮，打开［拉伸］选项卡。

②选择 TOP 基准平面作为草绘平面，接受系统的默认参考，绘制草绘截面，如图 4-95 所示。单击［确定］按钮，退出草绘环境。

③在［拉伸］操控板中输入深度值"35"，单击［确定］按钮✔，完成底板的创建。

④再次单击［拉伸］按钮，选择底板上表面作为草绘平面，进入草绘环境，绘制草绘截面，如图 4-96 所示。单击［确定］按钮，退出草绘环境。

⑤在［拉伸］操控板中输入深度值"150"。单击［确定］按钮✔，完成圆柱体的创建，如图 4-97 所示。

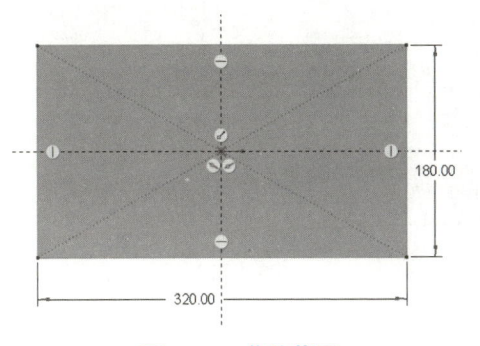

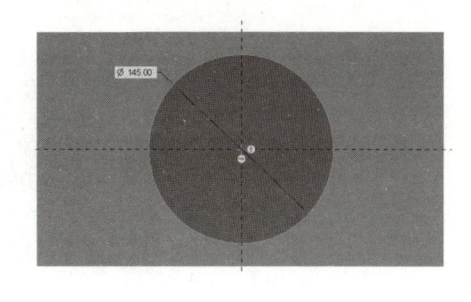

图 4-95 草绘截面 1　　　　　　　　图 4-96 草绘截面 2

图 4-97 拉伸实体

3. 创建孔特征

①单击［模型］选项卡［工程］工具组中［孔］按钮，打开［孔］选项卡。

②选择圆柱体上表面为孔放置面，按住 Ctrl 键选择圆柱体轴线，使其与圆柱体同轴。

③在操控板中依次单击［简单］［钻孔］和［沉孔］按钮，并输入孔的各个尺寸，如图 4-98 所示，单击［确定］按钮✔，完成阶梯孔的创建，如图 4-99 所示。

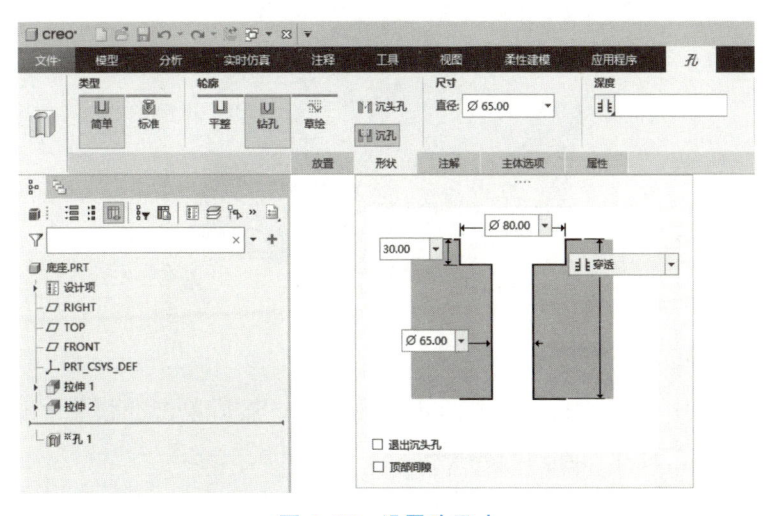

图 4-98 设置孔尺寸

项目四　工程特征设计　187

图 4-99　创建阶梯孔

④单击［孔］按钮，选择圆柱体上表面为孔放置面，选择 RIGHT 和 TOP 基准面为偏移参考，偏移距离分别输入"124"和"55"，直径尺寸输入"32"，深度选择"穿透"，如图 4-100 所示。单击［确定］按钮✔，完成 φ32 孔的创建，如图 4-101 所示。

图 4-100　孔参考和尺寸设置

图 4-101　φ32 孔

⑤在模型树中单击［孔 2］选择 φ32 孔特征，然后单击［模型］选项卡里的［阵列］按钮，打开［阵列］操控板。

⑥在阵列［类型］下拉列表框中选择陈列类型为［方向］类型，单击方向阵列

操控板［第一方向］后面的收集器，然后在模型中选择长方体的长边，成员数输入"2"，间距输入"248"；单击方向阵列操控板［第二方向］后面的收集器，然后在模型中选择长方体的短边，成员数输入"2"，间距输入"110"，具体设置如图4-102所示。此时模型预显示阵列特征，若阵列方向不符合要求，可单击［反向］按钮✗，进行调整，单击［确定］按钮✓，完成阵列孔的创建，如图4-103所示。

图 4-102　阵列设置

图 4-103　阵列孔

⑦单击［孔］按钮，打开［孔］操控板，在操控板中单击［标准］按钮，螺纹类型选择［ISO］、螺钉尺寸选择［M12×1.75］等，具体设置如图4-104所示。单击［确定］按钮✓，完成螺纹孔的创建，如图4-105所示。

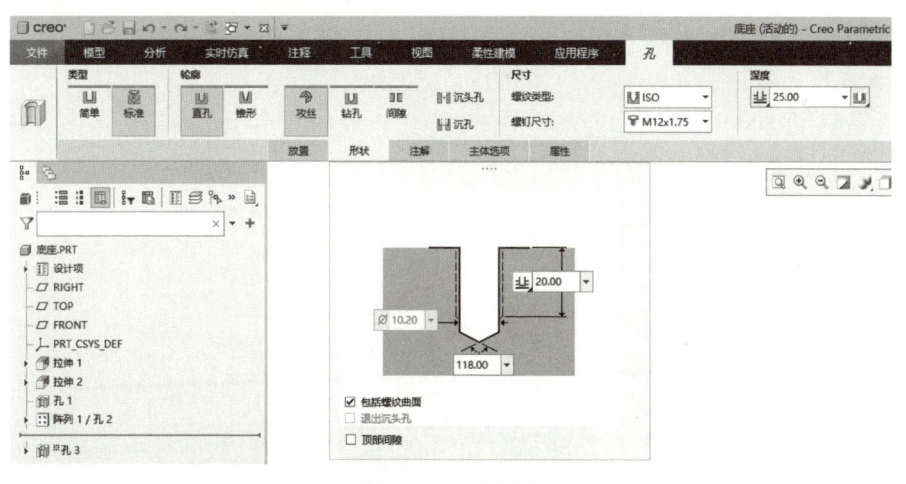

图 4-104　孔设置

项目四　工程特征设计　189

图 4-105 螺纹孔

⑧在模型树中单击［孔 3］选择螺纹孔特征，然后单击［模型］选项卡里的［镜像］按钮，打开［镜像］操控板，选择 RIGHT 基准面作为镜像平面，单击［确定］按钮✔，完成镜像孔创建，如图 4-106 所示。

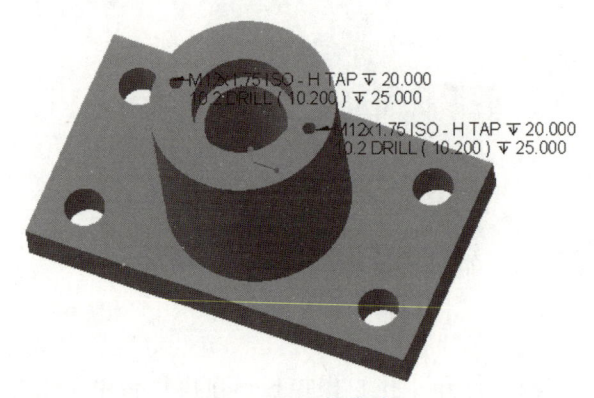

图 4-106 镜像孔

4. 创建筋特征

①单击［模型］选项卡［工程］工具组中［轮廓筋］按钮，打开［轮廓筋］选项卡。

②选择 FRONT 基准面作为草绘平面，草绘直线如图 4-107 所示，单击［确定］按钮✔，退出草图绘制环境。

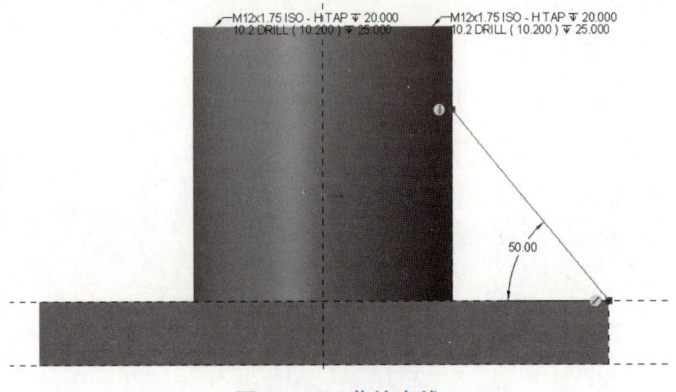

图 4-107 草绘直线

③在操控板中输入筋宽度值"20",单击［确定］按钮✓,完成筋的创建。

④在模型树中单击［轮廓筋1］选择轮廓筋特征,然后单击［模型］选项卡里的［镜像］按钮,打开［镜像］操控板,选择 RIGHT 基准面作为镜像平面,单击［确定］按钮✓,完成镜像轮廓筋创建,如图 4-108 所示。

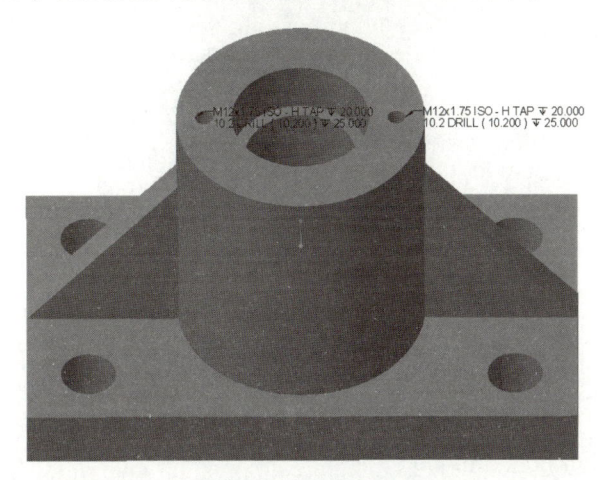

图 4-108 镜像轮廓筋

5. 创建倒圆角特征

①单击［模型］选项卡［工程］工具组中［倒圆角］按钮,打开［倒圆角］操控板。

②在绘图窗口中选择需要倒圆角的边,如图 4-109 所示。

图 4-109 选择需要倒圆角的边

③在［倒圆角］操控板中输入半径值"30"。
④单击［确定］按钮✓,完成倒圆角的创建。

6. 创建倒角特征

①单击［模型］选项卡［工程］工具组中［边倒角］按钮,打开［边倒

项目四　工程特征设计　191

角]操控板。

②在绘图窗口中选择需要倒角的边,如图 4-110 所示。

图 4-110　选择倒角的边

③在操控板中选择倒角方式为 [D×D],输入倒角尺寸"3",单击 [确定] 按钮✔,完成倒角的创建。

④采用类似方法完成其余边倒角的创建,完成底座的建模,如图 4-111 所示。

图 4-111　底座

7. 保存模型

单击 [快速访问工具栏] 中的 [保存] 按钮,将三维实体模型保存至工作目录中,如图 4-112 所示。

图 4-112　保存文件

8. 退出 Creo Parametric 10.0

单击 [文件] 选项卡中 [退出] 命令 ,退出软件。

任务评价

项目	项目四　工程特征设计	日期	年　　月　　日		
任务	任务五　筋特征建模——底座	组别	第　　小组		
班级		组长		教师	
序号	评价内容	分值	学生自评	小组评价	教师评价
1	敬业精神	10			
2	团队协作能力	10			
3	能够完成基础特征的创建	10			
4	能够完成孔特征的创建	10			
5	能够完成筋特征的创建	10			
6	能够完成倒圆角和倒角的创建	10			
7	能够及时保存文件并退出软件	10			
8	工作效率	10			
9	工作过程合理性	10			
10	学习成果展示	10			
合计		100			
遇到的问题			解决方法		
心得体会					

知识链接

[筋] 特征是在设计中，用来加固零件结构、提高强度的一类工程特征，分为轮廓筋和轨迹筋两类。

1. [轮廓筋] 操控板

单击 [模型] 选项卡中的 [轮廓筋] 按钮，打开 [轮廓筋] 操控板，如图 4-113 所示。

图 4-113　轮廓筋操控板

[宽度] 下拉列表框 4.93 ：控制筋特征的材料厚度。

[反向方向] 按钮：用来切换筋特征的厚度侧，单击该按钮可以从一侧切换到另一侧，然后关于草绘平面对称。

2. [轮廓筋] 草绘截面绘制要点

在创建轮廓筋时，草绘截面绘制要点如表 4-6 所示。

表 4-6　轮廓筋草绘截面绘制要点

序号	草绘截面绘制要点
1	单一的开放环，截面不能有多个开放环，也不能封闭
2	截面需要是连续的、非相交草绘图元
3	草绘端点必须与形成封闭区域的连接曲面对齐
4	旋转轮廓筋，必须在通过旋转曲面的旋转轴的平面上创建草绘

3. [轨迹筋] 操控板

单击 [模型] 选项卡里的 [轨迹筋] 按钮，打开 [轨迹筋] 操控板，如图 4-114 所示。

图 4-114　轨迹筋操控板

[反向方向] 按钮：将深度方向切换至草绘的另一侧。将筋延伸至遇到的下一个实体曲面。

[宽度] 下拉列表框 5.14 ：设置筋宽度值。

[添加拔模]：为侧曲面添加拔模。

[倒圆角暴露边]：为暴露的边添加倒圆角。

[倒圆角内部边]：为 [筋对筋] 边和 [筋对模型] 边添加倒圆角。

4. [轨迹筋] 下拉面板

下拉面板中包含筋特征参考和属性的信息。

（1）放置下拉面板

[草绘]收集器，显示[轨迹筋]特征的草绘参考。

[定义]：打开[草绘器]以定义草绘。

[编辑]：打开[草绘器]以编辑草绘。

（2）[形状]下拉面板

该下拉面板用于定义倒圆角和拔模角，以及预览筋的横截面，如图 4-115 所示。

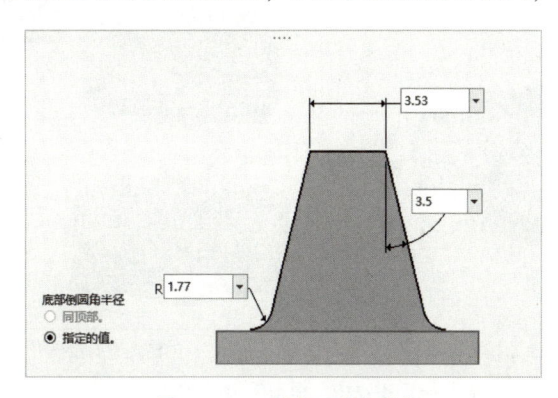

图 4-115　形状下拉面板

（3）[主体选项]下拉面板

该下拉面板用于选择要添加几何的主体，如图 1-116 所示。

（4）[属性]下拉面板

该下拉面板用于显示筋特征详细的信息，并重命名筋特征，如图 4-117 所示。

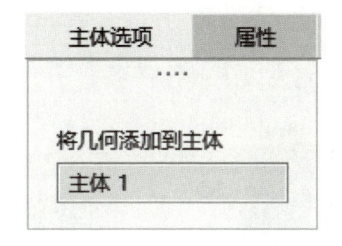

图 4-116　主体选项下拉面板　　　图 4-117　属性下拉面板

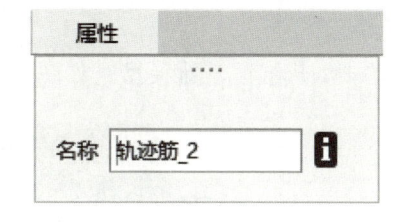

5. [轨迹筋]草绘截面绘制要点

在创建轨迹筋时，草绘截面绘制要点，如表 4-7 所示。

表 4-7　轨迹筋草绘截面绘制要点

序号	草绘截面绘制要点
1	草绘的端点可以与边界重合也可以不与边界重合，但是开放端需要延伸到实体表面
2	草绘轨迹可以是实线也可以是曲线
3	起始面可以是实体表面，或者是基准面等其他表面
4	草绘可以是开放图元、封闭图元、相交线条以及多个图元的组合
5	筋的深度方向上需要全部是实体，可以到达多个曲面，但有孔洞时无法创建轨迹筋

项目四　工程特征设计　195

拓展任务

按照项目四—任务五—任务实施中讲解的方法与步骤，可扫码下载教材配套资源，包含题目源文件、参考答案等模型文件。完成轨迹筋的创建，如图 4-118 所示。

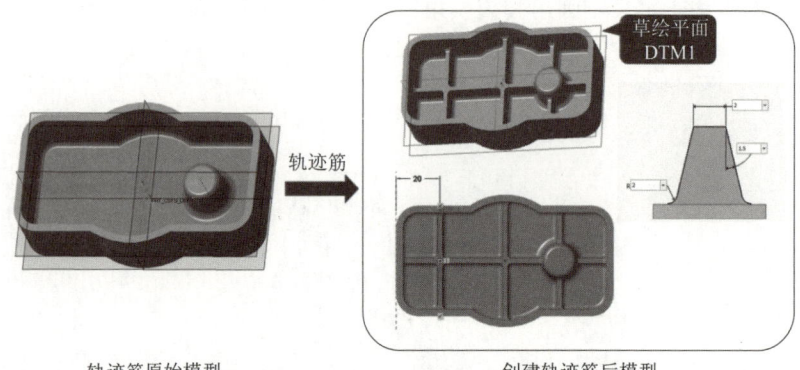

轨迹筋原始模型　　创建轨迹筋后模型

图 4-118　创建轨迹筋模型

任务六　拔模特征建模——烟灰缸

任务下达

创建"烟灰缸"三维模型，如图 4-119 所示，完成以下操作任务。

创建烟灰缸模型

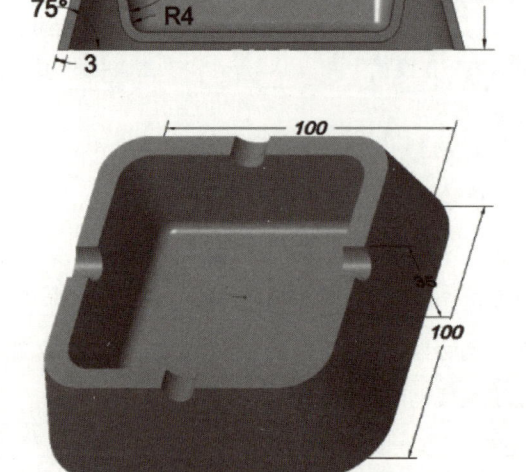

图 4-119　烟灰缸

1. 设置工作目录为 E:\Creo 练习。
2. 新建模型文件，命名为"烟灰缸"，选择公制尺寸模板。
3. 按照尺寸要求创建模型。
4. 保存文件至工作目录。

任务解析

该模型创建步骤如下。
1. 绘制基础特征。
2. 创建倒圆角特征。
3. 创建拔模特征。
4. 创建孔特征。
5. 创建倒圆角特征。
6. 创建壳特征。

烟灰缸模型创建步骤如图 4-120 所示。

图 4-120　烟灰缸模型创建步骤

任务实施

1. 新建文件

①单击［文件］→［新建］命令。
②弹出［新建］对话框，选择文件类型为［零件］，［子类型］为［实体］。
③在［文件名］文本框中输入文件的名称"烟灰缸"。
④取消勾选［使用默认模板］复选框，单击［确定］按钮，如图 4-121 所示。
⑤弹出［新文件选项］对话框，选择公制模板［mmns_part_solid_abs］选项，单击［确定］按钮，如图 4-122 所示。

2. 绘制拉伸实体

①单击［模型］选项卡［形状］工具组中［拉伸］按钮，打开［拉伸］选项卡。
②选择 TOP 基准平面作为草绘平面，接受系统的默认参考，绘制草绘截面，单击［确定］按钮，退出草绘环境。

项目四　工程特征设计　197

图 4-121　新建对话框　　　　　　　图 4-122　新文件选项对话框

3. 创建倒圆角特征

①单击［模型］选项卡［工程］工具组中［倒圆角］按钮，打开［倒圆角］操控板。

②在绘图窗口中按住 Ctrl 键选择需要倒圆角的边，如图 4-123 所示。

图 4-123　选择需要倒圆角的边

③在［倒圆角］操控板中输入半径值"15"。

④单击［确定］按钮，完成倒圆角的创建，如图 4-124 所示。

⑤用同样的方法完成 R10 倒圆角的创建，如图 4-125 所示。

图 4-124　R15 倒圆角　　　　　　　图 4-125　R10 倒圆角

4. 创建拔模特征

①单击［模型］选项卡［工程］工具组中［拔模］按钮，打开［拔模］操控板。

②选择主体的一个外侧面，选择上表面作为拔模枢轴，并选择拖拉方向，如图4-126所示。

③输入拔模角度值"15"，单击［确定］按钮✔，完成拔模特征的创建，如图4-127所示。

图4-126　拔模枢轴和拖拉方向选择1　　　图4-127　拔模特征

④再次单击［拔模］按钮，打开［拔模］操控板。

⑤选择主体的一个内侧面，选择上表面作为拔模枢轴，并选择拖拉方向，如图4-128所示。

⑥输入拔模角度值"10"，单击［确定］按钮✔，完成拔模特征的创建，如图4-129所示。

图4-128　拔模枢轴和拖拉方向选择2　　　图4-129　拔模特征

5. 创建孔特征

①单击［孔］按钮，选择RIGHT基准面为孔放置面，选FRONT基准面和上表面为偏移参考，偏移距离均输入"0"，直径尺寸输入"12"，深度选择"穿透"，如图4-130所示，单击［确定］按钮✔，完成半圆孔的创建，如图4-131所示。

②在模型树中单击［孔1］选择半圆孔特征，然后单击［模型］选项卡里的［阵列］按钮，打开［阵列］操控板。

项目四　工程特征设计　199

图 4-130　孔参考和尺寸设置

图 4-131　半圆孔

③在阵列［类型］下拉列表框中选择陈列类型为［轴］类型，单击轴阵列操控板后面的收集器，然后在模型中选择 Y 轴为阵列中心，第一方向成员数输入"4"，成员间的角度输入"90"，具体设置如图 4-132 所示，此时模型预显示阵列特征，单击［确定］按钮✓，完成阵列孔的创建，如图 4-133 所示。

图 4-132　阵列设置

图 4-133　阵列孔

6. 创建倒圆角特征

①单击［模型］选项卡［工程］工具组中［倒圆角］按钮，打开［倒圆角］操控板。

②在绘图窗口中选择需要倒圆角的边，如图 4-134 所示。

③在［倒圆角］操控板中输入半径值"4"。

④单击［确定］按钮✓，完成倒圆角的创建，如图 4-135 所示。

图 4-134　选择需要倒圆角的边　　　　图 4-135　R4 倒圆角

7. 创建壳特征

①单击［模型］选项卡中［工程］组上方的［壳］按钮 ▣，打开［壳］操控板。

②在操控板［参考］下拉面板［移除的曲面］收集器中单击选择上底面为从实体上被移除的曲面，如图 4-136 所示。

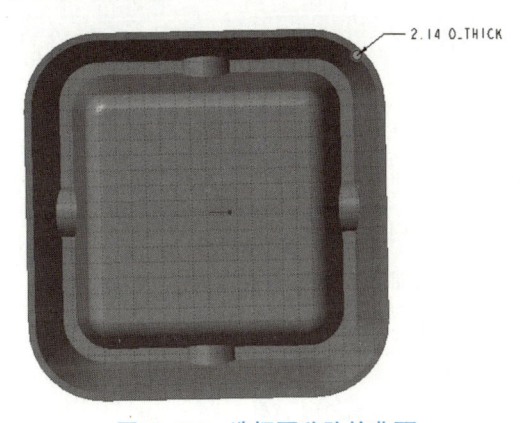

图 4-136　选择要移除的曲面

③修改厚度值为 3，如图 4-137 所示。单击［确定］按钮 ✔，完成抽壳操作，如图 4-138 所示。

图 4-137　修改厚度值　　　　图 4-138　抽壳

项目四　工程特征设计　　201

8. 保存模型

单击［快速访问工具栏］中的［保存］按钮，将三维实体模型保存至工作目录中，如图4-139所示。

图 4-139　保存文件

9. 退出 Creo Parametric 10.0

单击［文件］选项卡中［退出］命令 X，退出软件。

任务评价

项目	项目四　工程特征设计	日期	年　　月　　日		
任务	任务六　拔模特征建模——烟灰缸	组别	第　　小组		
班级		组长	教师		
序号	评价内容	分值	学生自评	小组评价	教师评价
1	敬业精神	10			
2	团队协作能力	10			
3	能够完成基础特征的创建	10			
4	能够完成倒圆角特征的创建	10			
5	能够完成拔模特征的创建	10			
6	能够完成孔特征的创建	10			
7	能够完成壳特征的创建	10			
8	能够及时保存文件并退出软件	10			
9	工作效率，工作过程合理性	10			
10	学习成果展示	10			
合计		100			
遇到的问题		解决方法			
心得体会					

> **知识链接**

[拔模]特征将向单独曲面或一系列曲面中添加一个介于-89.9°~+89.9°的拔模角度。可以对任何平面、曲面、圆柱、列表柱面、圆锥或直纹曲面进行拔模,但垂直于拖拉方向的面除外。

可拔模实体曲面或面组曲面,但不可拔模二者组合。选择要拔模的曲面时,首先选定的曲面决定着可为此特征选定的其他曲面、实体或面组的类型。所有选定曲面必须来自单个主体或单个面组。

1. 拔模的主要术语

对于拔模,有以下术语,具体如表4-8所示。

表4-8 拔模的主要术语

术语	定义(说明)	备注
拔模曲面	要进行拔模操作的对象	
拔模枢轴	拔模操作的参考	平面、拔模曲面上的曲线链
拖拉方向(拔模方向)	用于测量拔模角的方向	平面、直线边、两点、基准轴、坐标轴
拔模角度	拔模方向与生成的拔模曲面之间的角度	-89.9°~+89.9°

拔模概述

2. 拔模的类型

拔模主要有以下四种类型,具体如表4-9。

表4-9 拔模的类型

拔模类型	图例	说明
基本拔模		将拔模角度以最基本的方式添加到零件的曲面上
可变拔模		在拔模曲面上有多个拔模角度

项目四 工程特征设计

续表

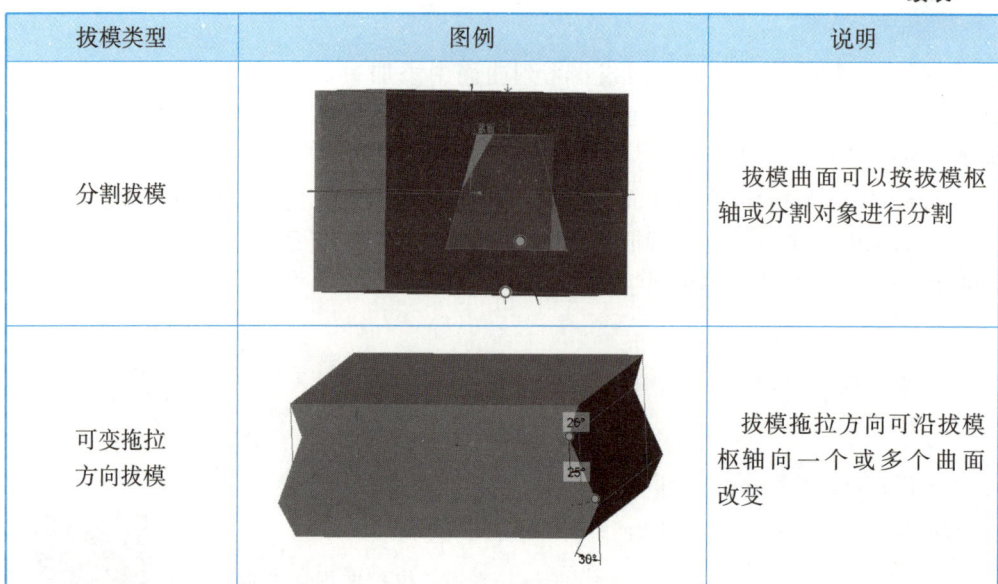

拔模类型	图例	说明
分割拔模		拔模曲面可以按拔模枢轴或分割对象进行分割
可变拖拉方向拔模		拔模拖拉方向可沿拔模枢轴向一个或多个曲面改变

3. ［拔模］操控板

单击［模型］选项卡［工程］工具组中［拔模］按钮，打开［拔模］操控板，如图 4-140 所示。

图 4-140 拔模操控板

［拔模］操控板由以下内容组成。

［拔模曲面］收集器：显示来自单个主体或单个面组的拔模曲面。用户可以对平面、曲面、圆柱、列表柱面、圆锥或直纹曲面进行拔模，但垂直于拖拉方向的面除外。可选择单曲面或连续的曲面链。第一个选定曲面、实体或面组的类型将决定可选定作为此特征拔模曲面的其他曲面类型。

［拔模枢轴］收集器：显示边、曲线、平面、面组、倒圆角或倒角曲面的链，这些曲面绕拔模曲面上的中性线或中性曲线旋转。最多可以选择两个平面、面组、曲线链或倒圆角或倒角曲面。要选择第二枢轴，必须先用分割对象分割拔模曲面。

［角度 1］框：更改拔模角值。

［反转拔模角的方向］：在添加和移除材料间切换。对于具有独立拔模侧的分割拔模，该选项卡包含［角度 2］框和［反转角度］按钮，以控制第二侧的拔模角。

［传播拔模曲面］：自动将拔模传播到与选定拔模曲面相切以及平行

的曲面。

［保留内部倒圆角］ ▣保留内部倒圆角：将内部倒圆角曲面保留为倒圆角，它们将不进行拔模。

4. 下拉面板

下拉面板包含拔模特征的参考和属性的信息。

①［参考］下拉面板：包含拔模特征和分割选项中使用的参考列表框，如图 4-141 所示。

②［分割］下拉面板：包含［分割选项］，如图 4-142 所示。

图 4-141　参考下拉面板　　　　　图 4-142　分割下拉面板

③［角度］下拉面板：包含拔模角度值及位置的列表框，如图 4-143 所示。

④［选项］下拉面板：包含定义拔模几何的复选框，如图 4-144 所示。

图 4-143　角度下拉面板　　　　　图 4-144　选项下拉面板

⑤［属性］下拉面板：包含特征名称和用于访问特征信息的图标，如图 4-145 所示。

图 4-145　属性下拉面板

拓展任务

按照项目四—任务六—任务实施中讲解的方法与步骤，可扫码下载教材配套资源，包含题目源文件、参考答案等模型文件。分别完成"独立拔模侧面"和"从属拔模侧面"拔模的创建（图4-146）。

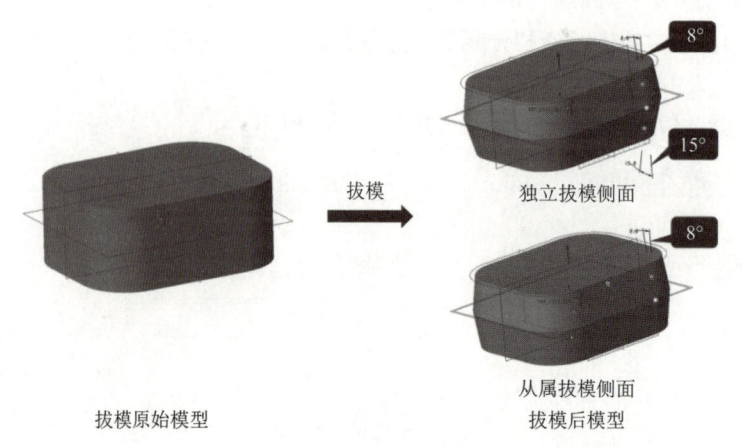

图 4-146　拔模的创建

实操演示

项目五 特征的编辑

项目描述

直接创建特征往往不能高效完成零件的设计，本章将讲述利用 Creo Parametric 10.0 中的特征编辑工具生成各类特征副本的方法。

项目目标

1. 掌握生成特征的镜像副本的操作。
2. 掌握生成特征的阵列副本的操作。
3. 能运用特征编辑工具提高建模效率。
4. 培养自主分析问题、灵活解决问题的能力，形成正确的职业观。

课程思政案例八

任务一 创建箱体模型

任务下达

为如图 5-1 所示的"箱体零件"创建模型。要求文件保存在路径"D:\Creo 实体建模\项目五"下，文件名为"任务 1.prt"。

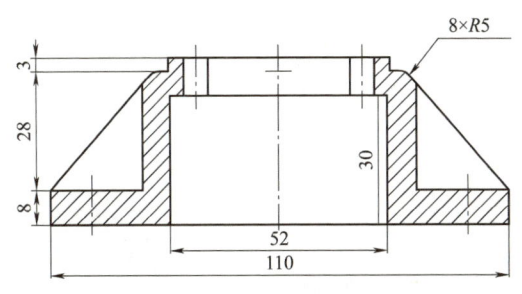

图 5-1 箱体零件

创建箱体模型

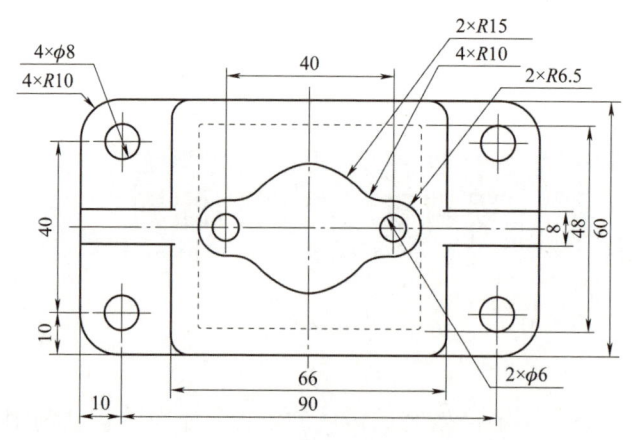

图 5-1 箱体零件（续）

任务解析

创建该箱体模型基本步骤如下。
1. 准备工作环境，新建模型文件。
2. 创建拉伸特征，如图 5-2 所示。
3. 创建倒圆角特征，如图 5-3 所示。

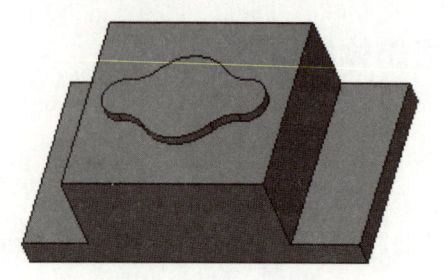

图 5-2 创建拉伸特征　　　图 5-3 创建倒圆角

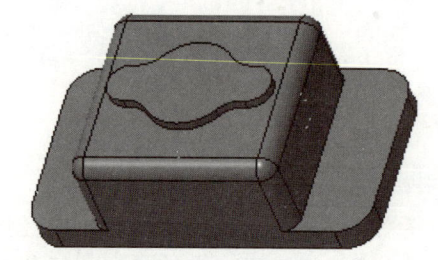

4. 创建底座孔特征，并使用特征编辑工具生成其阵列副本，如图 5-4 所示。
5. 创建筋特征、顶部孔特征，并使用特征编辑工具生成其镜像副本，如图 5-5 所示。

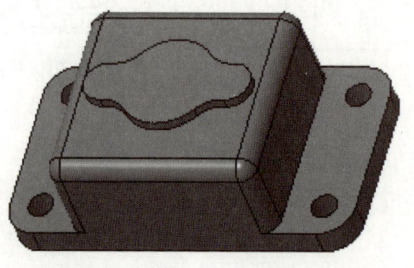

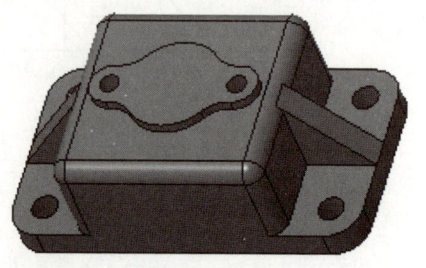

图 5-4 创建底座孔特征　　　图 5-5 创建筋特征、顶部孔特征

6. 保存文件。

任务实施

1. 准备工作环境

将工作目录建立在"D:\Creo 实体建模\项目五",新建名称为"任务1.prt"的模型文件(图5-6),选择"mmns_part_solid_abs"模板。

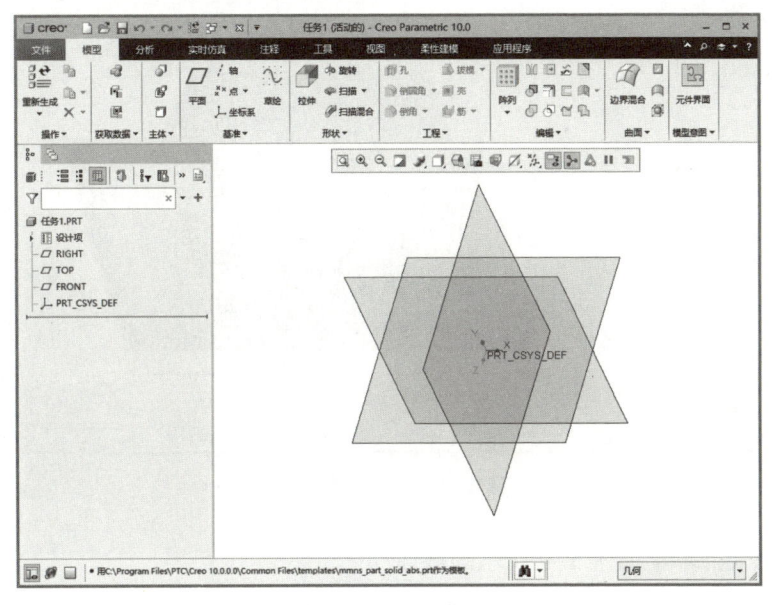

图5-6 新建文件

2. 创建基础特征

在基准平面FRONT上草绘如图5-7所示的截面。

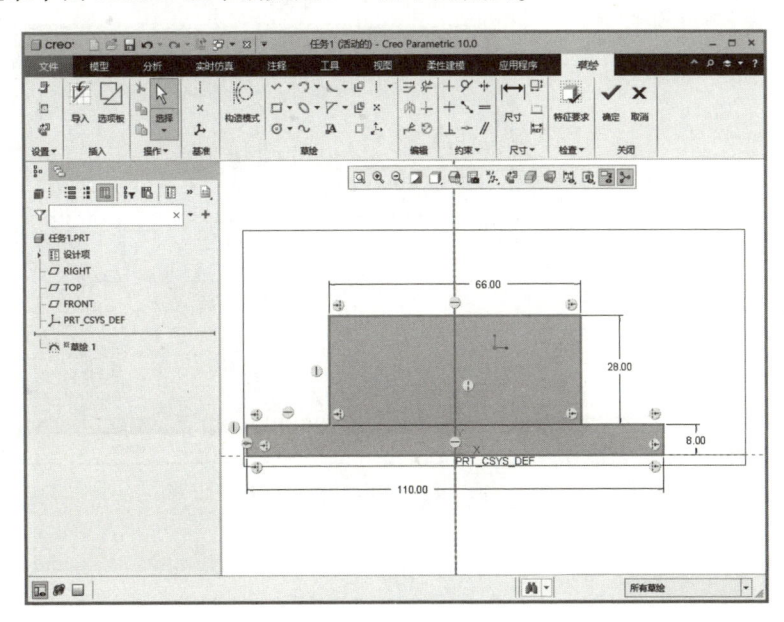

图5-7 草绘截面

项目五 特征的编辑 209

用对称的方式将截面拉伸为深度 60 的实体（图 5-8）。

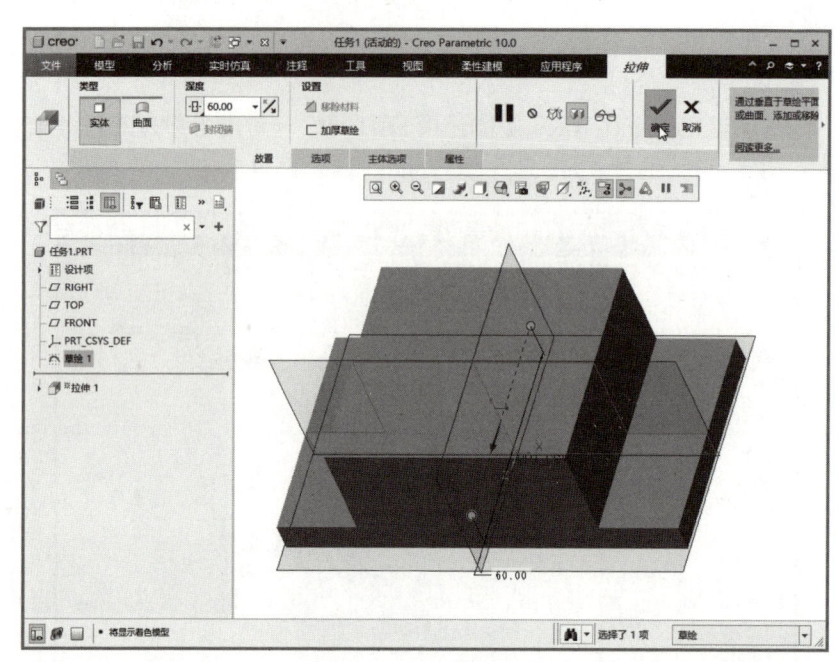

图 5-8　拉伸为深度 60

在顶部表面草绘如图 5-9 所示的截面。

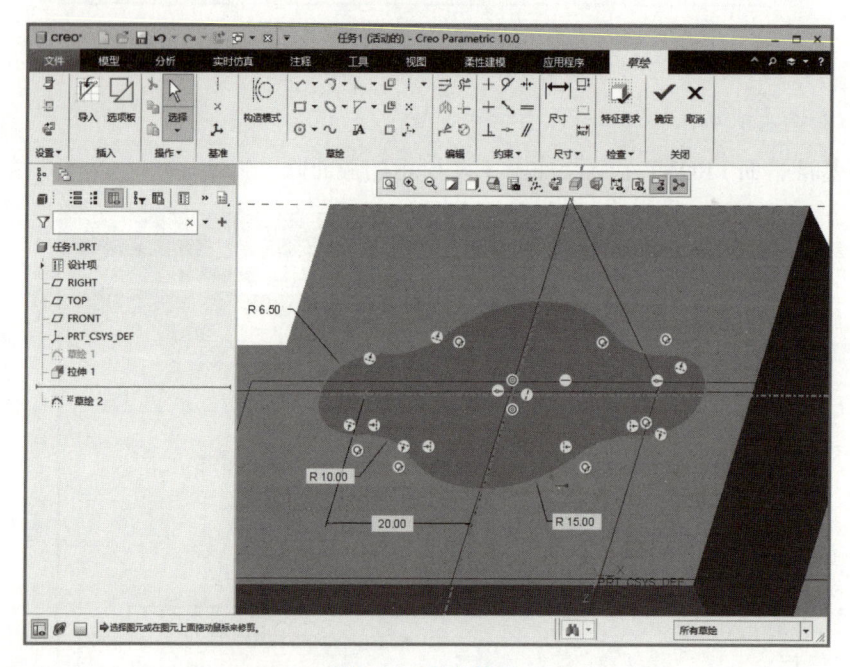

图 5-9　草绘截面

将截面拉伸为深度 3 的实体（图 5-10）。

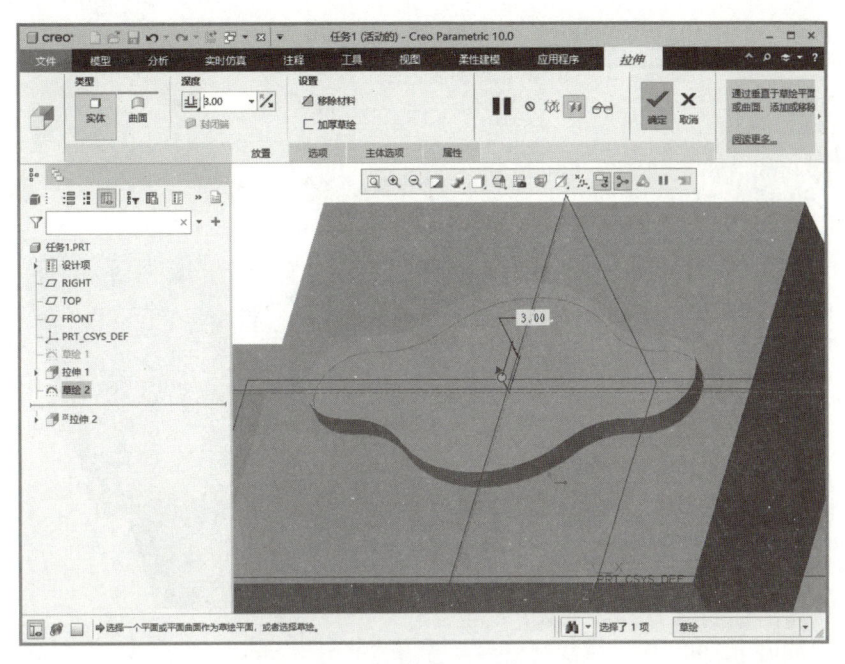

图 5-10　拉伸为深度 3

在底部表面草绘如图 5-11 所示的截面。

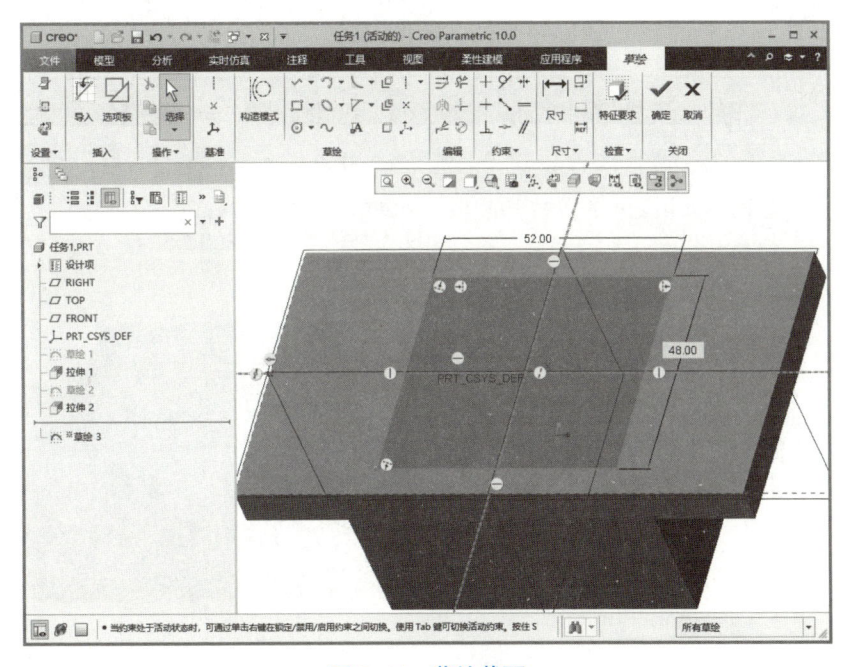

图 5-11　草绘截面

用移除材料的方式将截面拉伸为深度 30（图 5-12）。

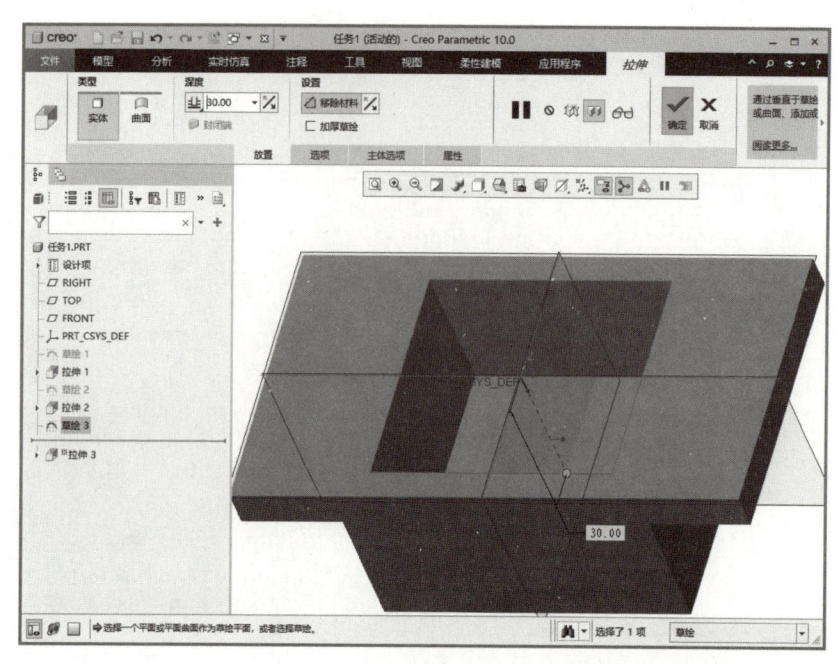

图 5-12 拉伸为深度 30

3. 创建倒圆角

为如图 5-13 所示的边线创建半径 5 的倒圆角。

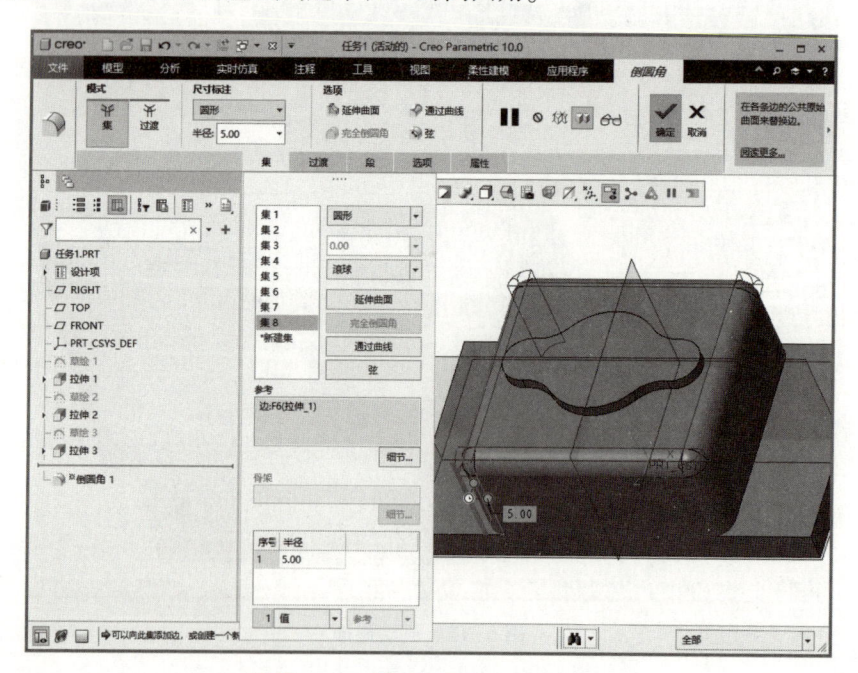

图 5-13 创建倒圆角（半径 5）

为如图 5-14 所示的边线创建半径 10 的倒圆角。

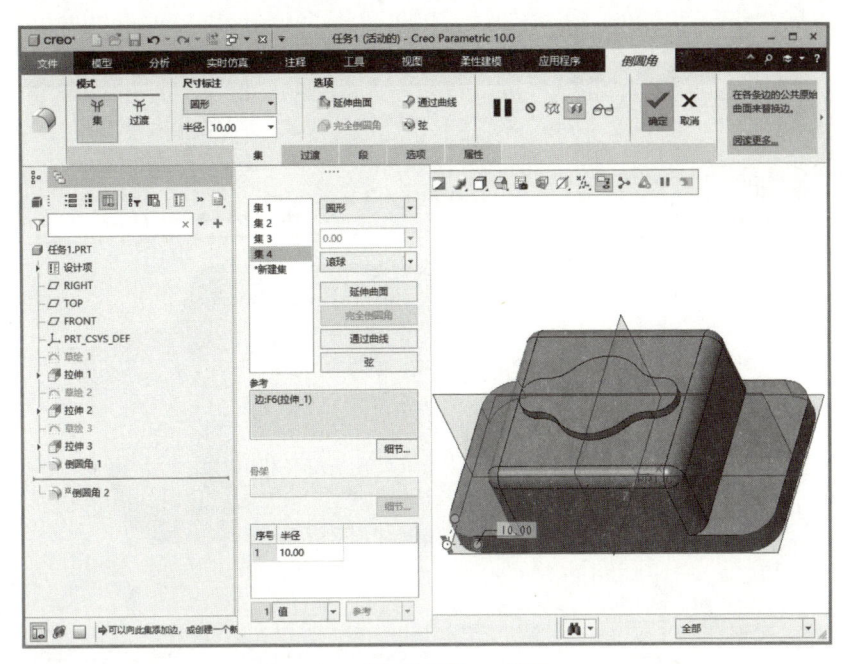

图 5-14　创建倒圆角（半径 10）

4. 创建和阵列底座孔特征

创建如图 5-15 所示的孔。

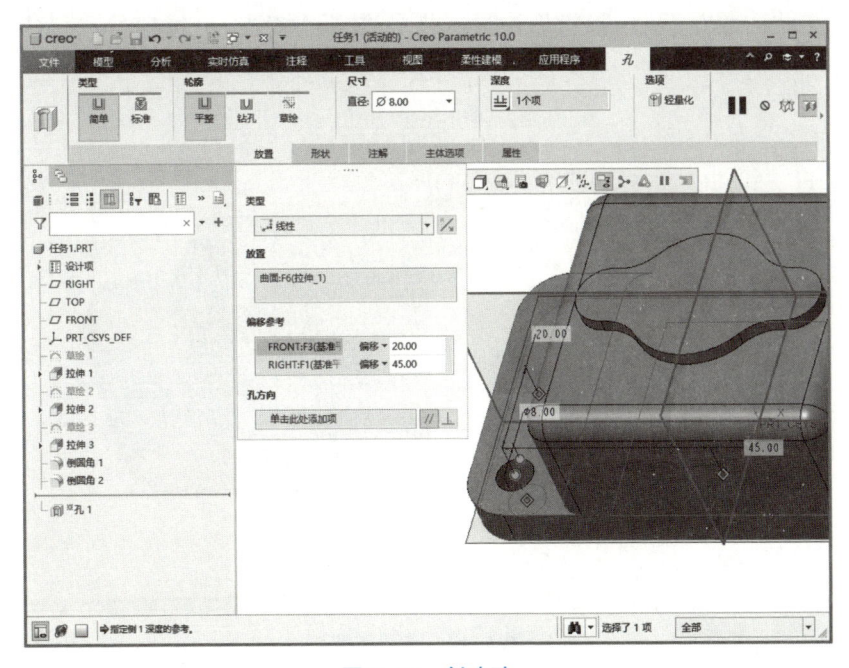

图 5-15　创建孔

选中这一孔，单击［编辑］面板中的［阵列］工具，如图 5-16 所示。

项目五　特征的编辑　　213

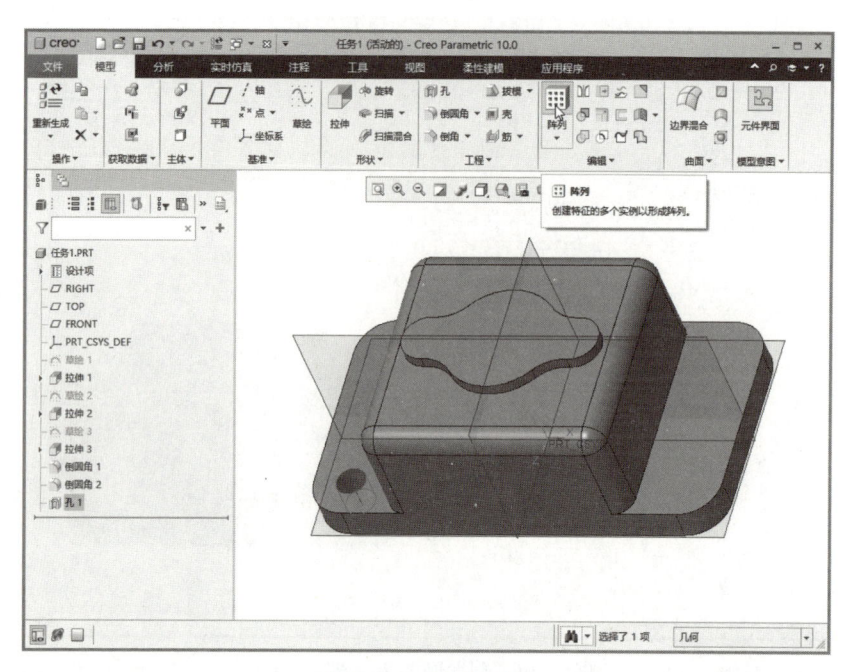

图 5-16 阵列工具

将阵列类型选择为［方向］，如图 5-17 所示。

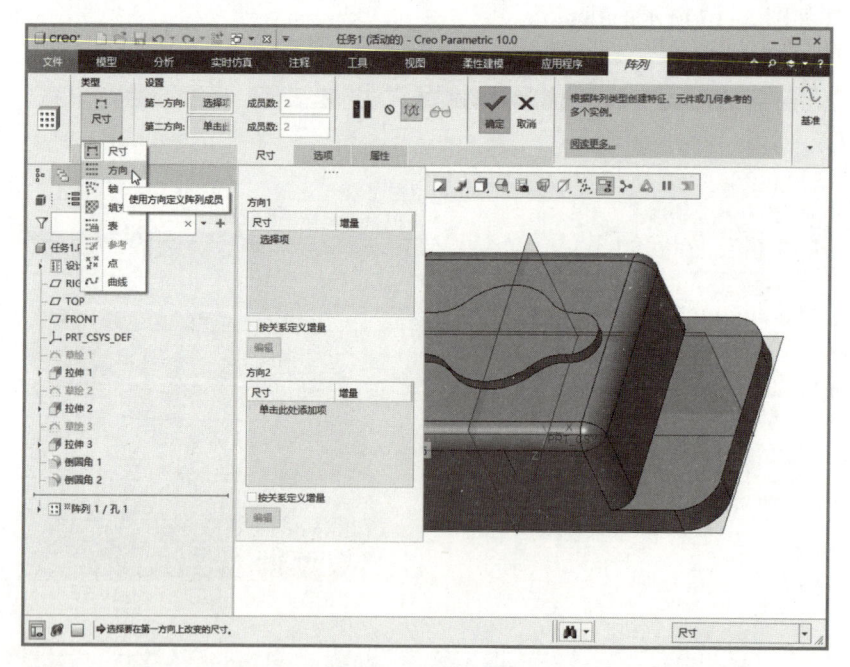

图 5-17 阵列类型

选择第一方向的参照为 RIGHT 平面，成员数为 2，间距为 90；选择第二方向的参照为 FRONT 平面，成员数为 2，间距为 40。单击［反向］按钮 可以反转阵列方向，直至绘图工作区域如图 5-18 所示的四个阵列点位预览 ◉。单击［确定］按钮✔，完成孔的阵列。

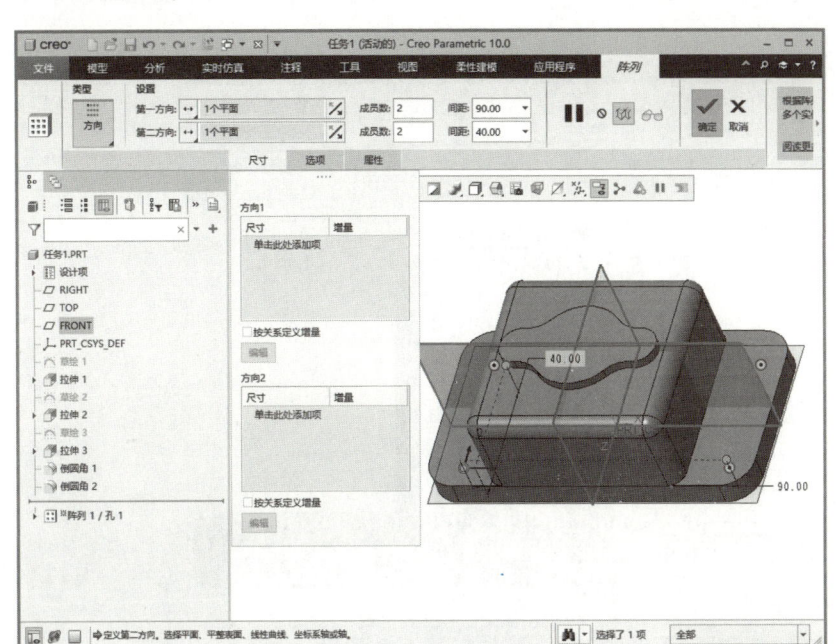

图 5-18　孔的阵列

阵列后的孔如图 5-19 所示。

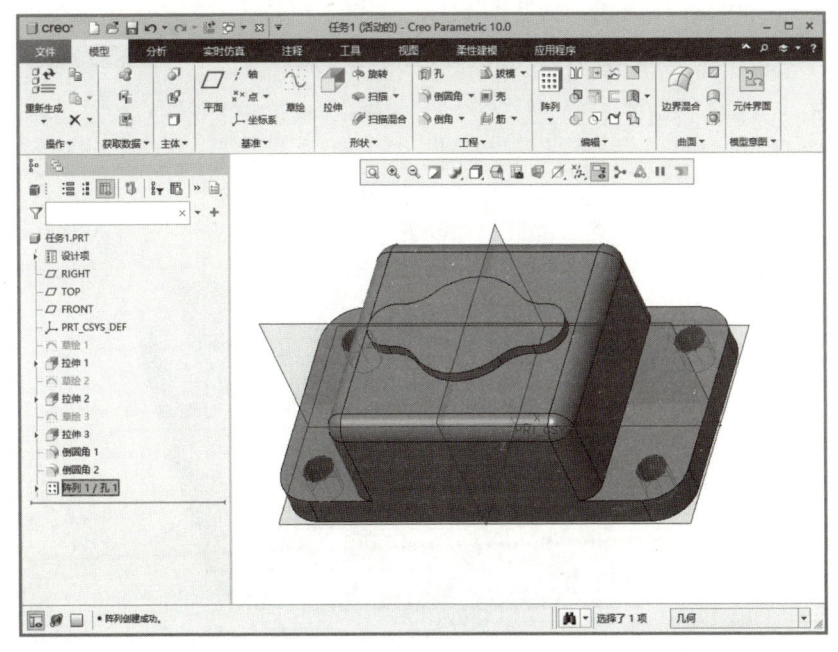

图 5-19　阵列后的孔

项目五　特征的编辑　215

5. 创建和镜像筋特征、顶部孔特征

调用轮廓筋工具，在 FRONT 平面上绘制如图 5-20 所示的筋轮廓。

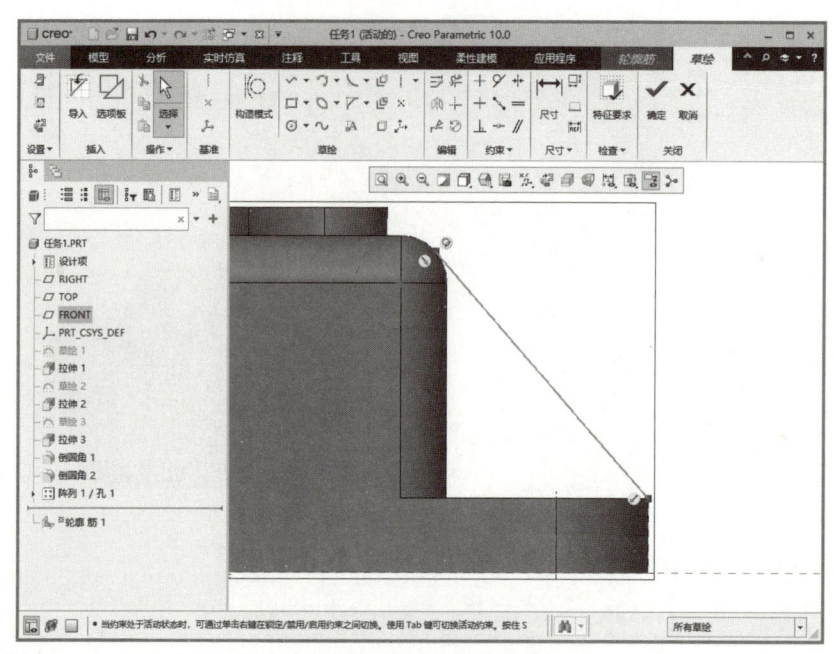

图 5-20　绘制筋轮廓

创建宽度为 8 的筋，如图 5-21 所示。

图 5-21　创建宽度为 8 的筋

创建如图 5-22 所示的孔。

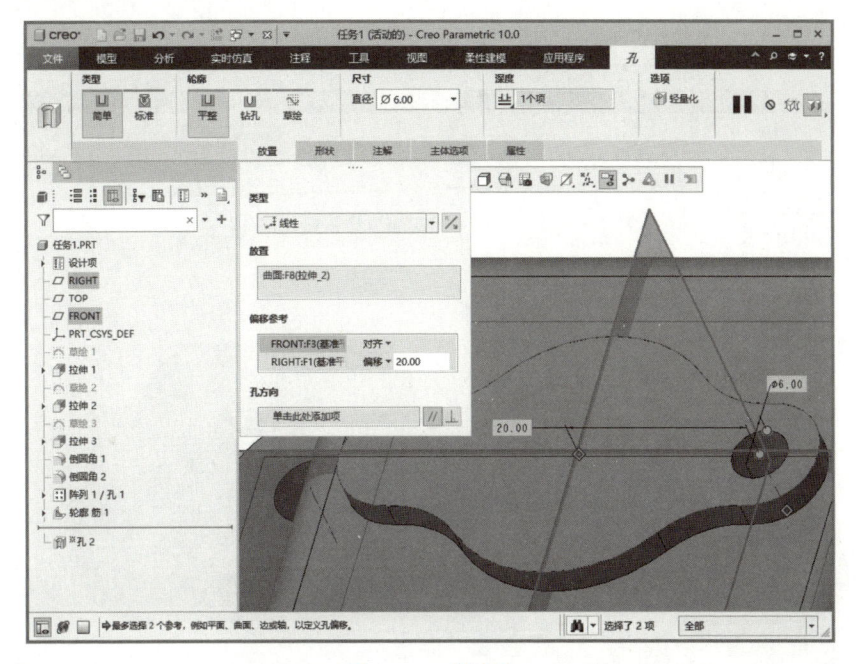

图 5-22　创建孔

利用模型树或选择过滤器，选择刚才创建的筋和孔，单击［编辑］面板中的［镜像］工具，如图 5-23 所示。

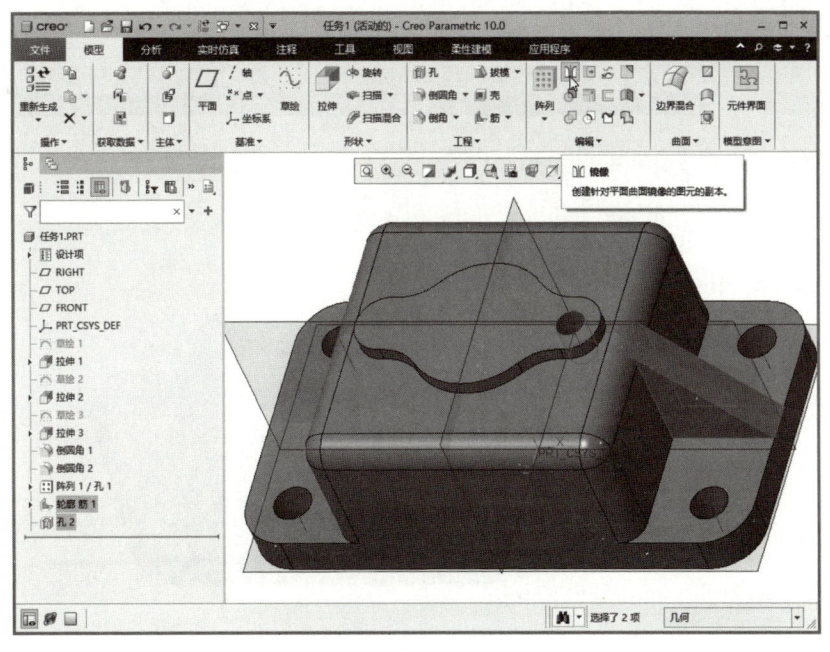

图 5-23　镜像

项目五　特征的编辑　217

选择 RIGHT 平面为镜像平面，单击"确定"按钮✔，完成筋和孔的镜像，如图 5-24 所示。

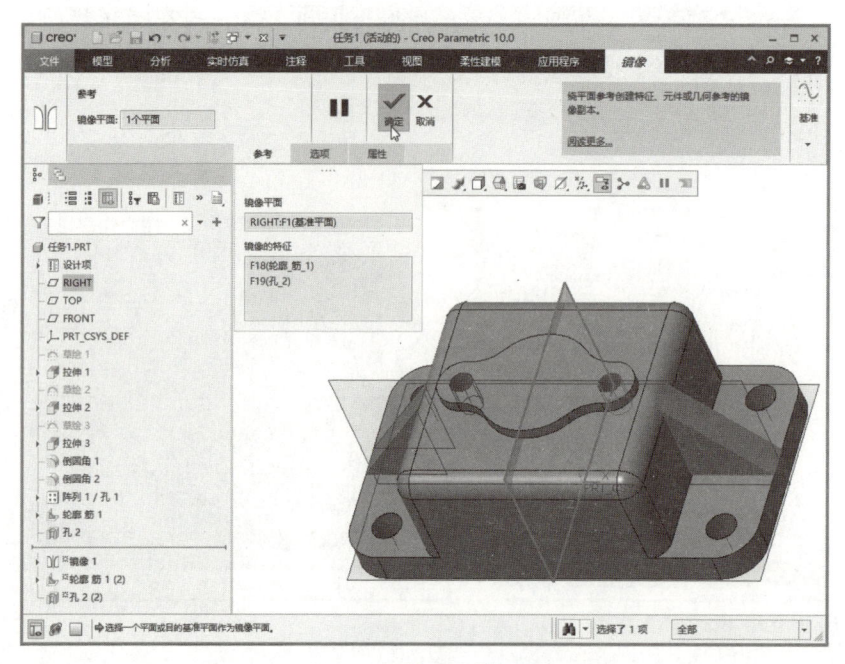

图 5-24 筋和孔的镜像

6. 保存文件

将文件保存在工作目录中（图 5-25），关闭软件。

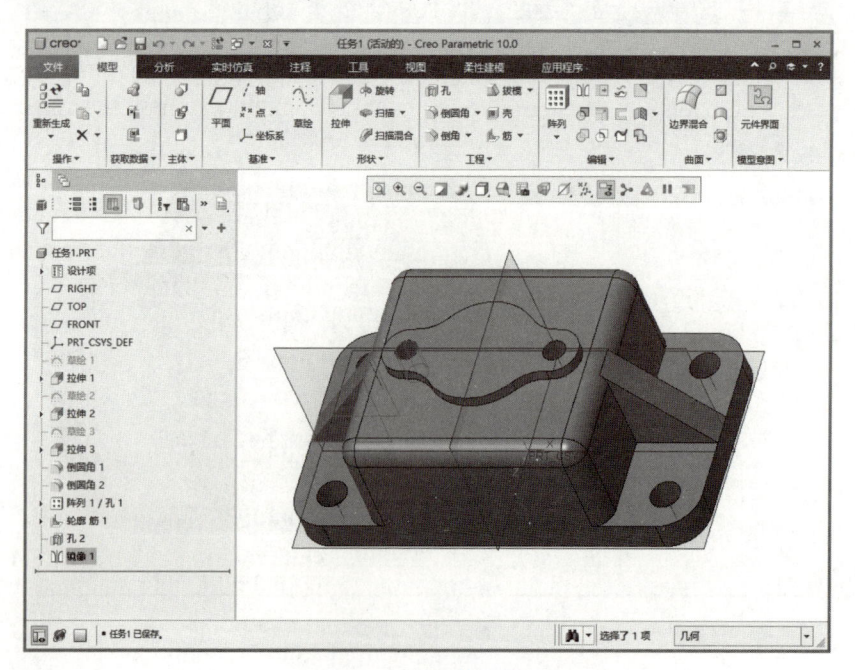

图 5-25 保存文件

任务评价

项目	项目五 特征的编辑	日期	年 月 日		
任务	任务一 创建箱体模型	组别	第 小组		
班级		组长		教师	
序号	评价内容	分值	学生自评	小组评价	教师评价
1	正确地选择工作目录	10			
2	正确地设置文件名、文件类型	10			
3	选择正确的文件模板	10			
4	特征截面完整准确	10			
5	特征创建完整准确	10			
6	运用阵列创建底座孔的副本	10			
7	运用镜像创建筋、顶面孔的副本	10			
8	及时保存文件	10			
9	工作过程合理性	10			
10	学习成果展示	10			
合计		100			

遇到的问题	解决方法

心得体会

项目五 特征的编辑 219

任务二 创建支架模型

任务下达

为如图 5-26 所示的"支架零件"创建模型。要求文件保存在路径"D:\Creo 实体建模\项目五"下,文件名为"任务 2.prt"。

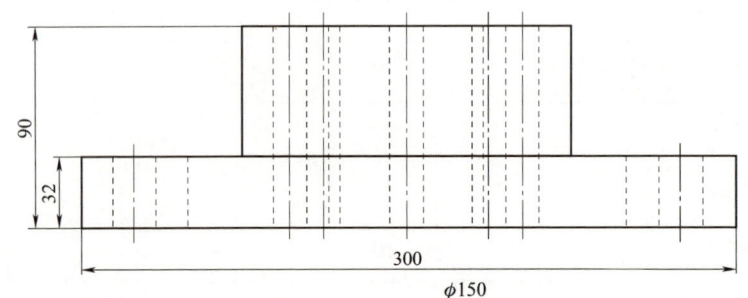

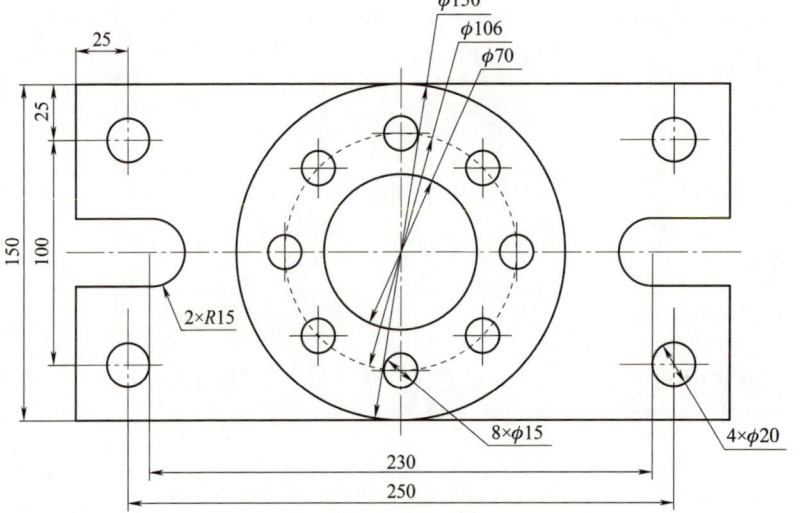

图 5-26 支架零件

创建支架模型

任务解析

创建该支架零件模型的基本步骤如下。
1. 准备工作环境,新建模型文件。
2. 创建拉伸特征,如图 5-27 所示。
3. 创建中心孔特征,如图 5-28 所示。
4. 创建底座孔特征,并使用方向阵列方式生成其副本,如图 5-29 所示。
5. 创建顶部孔特征,并使用轴阵列方式生成其副本,如图 5-30 所示。
6. 保存文件。

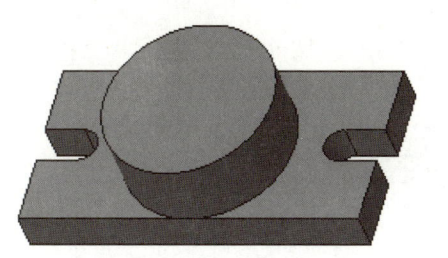

图 5-27　创建拉伸特征

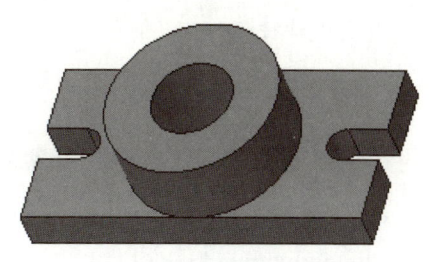

图 5-28　创建中心孔特征

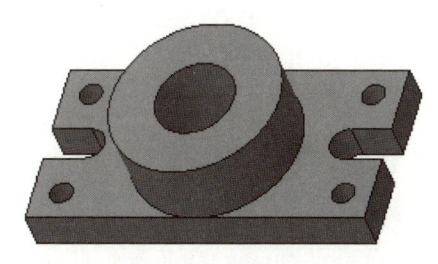

图 5-29　创建底座孔特征

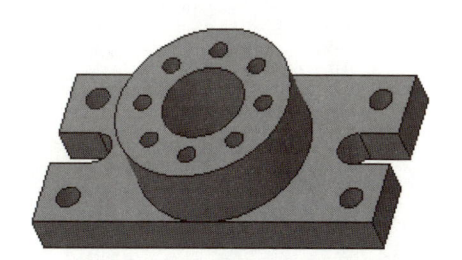

图 5-30　创建顶部孔特征

任务实施

1. 准备工作环境

将工作目录建立在"D:\Creo 实体建模\项目五",新建名称为"任务 2. prt"的模型文件（图 5-31），选择"mmns_part_solid_abs"模板。

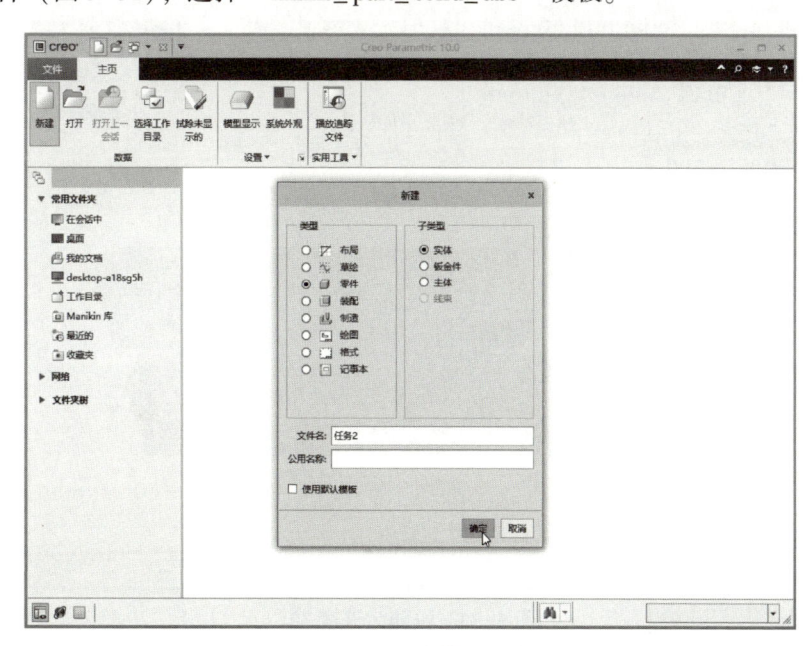

图 5-31　创建模型文件

项目五　特征的编辑　221

2. 创建基础特征

在基准平面 TOP 上草绘如图 5-32 所示的截面。

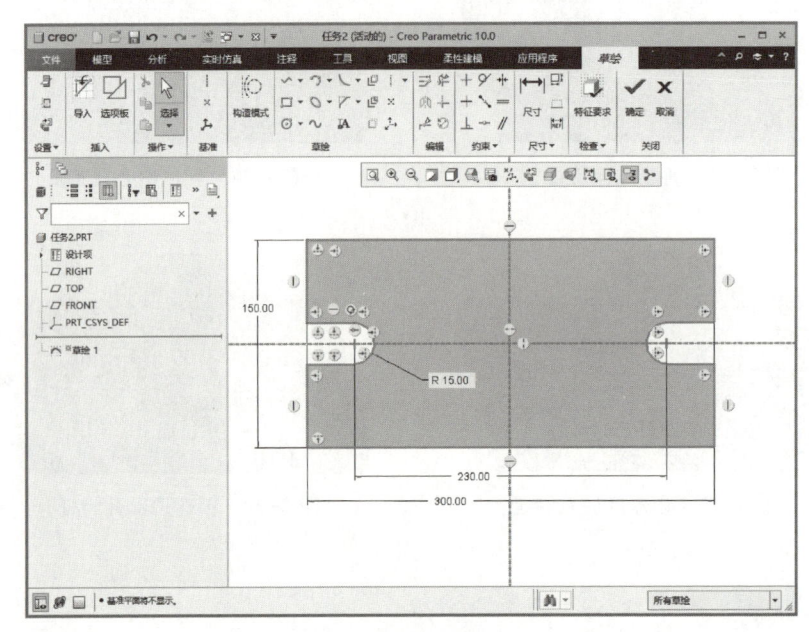

图 5-32　草绘截面

将截面拉伸为深度 32 的实体（图 5-33）。

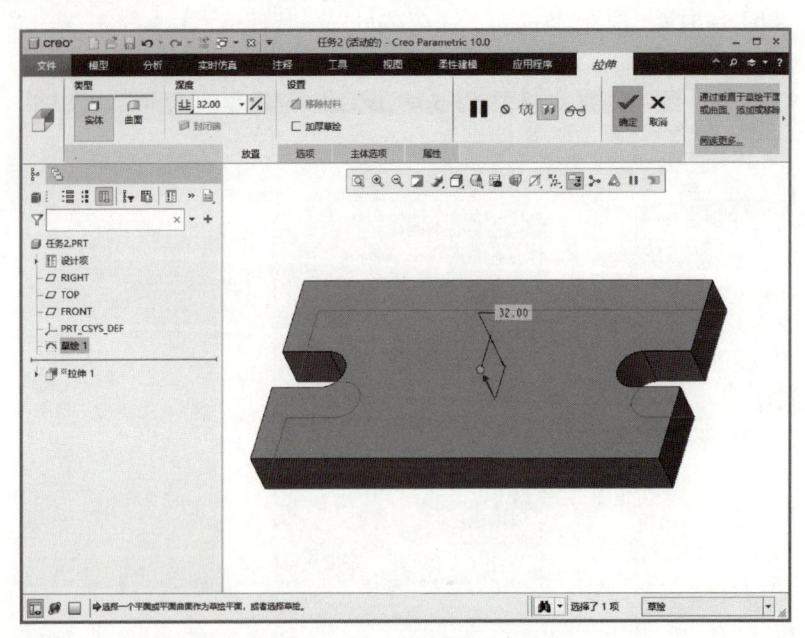

图 5-33　拉伸为深度 32

在拉伸特征的上表面草绘如图 5-34 所示的截面。

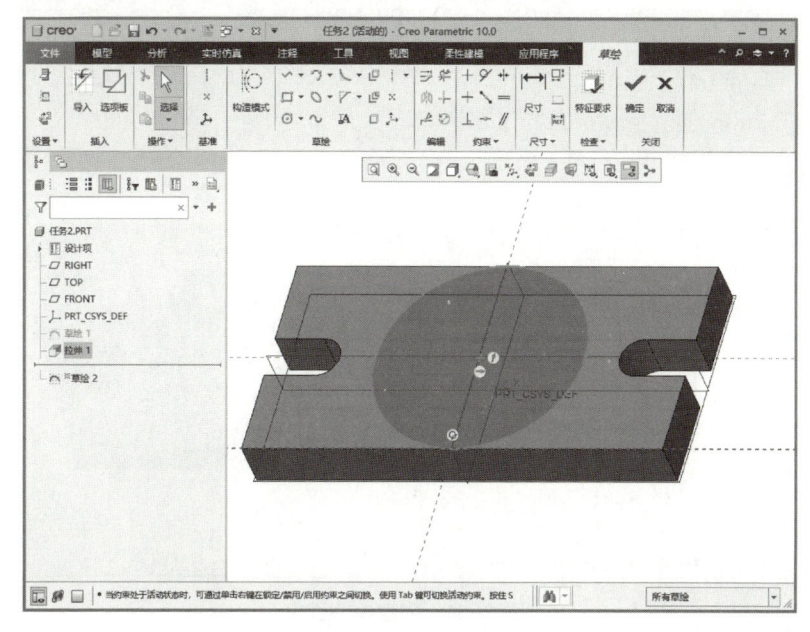

图 5-34　草绘截面

将截面拉伸为深度 58 的实体（图 5-35）。

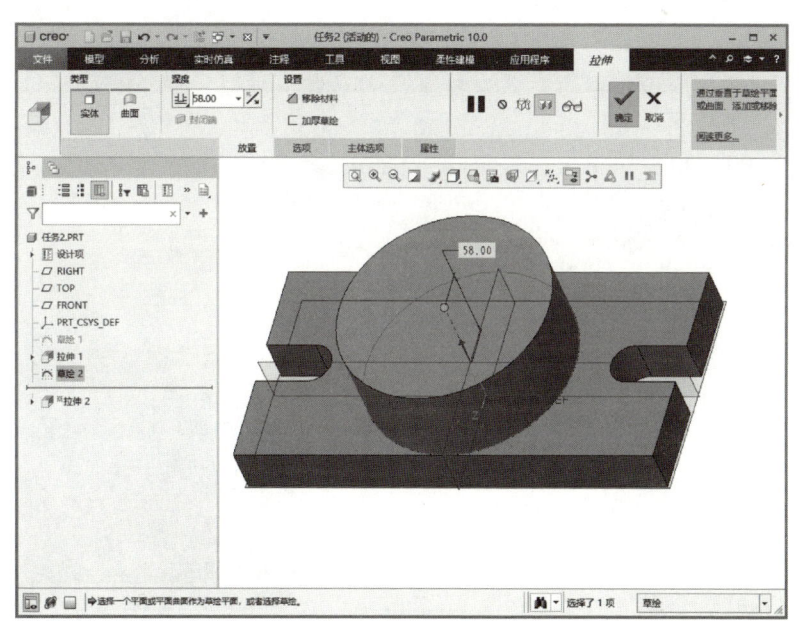

图 5-35　拉伸为深度 58

3. 创建中心孔

创建如图 5-36 所示的中心孔，该孔放置在［拉伸 2］特征的上表面，直径为 70，与基准平面 FRONT、RIGHT 对齐，深度选项为［到参考］，钻孔到［拉伸 1］特征的底面。

项目五　特征的编辑　223

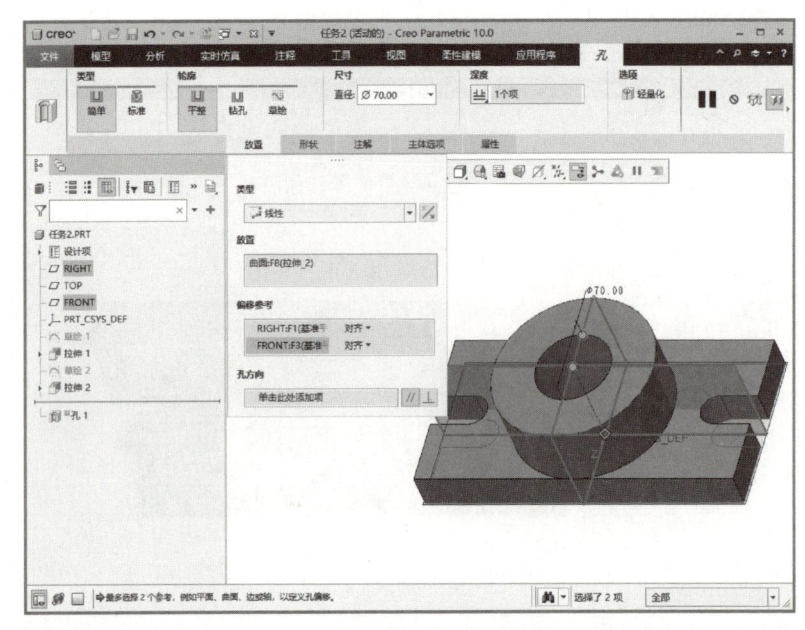

图 5-36　创建中心孔

4. 创建和阵列底座孔

创建如图 5-37 所示的直径为 20 的孔。

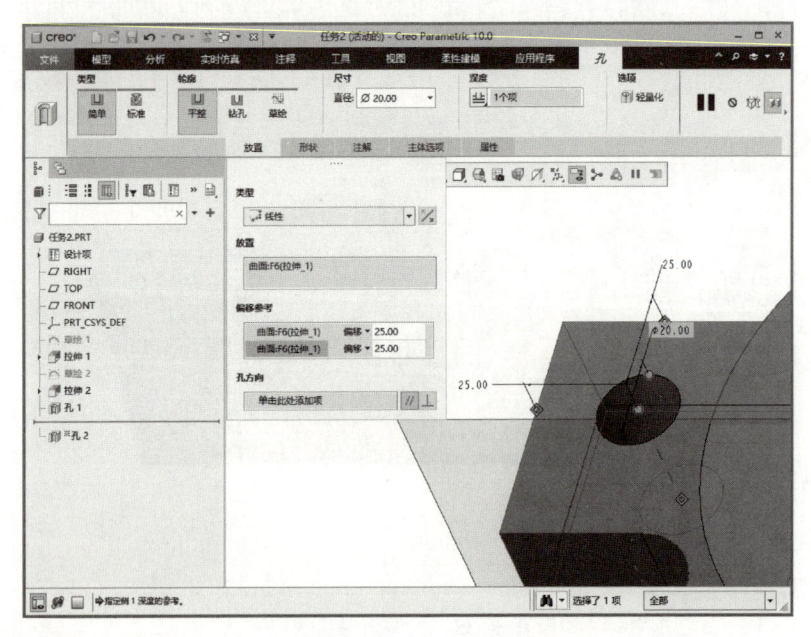

图 5-37　创建孔

按照零件图尺寸要求阵列该孔，如图 5-38 所示。

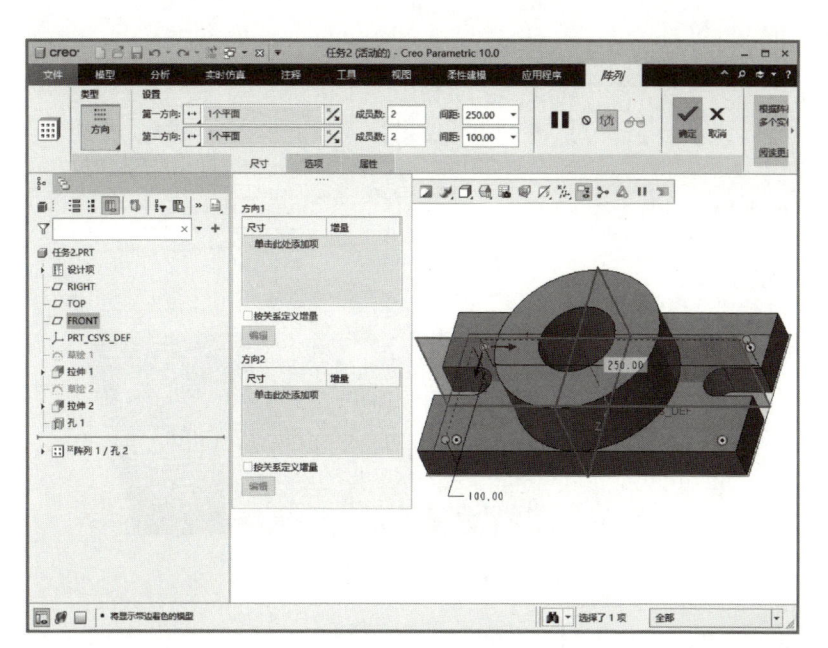

图 5-38 阵列孔

5. 创建和阵列通孔

创建如图所示直径为 15 通孔，如图 5-39 所示。

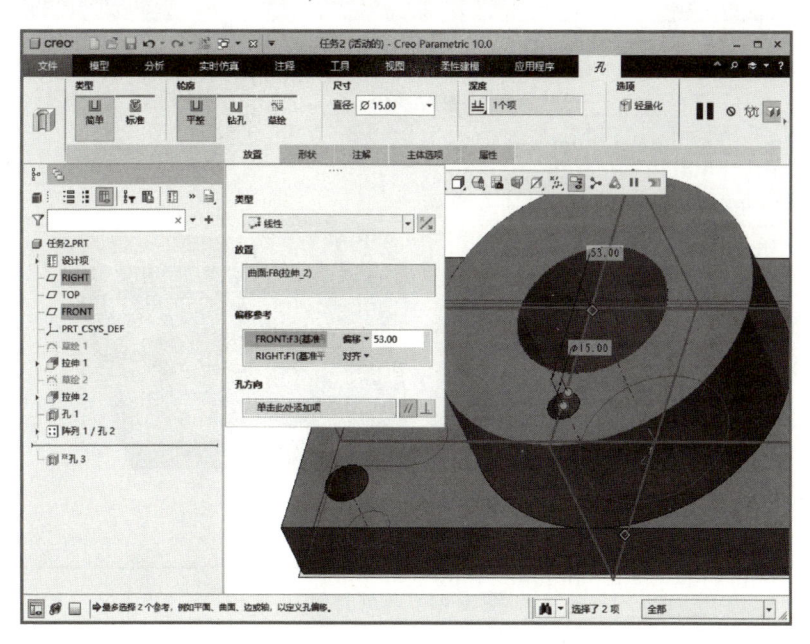

图 5-39 创建通孔

利用模型树或选择过滤器，选择刚才创建的孔，单击［编辑］面板中的［阵列］工具，如图 5-40 所示。

项目五 特征的编辑 225

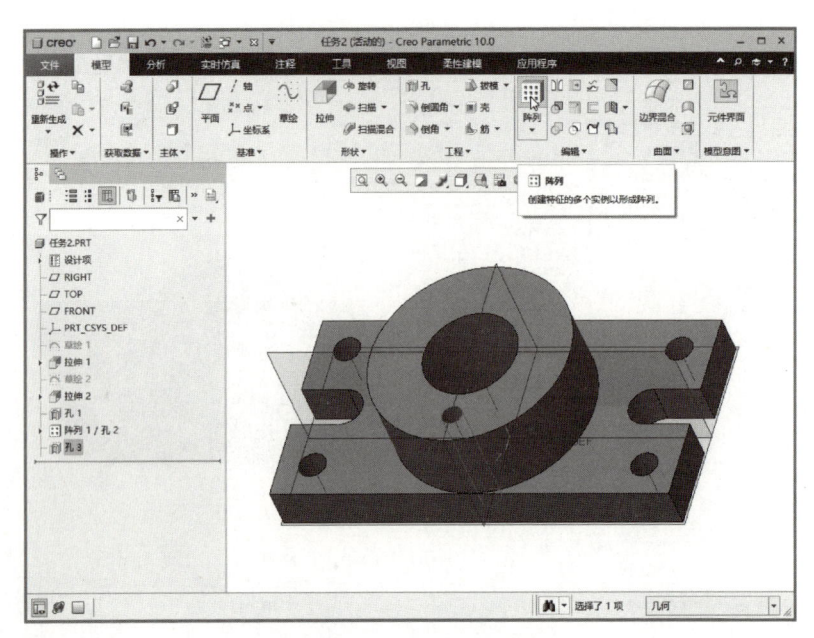

图 5-40 阵列工具

将阵列类型选择为[轴],如图 5-41 所示。

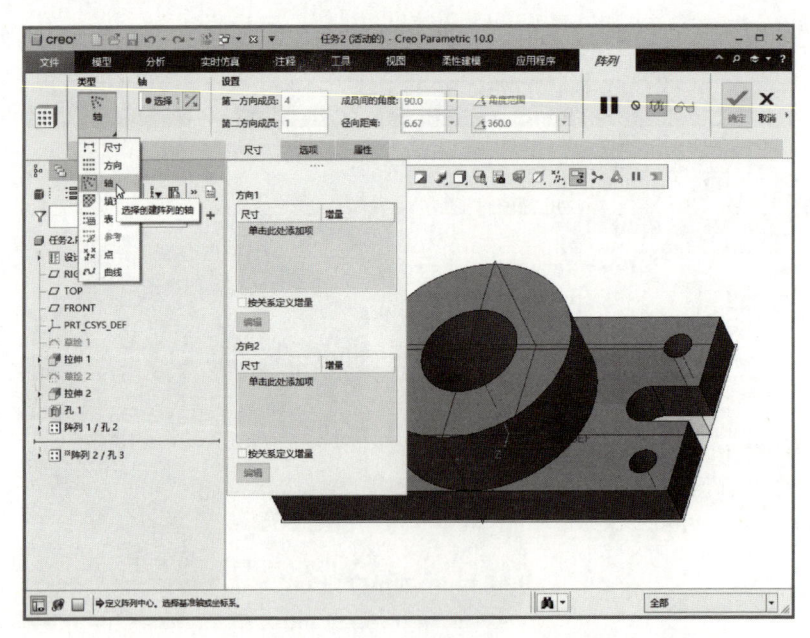

图 5-41 阵列类型

选择 FRONT 平面与 RIGHT 平面相交处的轴线为参照,第一个方向成员数量设置为 8,成员间的角度设置为 45°,如图 5-42 所示。

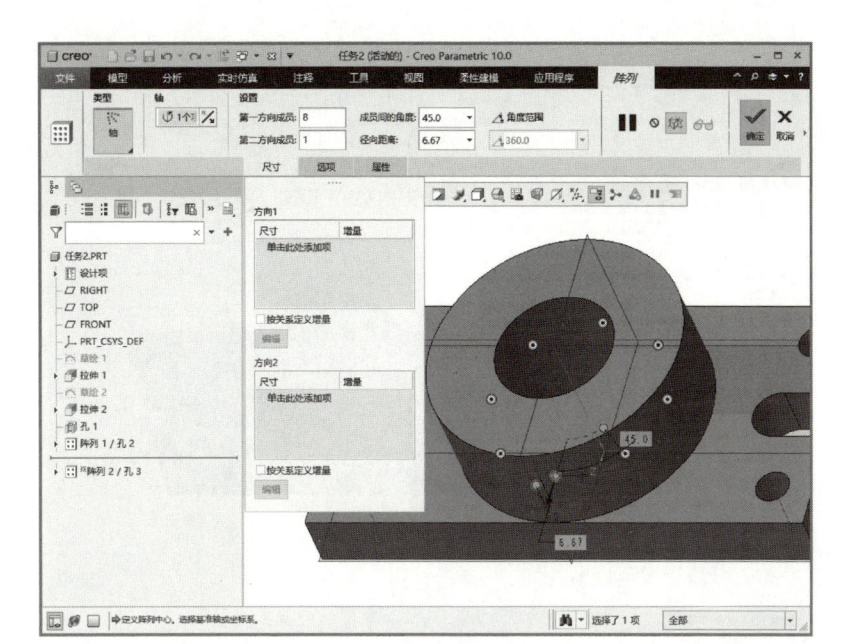

图 5-42 成员设置

单击［确定］按钮✔完成孔的阵列，如图 5-43 所示。

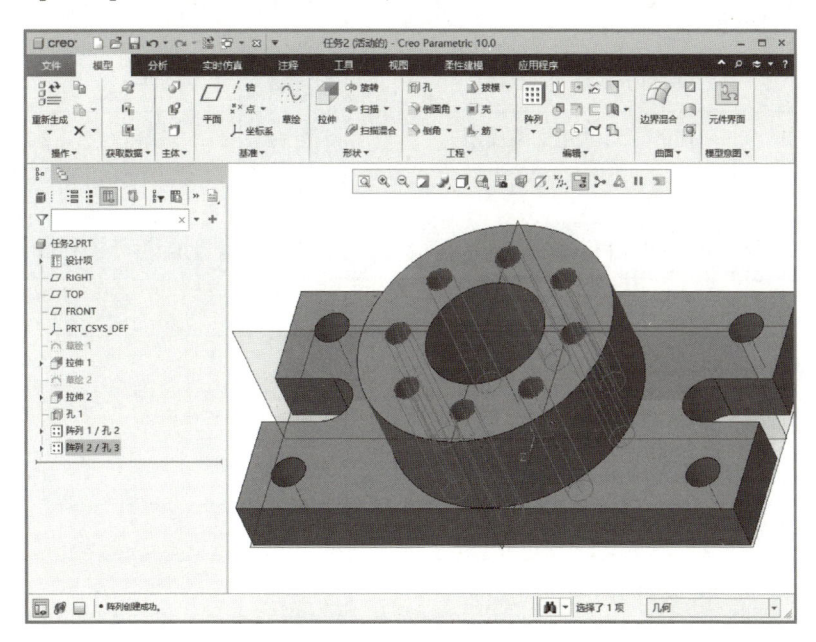

图 5-43 完成孔阵列

6. 保存文件

将文件保存在工作目录中（图 5-44），关闭软件。

项目五 特征的编辑 227

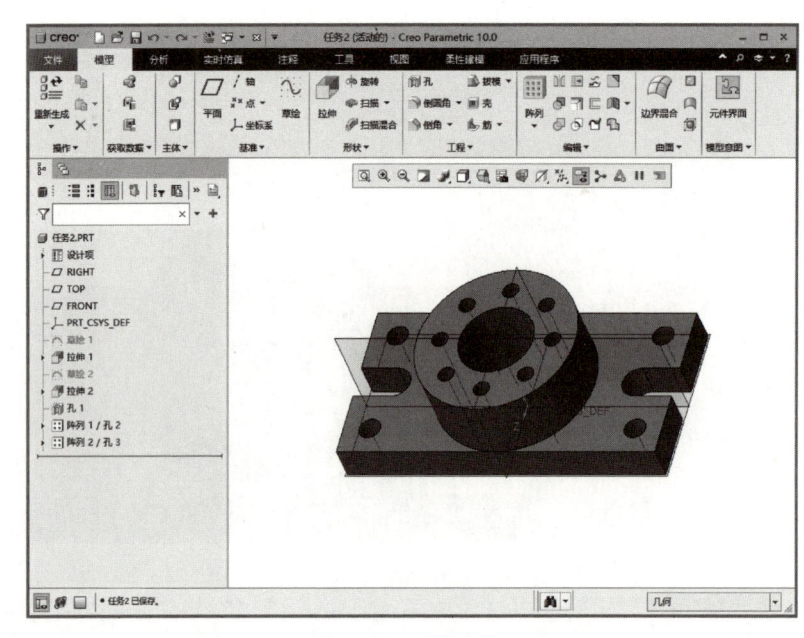

图 5-44　保存文件

任务评价

项目	项目五　特征的编辑		日期	年　　月　　日		
任务	任务二　创建支架模型		组别	第　　　小组		
班级			组长		教师	
序号	评价内容		分值	学生自评	小组评价	教师评价
1	正确地选择工作目录		10			
2	正确地设置文件名、文件类型		10			
3	选择正确的文件模板		10			
4	特征截面完整准确		10			
5	特征创建完整准确		10			
6	运用阵列创建底座孔的副本		10			
7	运用阵列创建顶面孔的副本		10			
8	及时保存文件		10			
9	工作过程合理性		10			
10	学习成果展示		10			
合计			100			

续表

遇到的问题	解决方法
心得体会	

知识链接

Creo Parametric 10.0 提供了丰富的编辑工具提高建模效率，[阵列] 和 [镜像] 是实体建模中最常用的特征编辑工具。

1. 阵列

（1）尺寸阵列

尺寸阵列工具可以改变特征的现有尺寸以创建阵列。使用尺寸阵列，可以最多选择两个方向的尺寸，设置阵列的成员数和增量。

尺寸阵列建模示例如图 5-45 所示。

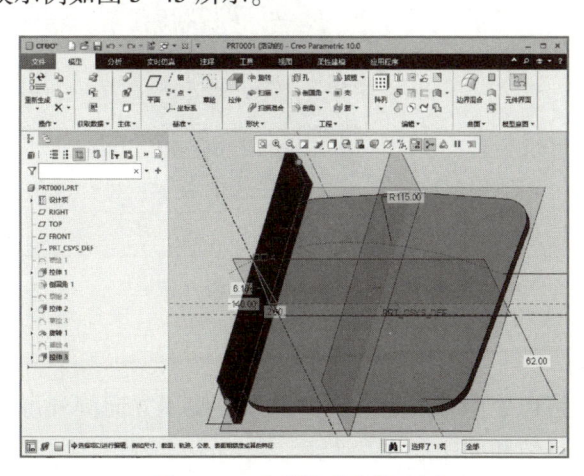

图 5-45　尺寸阵列建模示例

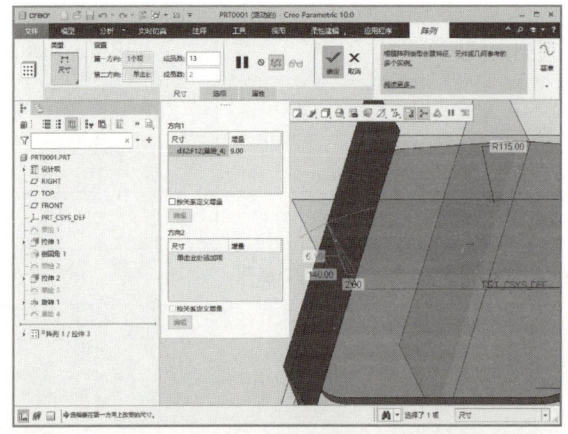

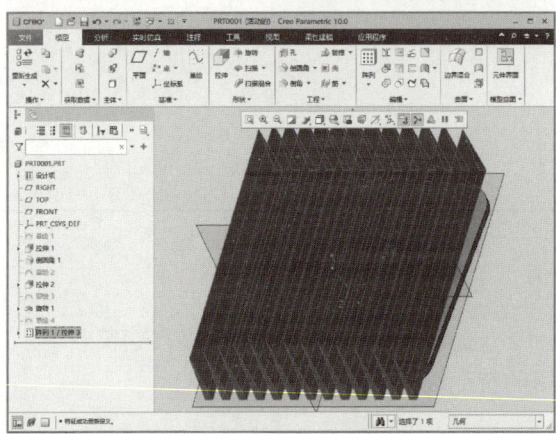

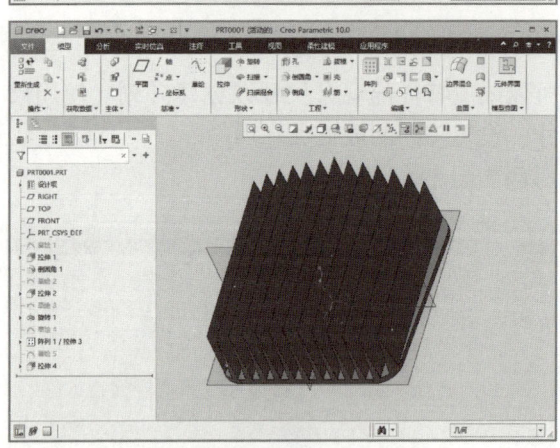

图 5-45　尺寸阵列建模（续）

（2）方向阵列

方向阵列工具可以使用方向定义阵列图元。使用方向阵列可以最多选择两个方向，设置阵列的成员数和间距。

方向阵列建模示例如图 5-46 所示。

230　■ Creo 三维设计项目教程

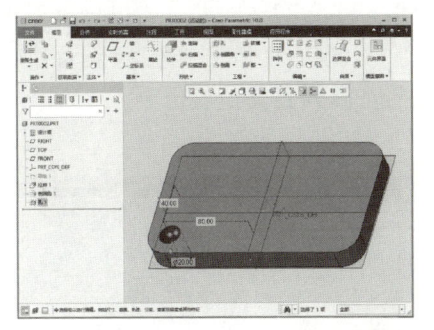

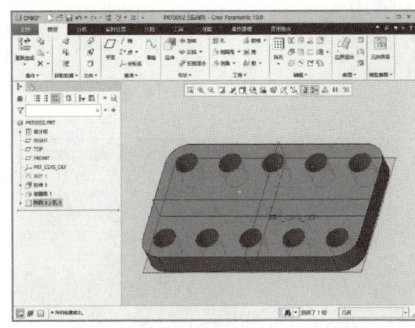

图 5-46　方向阵列建模示例

（3）轴阵列

轴阵列工具可以围绕轴阵列图元。使用轴阵列，可以最多选择两个方向，设置阵列的成员数和增量。其中第一个方向为围绕参照轴旋转的角度，第二个方向为成员之间的径向距离。

轴阵列建模示例如图 5-47 所示。

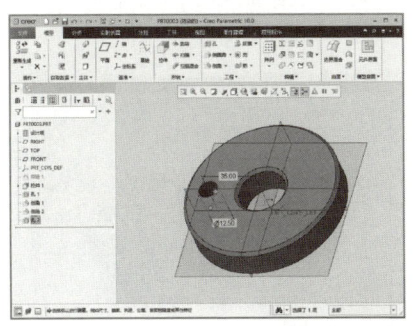

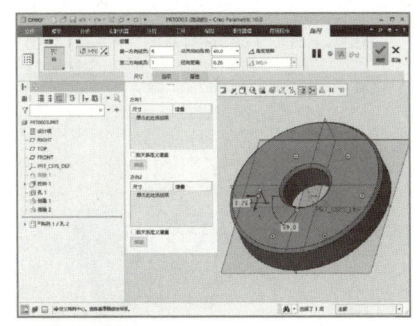

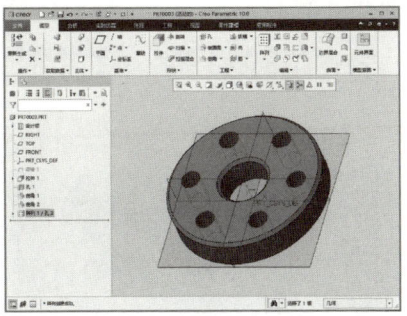

图 5-47　轴阵列建模示例

项目五　特征的编辑　231

（4）参考阵列

参考阵列工具可以参考现有阵列来创建阵列。以现有的阵列成员特征为基础，创建新的特征，可以使用参考阵列工具将这一新特征阵列到其他成员上。

参考阵列建模示例如图 5-48 所示。

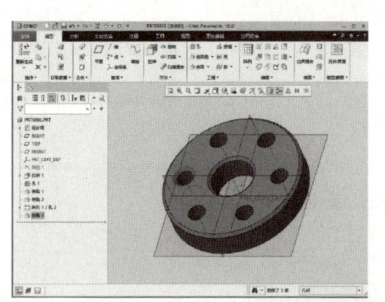

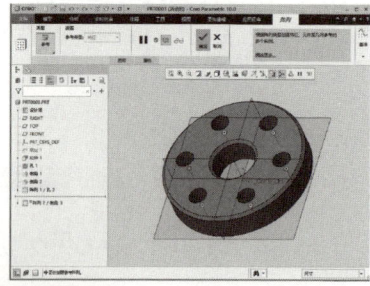

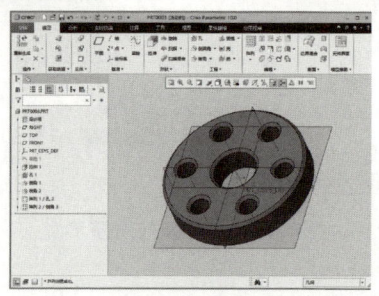

图 5-48　参考阵列建模示例

2. 镜像

镜像工具可用于创建所选特征关于指定平面的镜像副本。选择需要创建镜像副本的特征，调用镜像工具，选择镜像平面，即可创建其镜像副本。

镜像建模示例如图 5-49 所示。

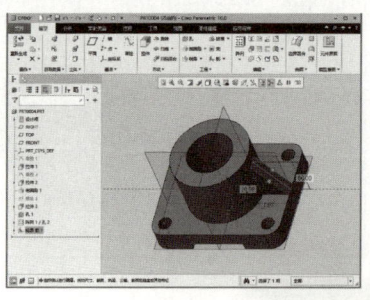

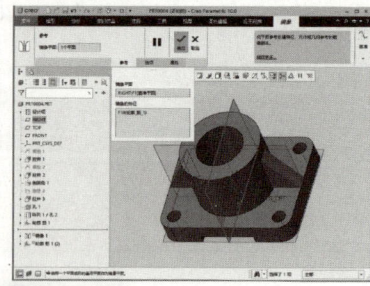

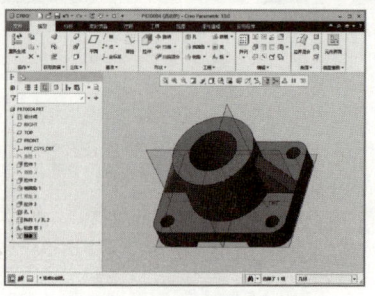

图 5-49　镜像建模示例

拓展任务

1）为如图5-50所示的零件创建模型。要求文件保存在路径"D:\Creo实体建模\项目五"下，文件名为"特征编辑练习1.prt"。

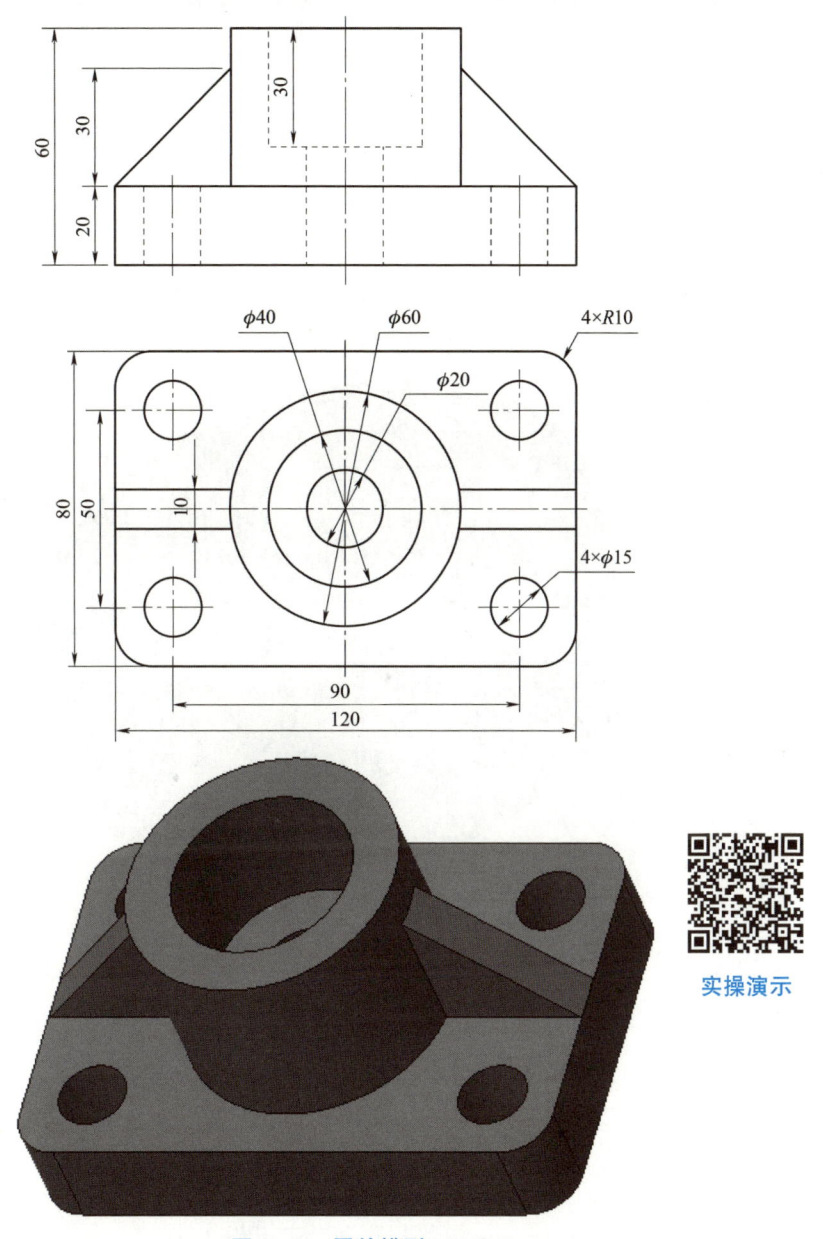

图 5-50　零件模型 1

实操演示

2）为如图5-51所示的零件创建模型。要求文件保存在路径"D:\Creo实体建模\项目五"下，文件名为"特征编辑练习2.prt"。

项目五　特征的编辑　　233

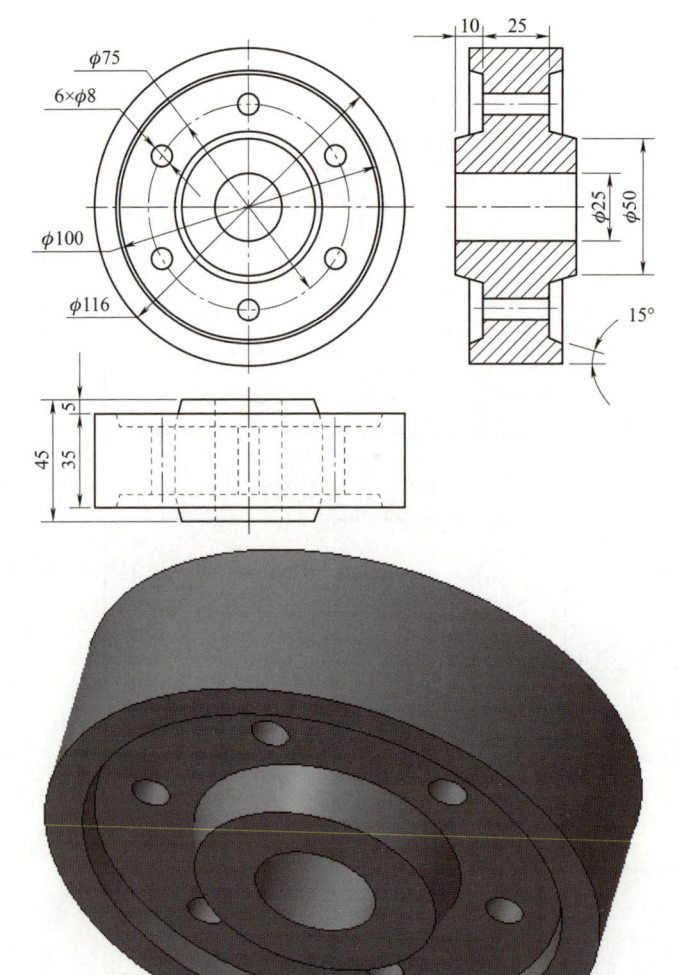

图 5-51 零件模型 2

234 ■ Creo 三维设计项目教程

项目六　装配特征

项目描述

零件装配是三维模型设计的重要内容之一。利用 Creo Parametric 10.0 的装配功能，可将零件模型按一定的约束条件装配在一起，从而确定各零件在空间的位置关系，是装配体结构分析、运动分析及工程图生成等操作的基础。

项目目标

1. 掌握装配体的创建方法。
2. 能正确选择约束条件进行零件装配。
3. 掌握分解视图的创建方法。
4. 培养举一反三、自我学习和可持续发展的能力。
5. 增强团队意识，提升团结协作与语言表达能力。

课程思政案例九

任务　齿轮泵装配

任务下达

完成图 6-1 所示的"齿轮泵"的装配。

创建齿轮泵装配体

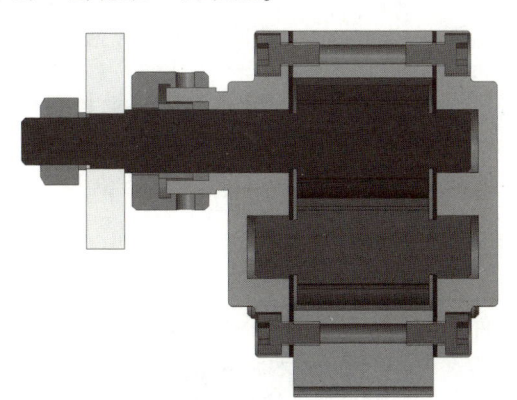

图 6-1　齿轮泵

任务解析

1. 进入装配环境。
2. 使用约束条件装配元件。
3. 创建分解视图。

任务实施

1. 启动软件

可通过以下方式启动 Creo Parametric 10.0（图 6-2）：双击桌面上的程序快捷方式；或在［开始］菜单的程序列表中展开"PTC"，单击"Creo Parametric 10.0.0.0"。

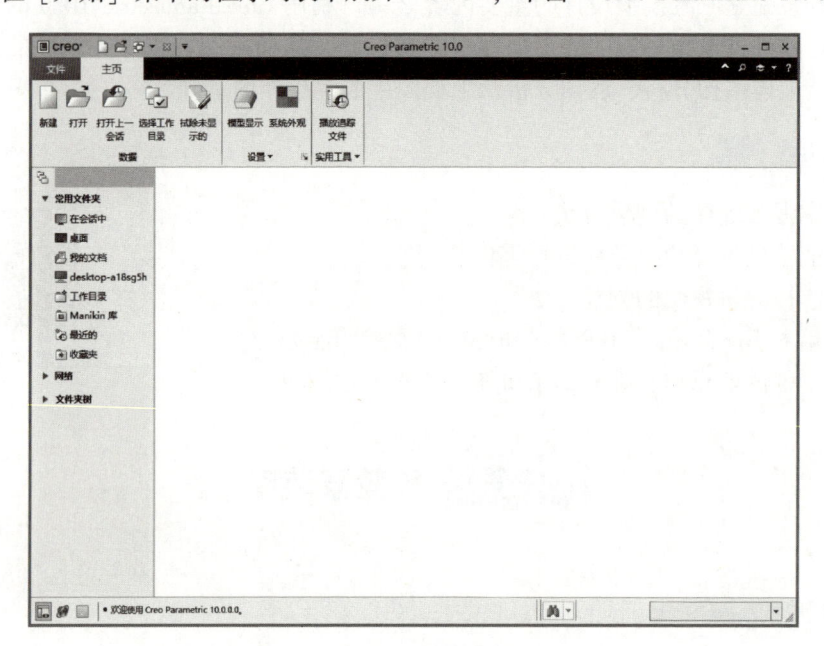

图 6-2　启动软件

2. 设置工作目录

单击［选择工作目录］，软件弹出［选择工作目录］对话框。选择计算机的 D 盘，新建文件夹"Creo 实体建模"，在该文件夹下新建子文件夹［项目五］。确保路径栏显示的目录为"D:\Creo 实体建模\项目六"后，单击［确定］按钮，如图 6-3 所示。

3. 新建装配文件

单击［新建］，软件弹出［新建］对话框，文件类型选择［装配］，［子类型］选择［设计］，在［文件名］后方的文本框中输入"齿轮泵"，取消勾选［使用默认模板］前方的复选框，单击［确定］按钮，如图 6-4 所示。

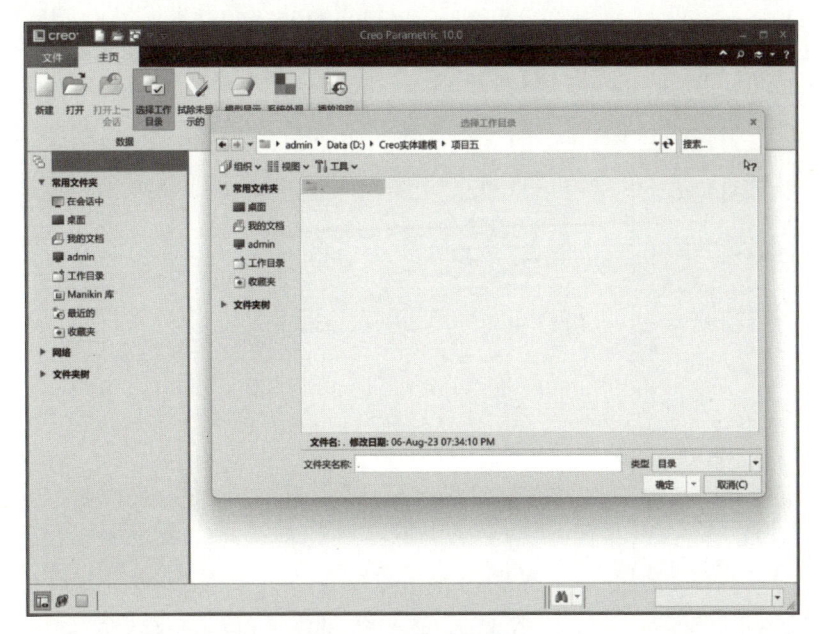

图 6-3　设置工作目录

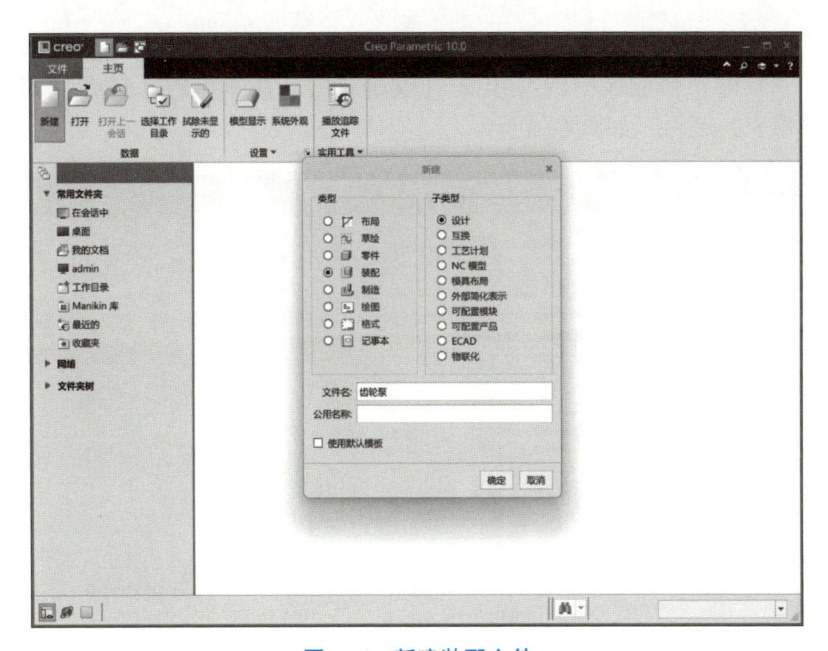

图 6-4　新建装配文件

软件弹出［新文件选项］对话框，选择［mmns_asm_design_abs］模板，单击［确定］按钮（图 6-5）。

项目六　装配特征　237

图 6-5 新文件选项对话框

4. 装配左端盖元件

单击［元件］功能区中的［组装］按钮，在自动弹出的［打开］对话框中，选择［左端盖］元件，如图 6-6 所示。

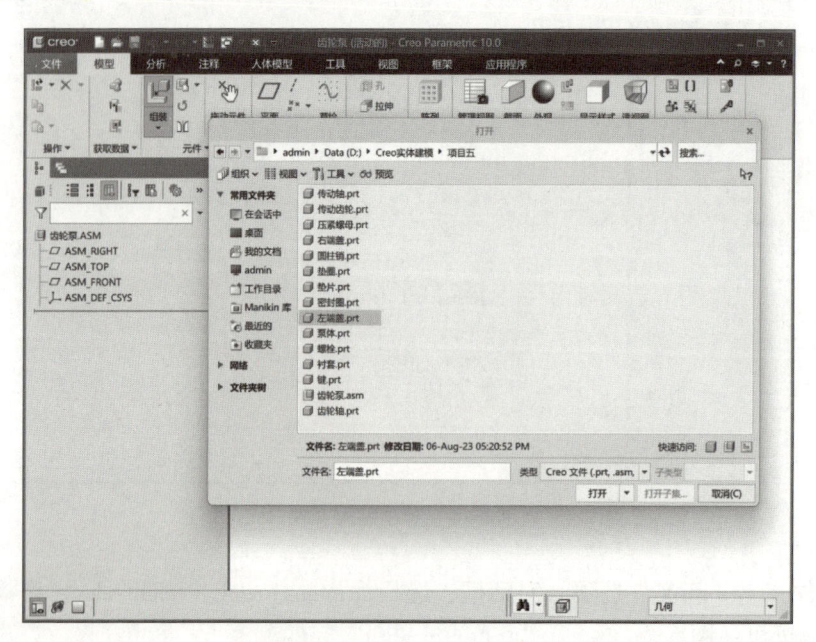

图 6-6 装配左端盖元件

单击［打开］按钮，［左端盖］元件出现在图形窗口（图 6-7）。

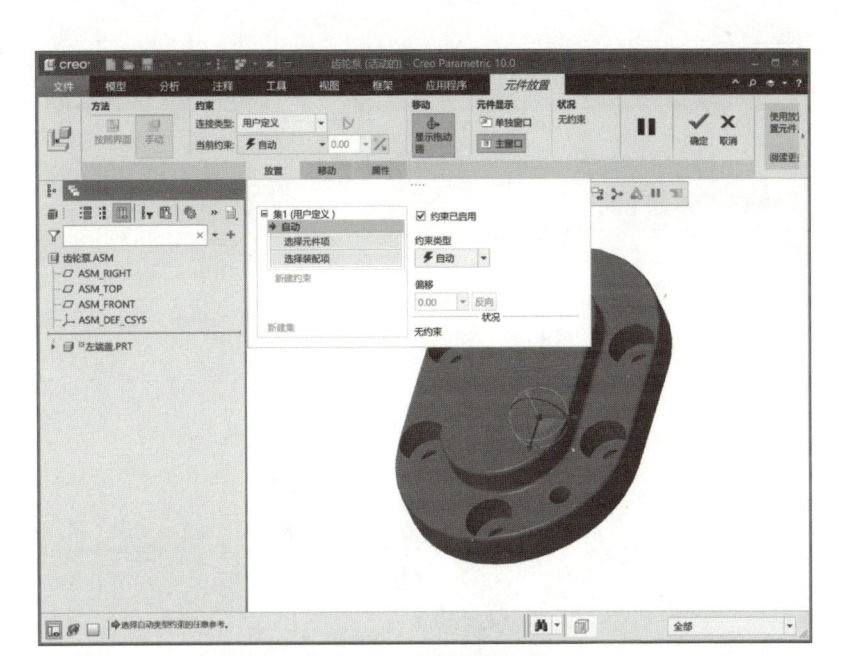

图 6-7　左端盖元件

在［元件放置］操作面板［约束类型］下拉列表中选择［默认］选项，单击［确定］按钮，完成左端盖元件的装配（图 6-8）。

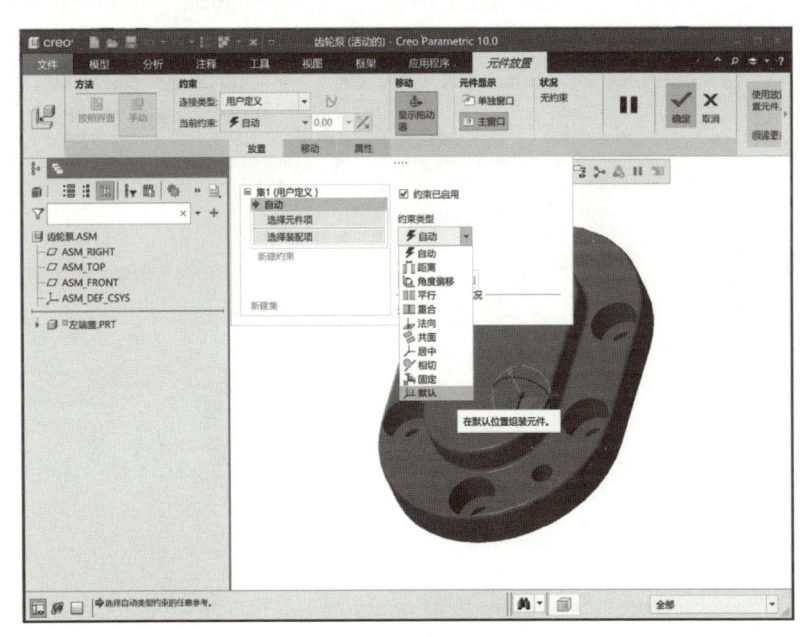

图 6-8　完成左端盖元件装配

5. 装配垫片元件

单击［元件］功能区中的［组装］按钮，在自动弹出的［打开］对话框中，选择［垫片］元件。单击［打开］按钮，［垫片］元件出现在图形窗口，如图 6-9 所示。

项目六　装配特征　239

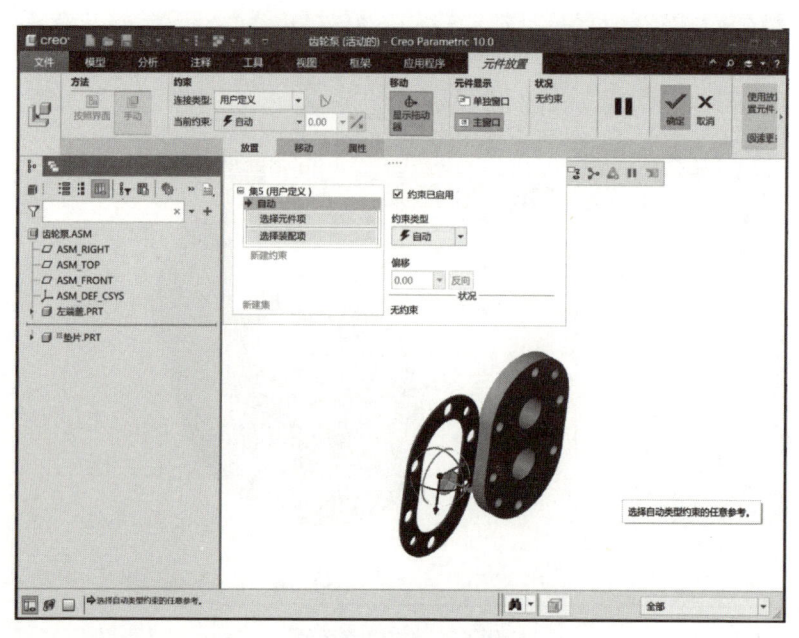

图 6-9 装配垫片元件

在［元件放置］操作面板［约束类型］下拉列表中选择［重合］选项，定位参考分别选取垫片元件与左端盖元件上需要重合的两个端面，如图 6-10 所示。

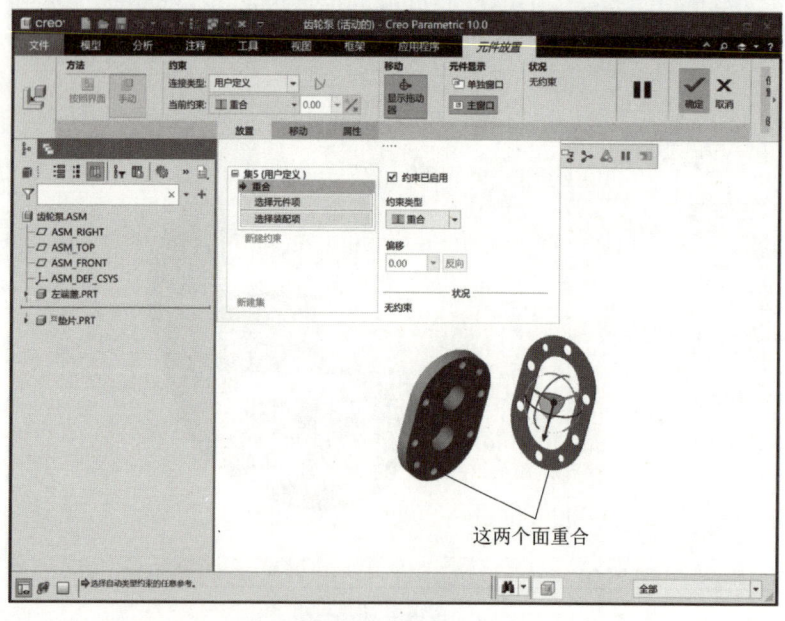

图 6-10 面重合

在［放置］定义集中单击［新建约束］命令，在［约束类型］下拉列表中选择［重合］选项，定位参考分别选取垫片元件与左端盖元件上需要重合的销孔圆周面，如图 6-11 所示。

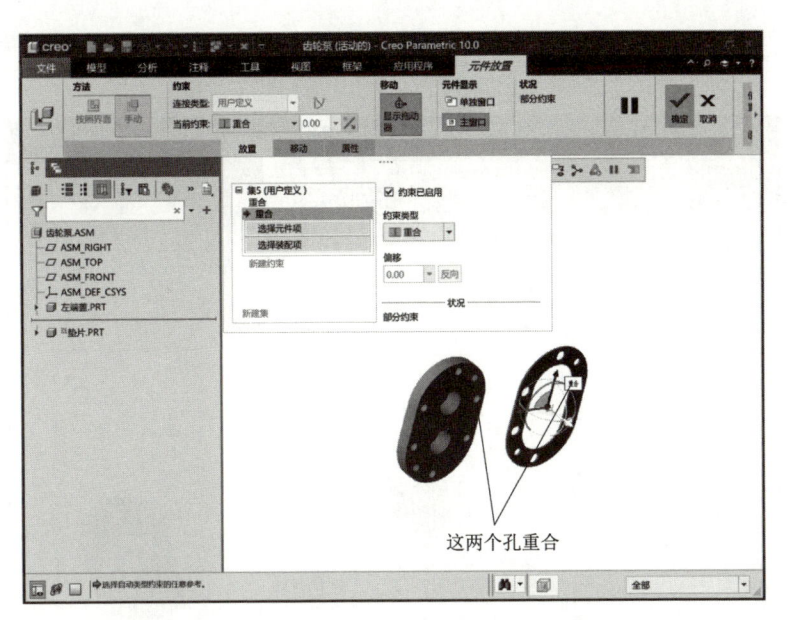

图 6-11　孔重合

取消勾选［允许假设］，在［放置］定义集中单击［新建约束］命令，在［约束类型］下拉列表中选择［重合］选项，定位参考分别选取垫片元件与左端盖元件上需要重合的第二个销孔圆周面。单击［确定］按钮，完成垫片元件的装配，如图 6-12 所示。

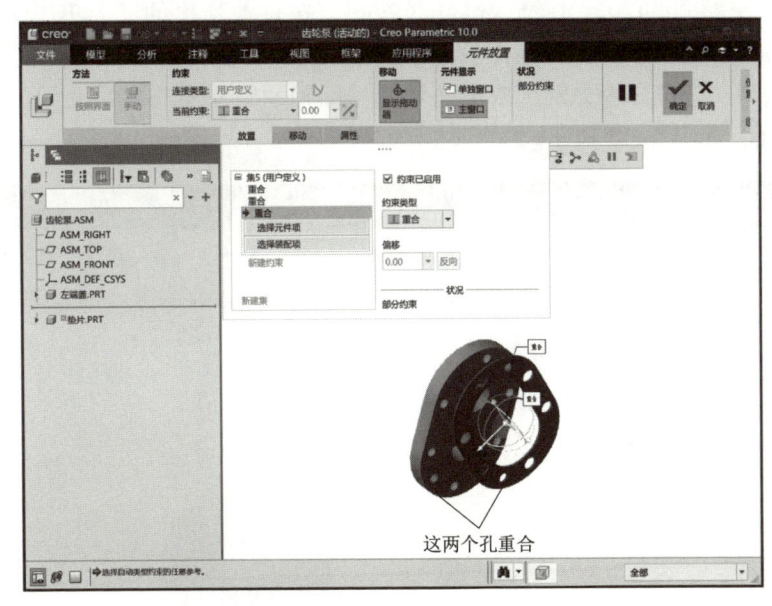

图 6-12　完成垫片元件的装配

6. 装配泵体元件

单击［元件］功能区中的［组装］按钮，在自动弹出的［打开］对话框中，选择［泵体］元件。与垫片元件的装配过程类似，通过三个［重合］约束，依次实

项目六　装配特征　241

现泵体元件与垫片元件端面重合、两个销孔重合，从而实现泵体元件的完全定位，如图 6-13 所示。

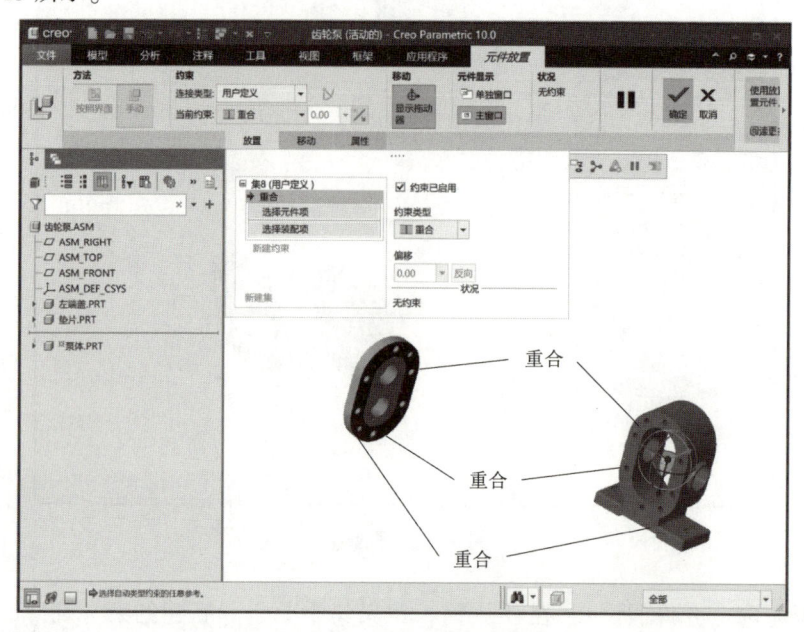

图 6-13　装配泵体元件

7. 装配齿轮轴元件

单击［元件］功能区中的［组装］按钮，在自动弹出的［打开］对话框中，选择［齿轮轴］元件。在［元件放置］操作面板［约束类型］下拉列表中选择［重合］选项，定位参考分别选取齿轮轴元件的轴颈圆周面与左端盖元件下方安装孔的圆周面，如图 6-14 所示。

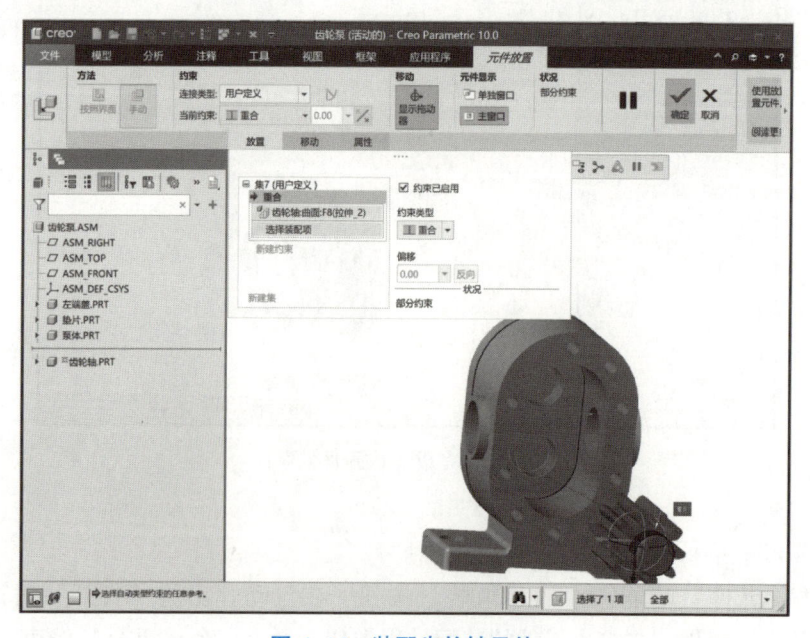

图 6-14　装配齿轮轴元件

在［放置］定义集中单击［新建约束］命令，在［约束类型］下拉列表中选择［距离］选项，定位参考分别选取齿轮轴左端面与左端盖安装孔的底面，在［偏移］处输入数值"2"。单击［确定］按钮，完成齿轮轴元件的装配。

注：为直观展示该距离约束的两个定位参考面，图6-15采用了剖视图进行表达。

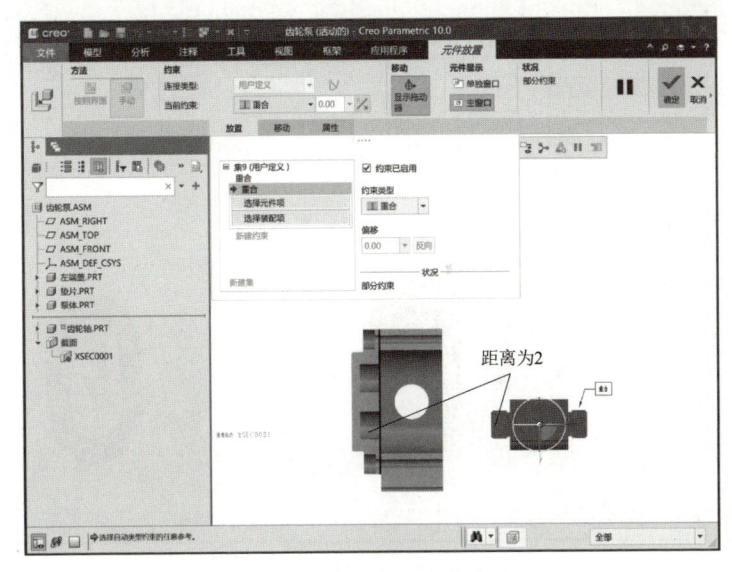

图6-15　距离约束的定位参考面

8. 装配传动轴元件

单击［元件］功能区中的［组装］按钮，在自动弹出的［打开］对话框中，选择［传动轴］元件。与齿轮轴元件的装配过程类似，通过［重合］约束和偏移量为2的［距离］约束，实现传动轴元件相对于左端盖元件上安装孔的定位。

注：为直观展示上述约束的定位参考，图6-16采用了剖视图进行表达。

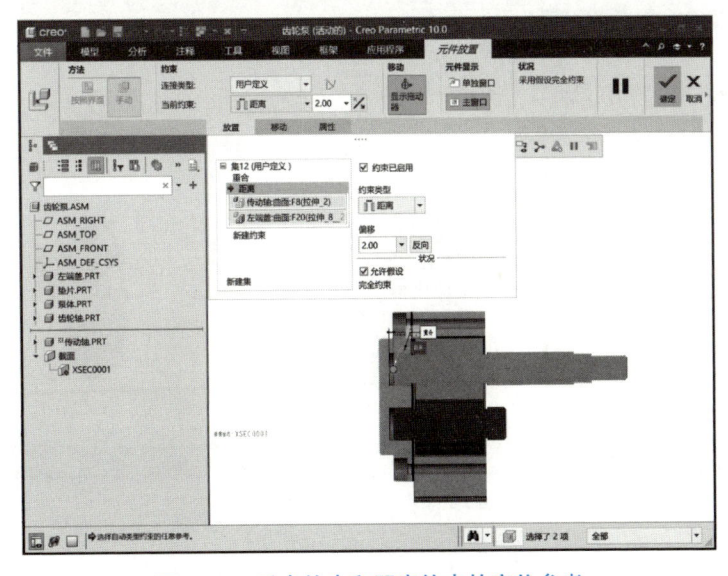

图6-16　重合约束和距离约束的定位参考

项目六　装配特征　243

9. 装配垫片元件

装配垫片元件如图 6-17 所示。

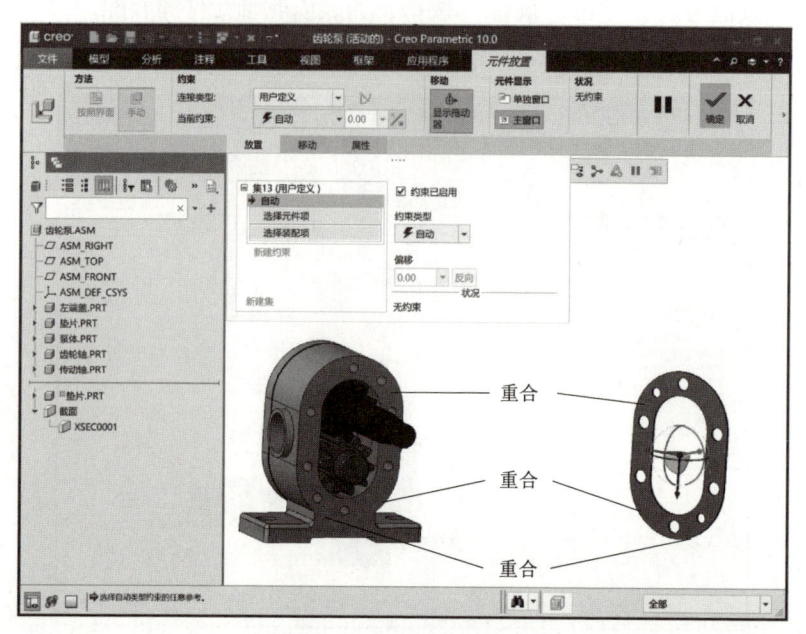

图 6-17　装配垫片元件

10. 装配右端盖元件

装配右端盖元件如图 6-18 所示。

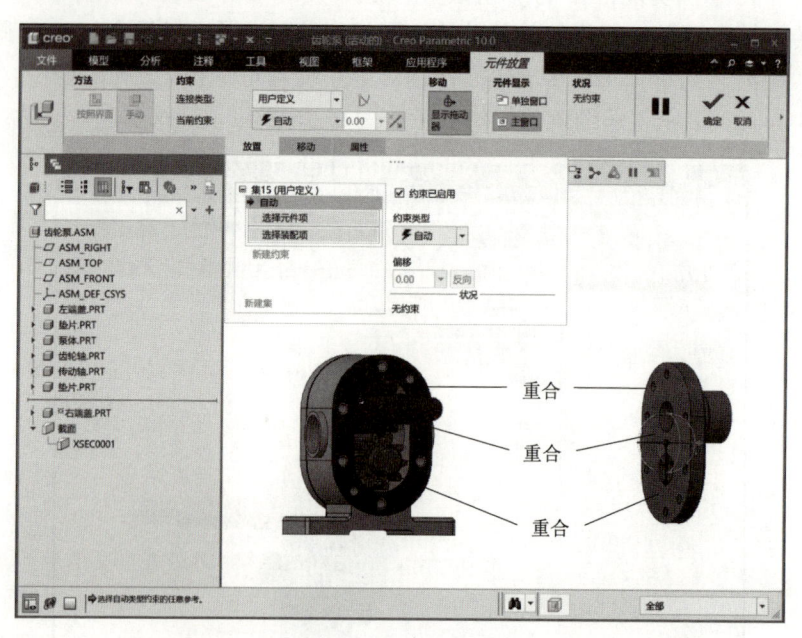

图 6-18　装配右端盖元件

11. 装配键元件

装配键元件如图 6-19 所示。

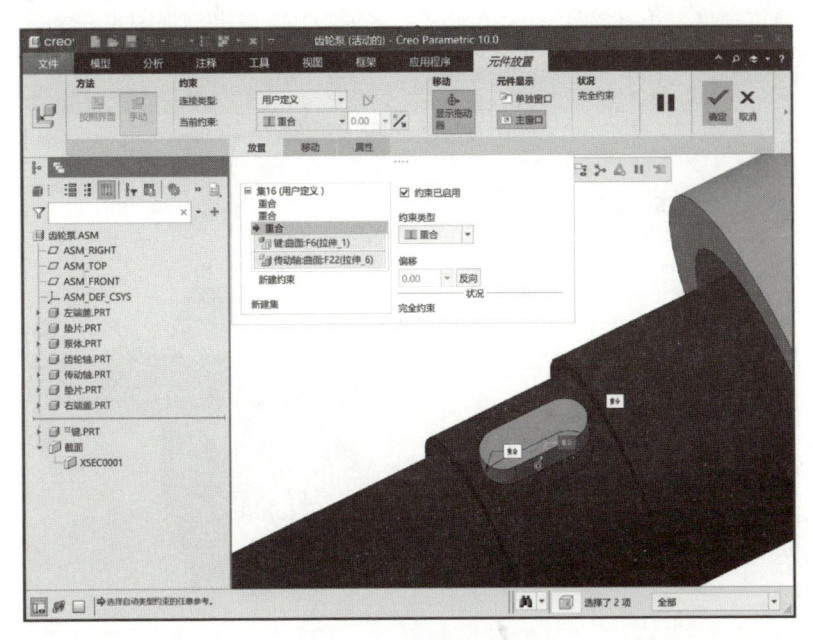

图 6-19　装配键元件

12. 装配传动齿轮元件

在传动齿轮元件的孔与传动轴元件的轴颈之间建立［重合］约束，在传动齿轮元件的键槽侧面与键原件的侧面之间建立［平行］约束，在传动齿轮元件的左端面与传动轴元件的右侧第三个端面之间建立［重合］约束，如图 6-20 所示。

图 6-20　装配传动齿轮元件

13. 装配右端螺栓元件

通过两个重合约束，实现螺栓元件与右端盖的螺纹孔之间的定位。

注：为直观展示上述约束的定位参考，图 6-21 采用了剖视图进行表达。

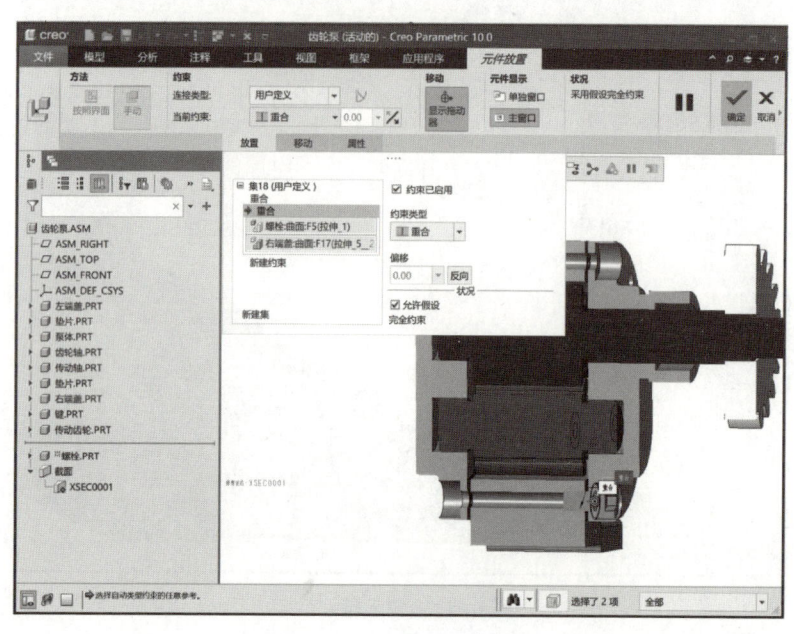

图 6-21 装配右端螺栓元件

选中螺栓元件，单击［修饰符］功能区中的［阵列］按钮。由于螺栓装配定位时引用了右端盖中通过阵列命令形成的螺栓孔特征，因此软件自动选择［参考］类型进行阵列。单击［确定］按钮，完成螺栓元件的阵列装配，如图 6-22 所示。

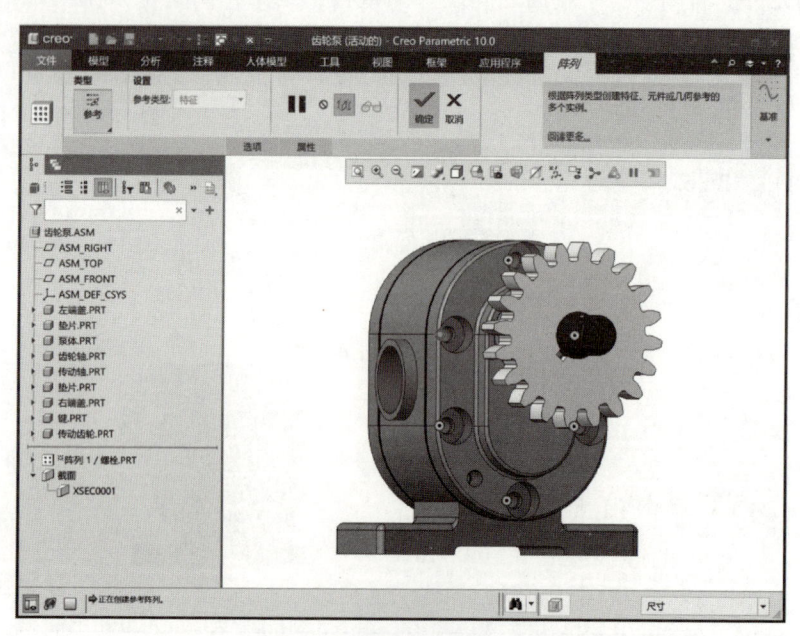

图 6-22 螺栓元件的阵列装配

14. 装配左端螺栓元件

装配左端盖的安装螺栓，装配过程与第 13 步类似，如图 6-23 所示。

图 6-23　装配左端螺栓元件

15. 创建分解视图

单击［模型显示］功能区［管理视图］下拉菜单中的［视图管理器］按钮，选择［分解］选项卡，单击［新建］按钮，生成名称为［Exp00001］的分解视图，单击键盘上的［Enter］键，完成分解视图的创建。单击右下角［关闭］按钮，退出视图管理器，如图 6-24 所示。

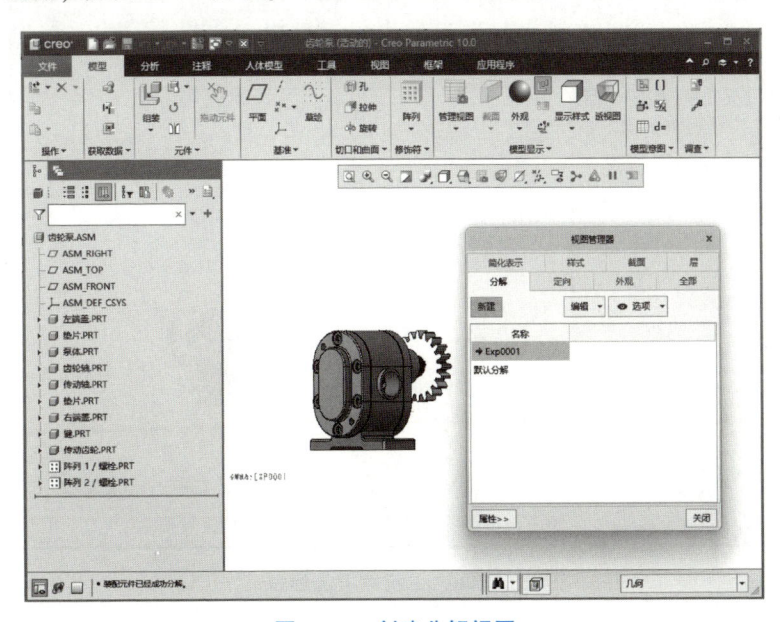

图 6-24　创建分解视图

项目六　装配特征　247

16. 调整分解视图零件位置

单击［模型显示］功能区的编辑位置按钮，进入［分解工具］操作面板，如图 6-25 所示。

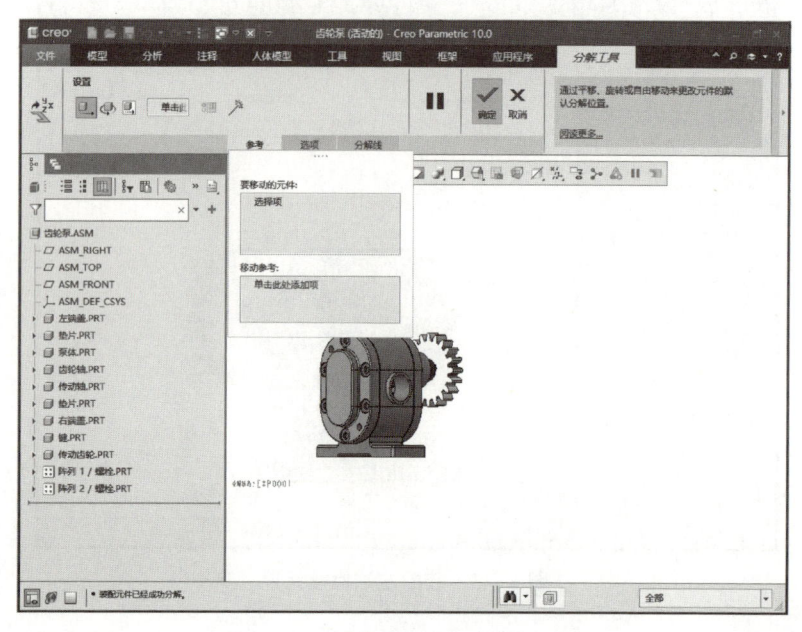

图 6-25　调整分解视图零件位置

选中左端盖元件，元件上会自动生成一个参考坐标系，按住 Y 方向箭头，将左端盖元件向左移动到合适的位置，如图 6-26 所示。

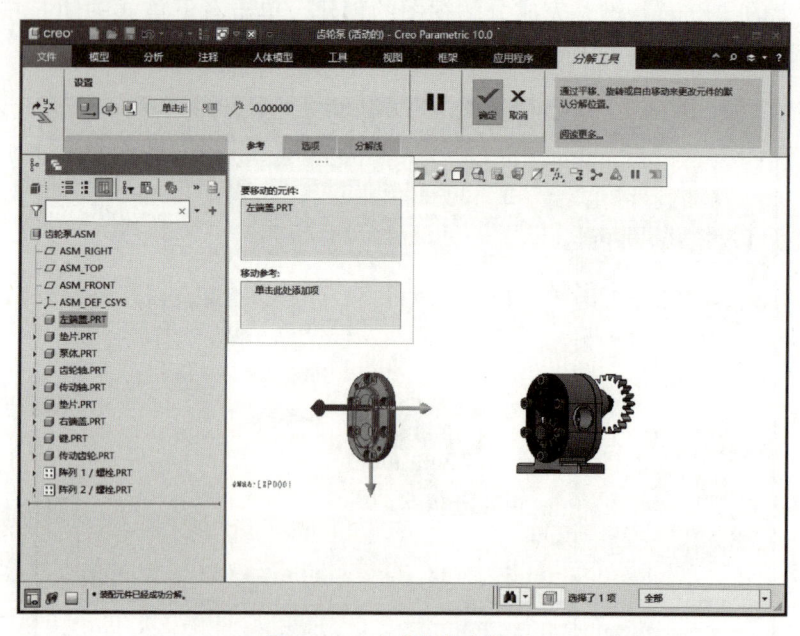

图 6-26　生成参考坐标系

依次选中六个螺栓，按住参考坐标系 Y 方向箭头，将六个螺栓同时向左移动到左端盖左侧，如图 6-27 所示。

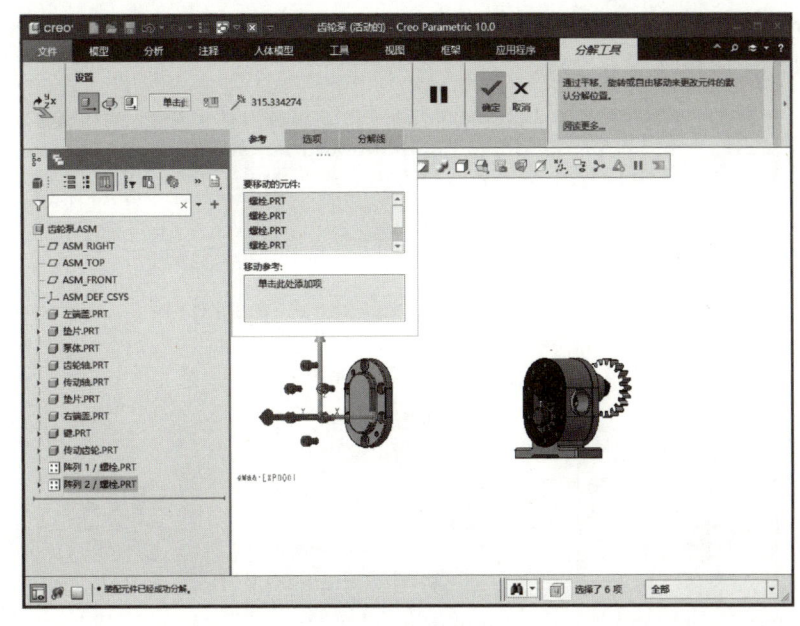

图 6-27　左移螺栓

按照同样的方法，依次完成其余元件的位置编辑，单击［确定］按钮，如图 6-28 所示。

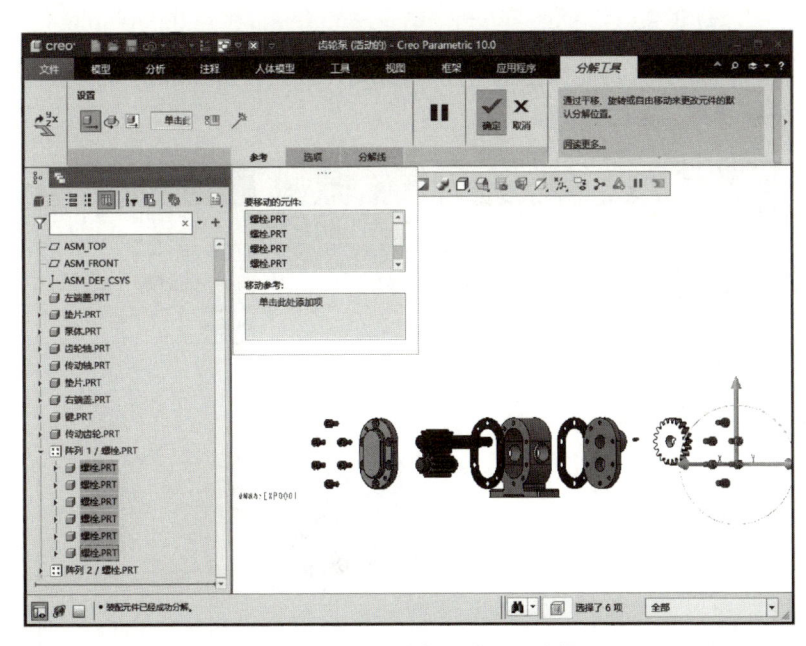

图 6-28　完成其余元件位置编辑

17. 保存分解视图

单击［模型显示］功能区［管理视图］下拉菜单中的［视图管理器］按钮，选择［分解］选项卡，在［Exp0001（+）］视图处单击鼠标右键，调出右键菜单，单击［保存］命令（图6-29）。

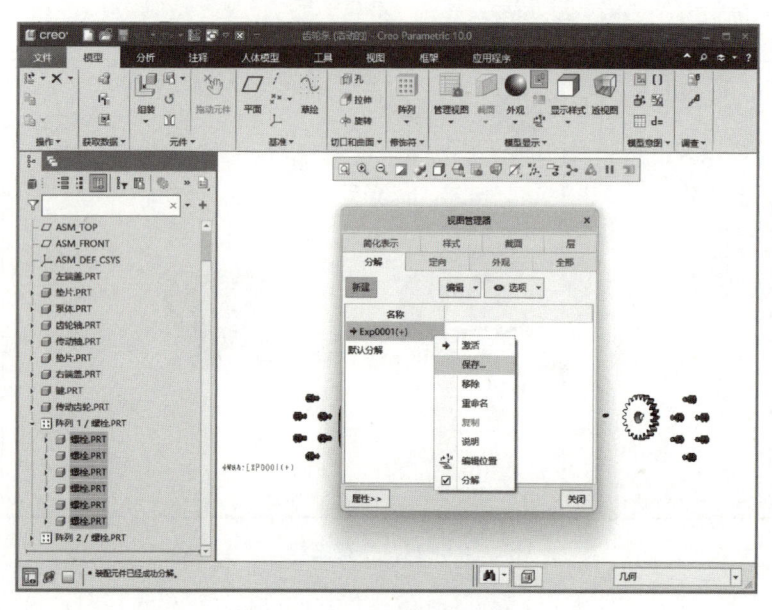

图6-29　保存分解视图

18. 取消分解状态

单击［模型显示］功能区中的［分解视图］按钮，可以取消分解状态，恢复到分解前的装配状态，如图6-30所示。

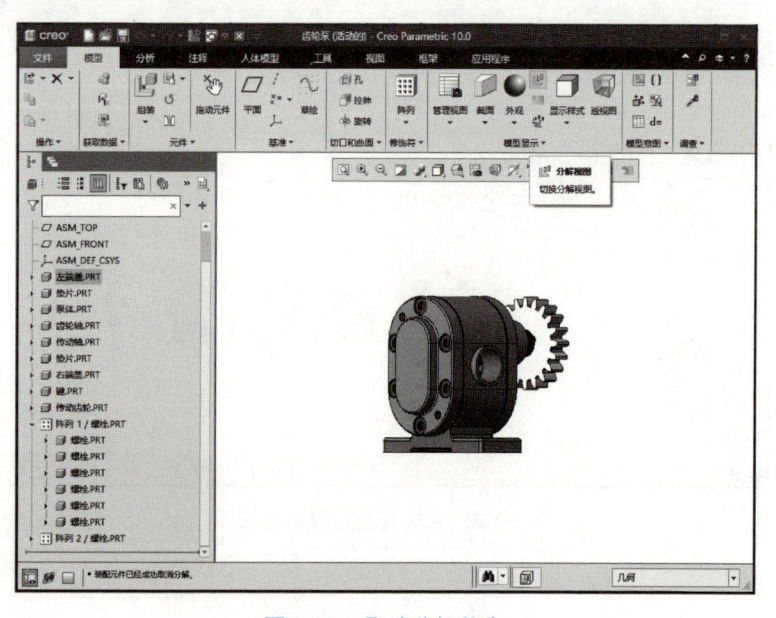

图6-30　取消分解状态

19. 保存文件

将装配文件保存在工作目录中。可使用以下三种方式调用 [保存] 工具。

①单击快速访问工具栏中的 [保存] 按钮。

②展开 [文件] 菜单，单击 [保存] 按钮。

③使用快捷键 Ctrl+S。

20. 关闭软件

单击快速访问工具栏中的 [关闭] 按钮（或使用快捷键 Ctrl+W），关闭当前文件。单击右上角的 [关闭] 按钮，关闭 Creo Parametric 10.0 程序。

任务评价

项目		项目六　装配特征	日期	年　　月　　日		
任务		任务　齿轮泵装配	组别	第　　　小组		
班级			组长		教师	
序号	评价内容		分值	学生自评	小组评价	教师评价
1	敬业精神		10			
2	团队协作能力		10			
3	正确创建装配文件		10			
4	正确装配所有元件		20			
5	正确创建分解视图		10			
6	恰当定义分解状态下的元件位置		10			
7	及时保存文件		10			
8	工作过程合理性		10			
9	学习成果展示		10			
10						
合计			100			
遇到的问题			解决方法			
心得体会						

知识链接

一、Creo 装配约束

Creo Parametric 10.0 提供了一系列的装配约束，包括重合、距离、角度偏移等。在建立装配约束时，需分别在元件和装配体中选择用于约束定位的参考。要使一个元件达到完全定位状态，往往需要定义多个装配约束（表 6-1）。

表 6-1 装配约束类型

1. 距离约束

距离约束指将元件参考项偏移至装配参考项，并通过数值限定偏移的距离。距离约束使两个参考对象互相平行，并保持指定的距离。

距离约束对象可以是元件中的平面、边线、顶点、基准平面、基准轴和基准点。

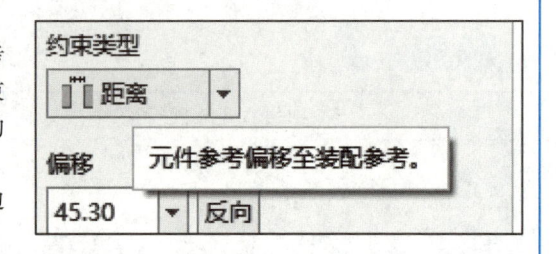

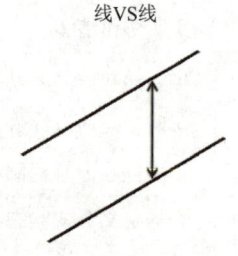

约束类型：距离
偏移：45.30 反向
元件参考偏移至装配参考。

平面VS平面　　线VS平面　　线VS线

2. 重合约束

重合约束是 Creo 装配中应用最多的约束条件，指将元件参考项与装配参考项重合。

重合约束对象可以是实体的顶点、边线、平面；也可以是具有中心轴线的旋转面，还可以是包括坐标系在内的基准特征。

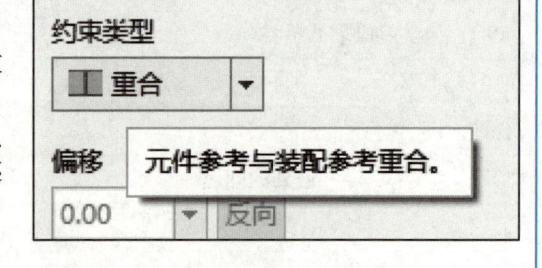

约束类型：重合
偏移：0.00 反向
元件参考与装配参考重合。

3. 角度偏移约束

角度偏移约束指元件参考项与装配参考项成一定角度。

角度偏移约束可以定义两个装配元件中平面之间的角度，也可以约束线与线、线与面之间的角度。

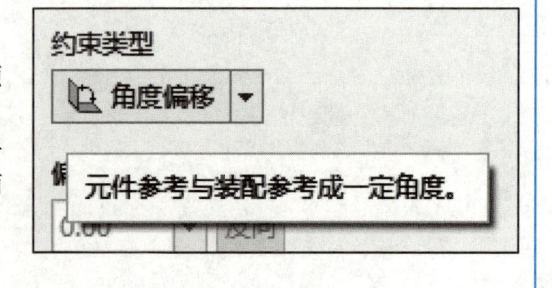

约束类型：角度偏移
元件参考与装配参考成一定角度。

平面VS平面	线VS平面	线VS线

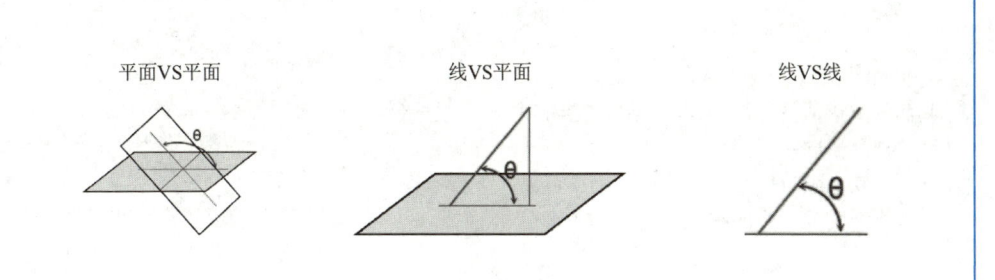

4. 平行约束

平行约束是指元件参考项定向至装配参考项。

平行约束可以定义两个装配元件中的面平行，也可以约束线与线平行或线与面平行

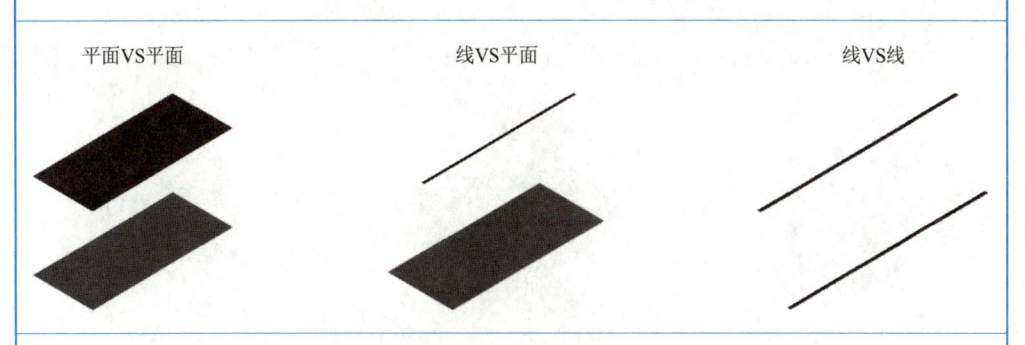

约束类型：平行
偏移：0.00　反向
元件参考定向至装配参考。

平面VS平面	线VS平面	线VS线

5. 法向约束

法向约束指的是元件参考项与装配参考项垂直。

法向约束可以定义两个装配元件中的面与面垂直、直线与直线垂直，或直线与平面垂直

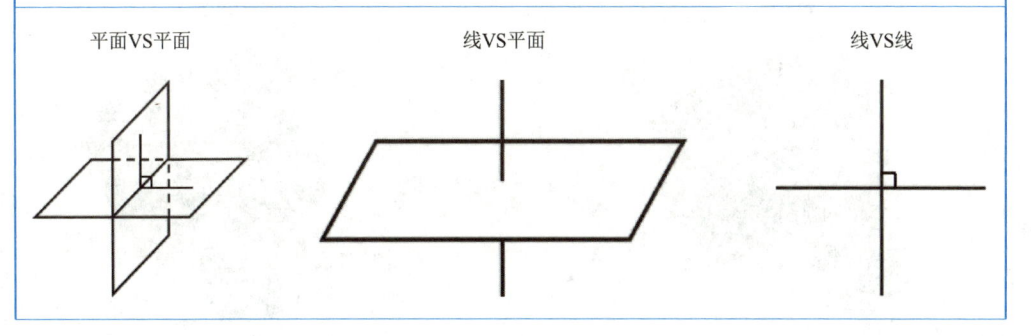

约束类型：法向
偏移：0.00　反向
元件参考与装配参考垂直。

平面VS平面	线VS平面	线VS线

项目六　装配特征　253

续表

6. 共面约束

共面约束指的是元件参考项与装配参考项共面，即处于同一平面。

共面约束对象可以是直线或基准轴，可以定义两个装配元件中的线与线处于同一平面

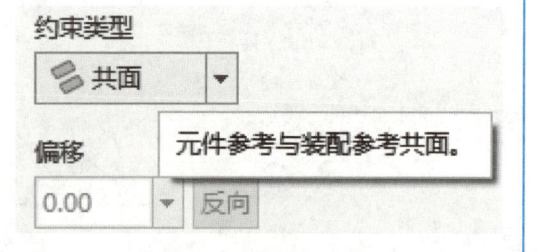

约束类型：共面
偏移：0.00
元件参考与装配参考共面。

7. 居中约束

居中约束是指元件参考项与装配参考项同心。

居中约束可以应用在坐标系与坐标系之间，也可以应用在回转面与回转面之间。应用在不同的对象中，对自由度的限制不同

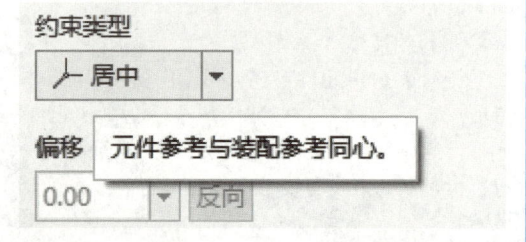

约束类型：居中
偏移：0.00
元件参考与装配参考同心。

坐标系VS坐标系 　　圆柱面VS圆柱面 　　圆锥面VS圆锥面

8. 相切约束

相切约束是指元件参考项与装配参考项相切。

相切约束可以应用在平面与曲面之间，也可以应用在曲面与曲面之间

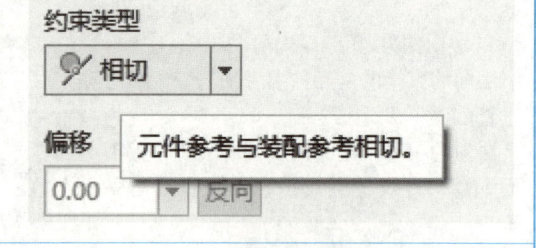

约束类型：相切
偏移：0.00
元件参考与装配参考相切。

平面VS曲面 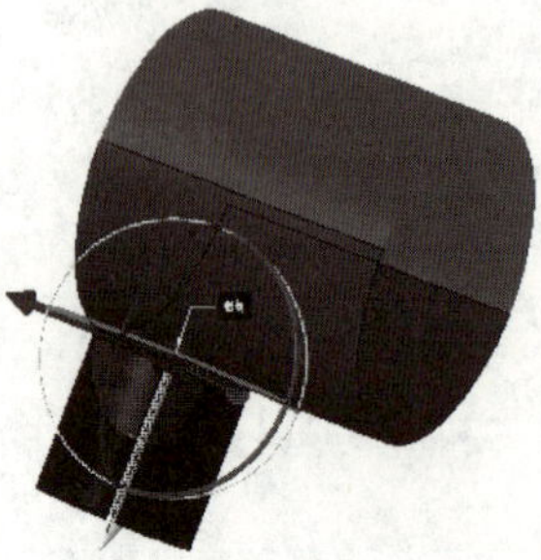　　曲面VS曲面

| 距离约束 | 重合约束 | 角度偏移约束 | 平行约束 |

| 法向约束 | 共面约束 | 居中约束 | 相切约束 |

二、Creo 装配编辑

Creo Parametric 10.0 提供了元件重复、元件阵列和元件修改等装配编辑方式，从而达到简化装配过程、优化装配结果的目的，如表 6-2 所示。

表 6-2　装配编辑方式

1. 元件重复

元件重复是指对相同结构的元件进行多次装配，并在装配过程中使用相同类型的约束，即对该元件进行重复的装配定位。

元件重复操作要点如下。

1）选中要重复的元件，右键单击，在菜单中选择重复，见右图①处。

2）在［元件］收集器中可以选择需重复装配的元件，见右图②处。

3）在列表框中列出了需要重复装配元件与组件的所有参照对象。重复装配时，只需在该列表框中选择新元件放置时需要更改的装配参考项，见右图③处。

4）单击［添加］，并定义新元件的约束方式。由于在重复装配过程中，约束类型和元件上的约束参考都已确定，只需定义新元件中的可变约束参考即可，见右图④处。

元件重复

项目六　装配特征　　255

2. 元件阵列

元件阵列是指通过重复复制，改变某一个（或一组）特征的指定尺寸，根据设定的变化规律和数量，自动生成一系列具有参数相关性的特征（组）。

元件阵列操作要点如下。

1) 在［模型树］中选中要进行阵列的元件，即阵列引导，见右图①处。

2) 单击［修饰符］功能区中的"阵列"命令，见右图②处。

3) 在弹出的［阵列］操作面板中，选择合适的阵列类型，并设置相应的集类型，见右图③处

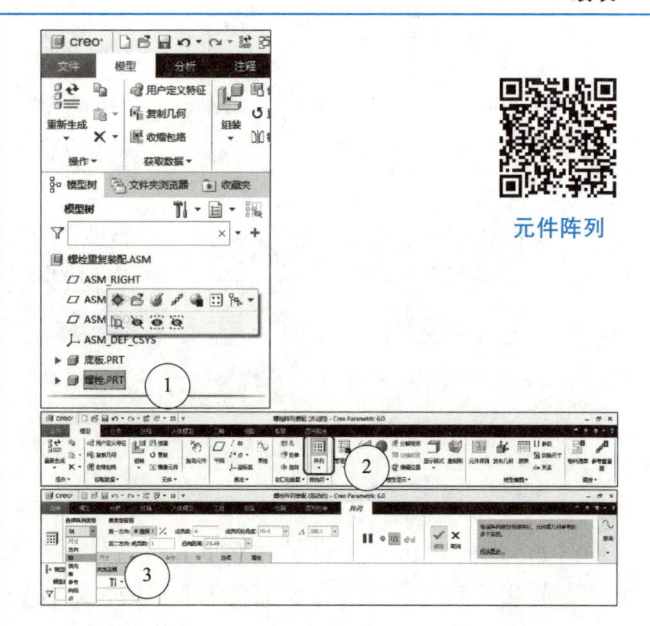

元件阵列

3. 元件修改

元件装配至装配体中后，可以对元件进行结构特征修改、约束条件修改和元件替换等操作。这些操作命令一般在［模型树］中获取

（1）修改元件结构特征

1) 在［模型树］中选中要修改的元件，在自动弹出的快捷菜单中单击［打开］命令，见右图①处。

2) 在打开的零件窗口中进行相应的结构修改，见右图②处

元件修改

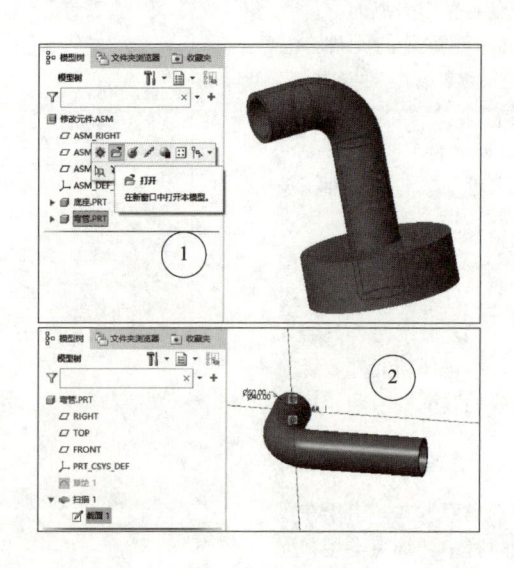

256 ■ Creo 三维设计项目教程

续表

（2）修改元件约束条件

1）在［模型树］中选中要修改的元件，在自动弹出的快捷菜单中单击［编辑定义］命令，见右图①处。

2）在弹出的元件装配环境中进行约束条件的修改，见右图②处

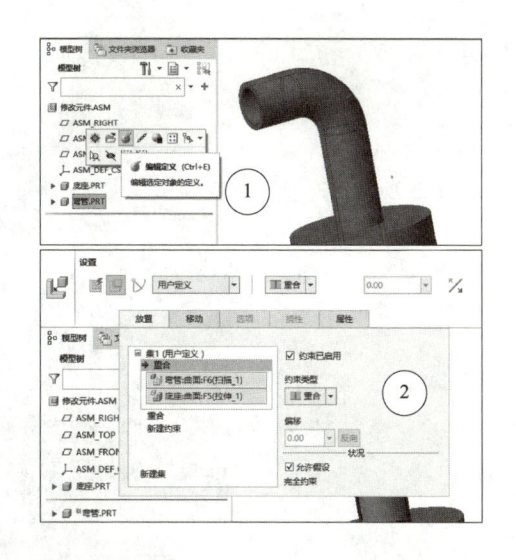

（3）元件替换

1）在［模型树］中选中要替换的元件，单击鼠标右键，在右键菜单中单击［替换选定元件］命令，见右图①处。

2）在弹出的［替换］选项卡中，选择合适的替换类型，见右图②处。

3）单击［替换］选项卡中［选择新元件］区域的［打开］按钮，见右图③处。

4）在弹出的打开对话框中，选择要替换的新元件，见右图④处。

5）在新元件的装配环境下，定义新元件的约束条件，见右图⑤处

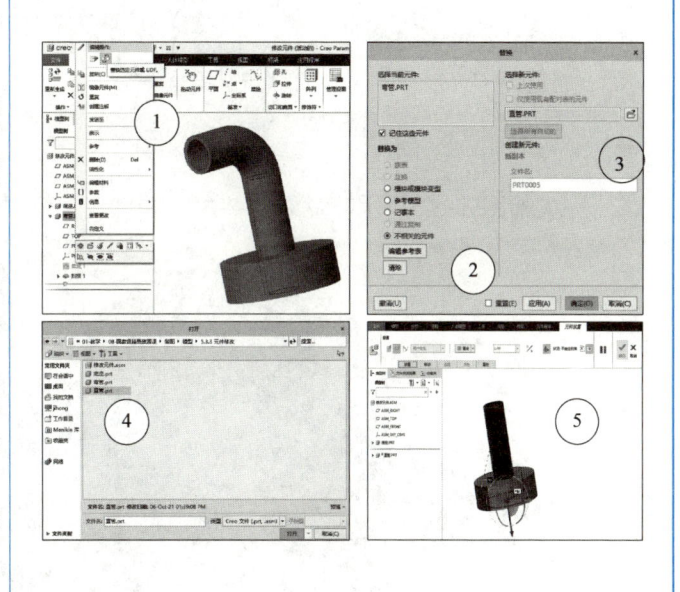

拓展任务

1. 完成如图 6-31 所示压力机的装配，并创建分解视图。

项目六 装配特征 257

图 6-31　压力机

2. 完成如图 6-32 所示叶片泵的装配，并创建分解视图。

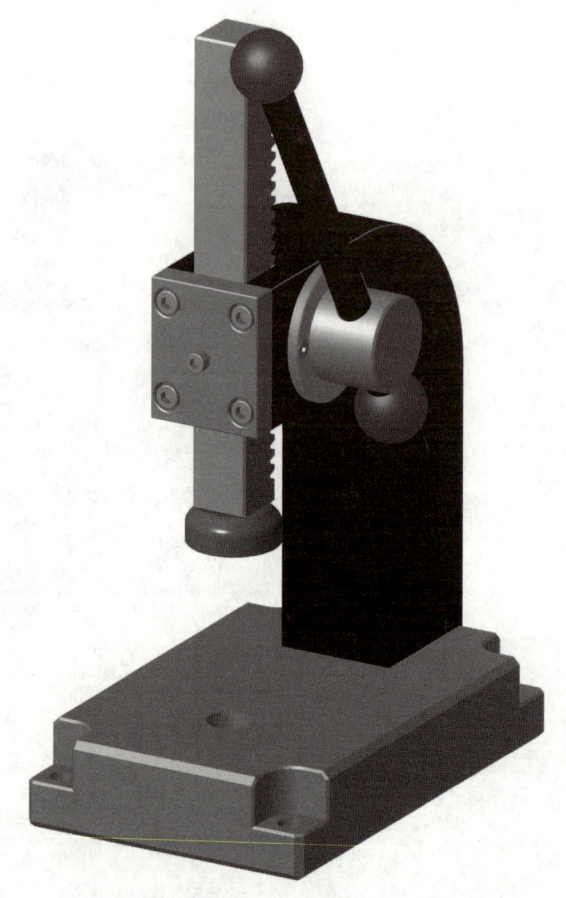

图 6-32　叶片泵

项目七　创建工程图

项目描述

工程图是工程师沟通的桥梁，是设计意图的表现方式。本项目将讲述 Creo Parametric 10.0 提供的工程图模块，帮助设计者完成三维模型到二维图纸的工作。工程图与模型双向关联，改变模型的特征，工程图的尺寸或形状也会发生相应变化；同样地，改变工程图中的尺寸值，对应模型特征也将随之更新。

项目目标

1. 掌握工程图环境的设置方法。
2. 掌握创建工程图纸模板的操作。
3. 掌握模型视图的创建方法。
4. 了解工程图模块的各类工具。
5. 能根据模型生成符合国家标准的图纸。
6. 增强学生规范意识、质量意识、守法意识。

机械制图国家标准

任务一　创建 A4 图纸

任务下达

创建如图 7-1 所示的 A4 图纸模板文件，要求符合国家制图标准，标题栏如图 7-2 所示。文件保存在路径"D:\Creo 实体建模\项目七"下，文件名为"A4 图纸.frm"。

创建 A4 图纸格式

图 7-1　A4 图纸模板文件

图 7-2　图纸标题栏

任务解析

创建 A4 图纸模板的基本步骤如下。
1. 设置工作目录，新建格式文件。
2. 绘制图纸边框。
3. 添加标题栏表格，填写表格模板。
4. 保存图纸格式文件。

任务实施

1. 准备工作环境

启动 Creo Parametric 10.0，选择"D:\Creo 实体建模\项目七"路径作为工作目录。单击[新建]工具，新建文件类型选择[格式]，输入文件名"A4 图纸"，单击[确定]按钮（图7-3）。

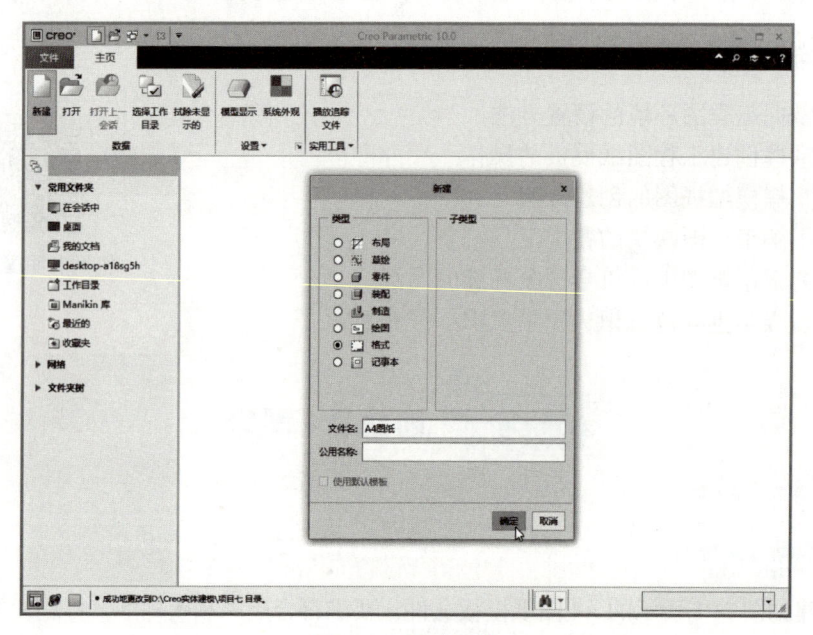

图 7-3 新建文件

软件弹出[新格式]对话框，选择模板为[空]，方向[横向]，大小选择标准大小的[A4]，单击[确定]按钮（图7-4）。

单击[文件]菜单，单击[准备]菜单下的[绘图属性]，如图7-5所示。

图 7-4　新格式对话框

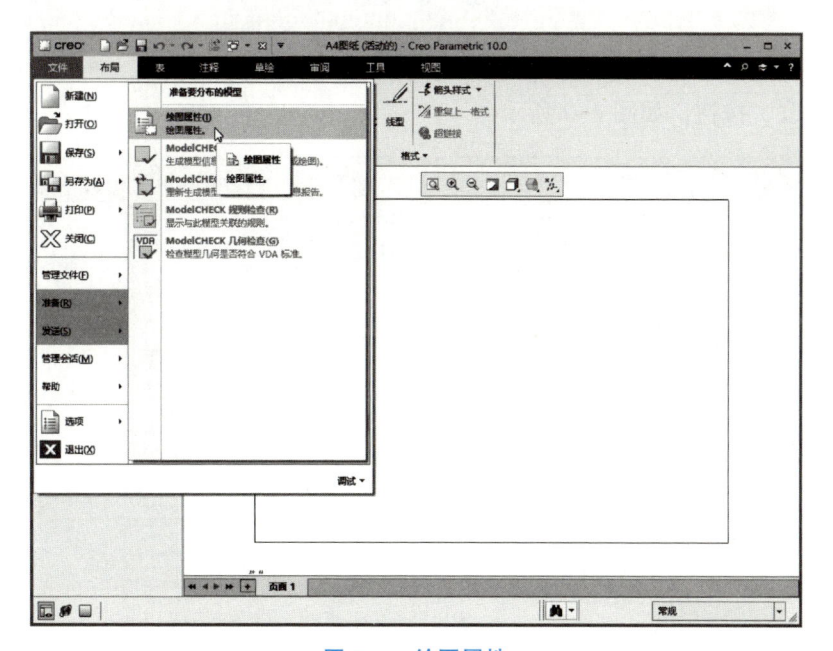

图 7-5　绘图属性

项目七　创建工程图　261

单击［细节选项］右侧的［更改］，如图 7-6 所示。

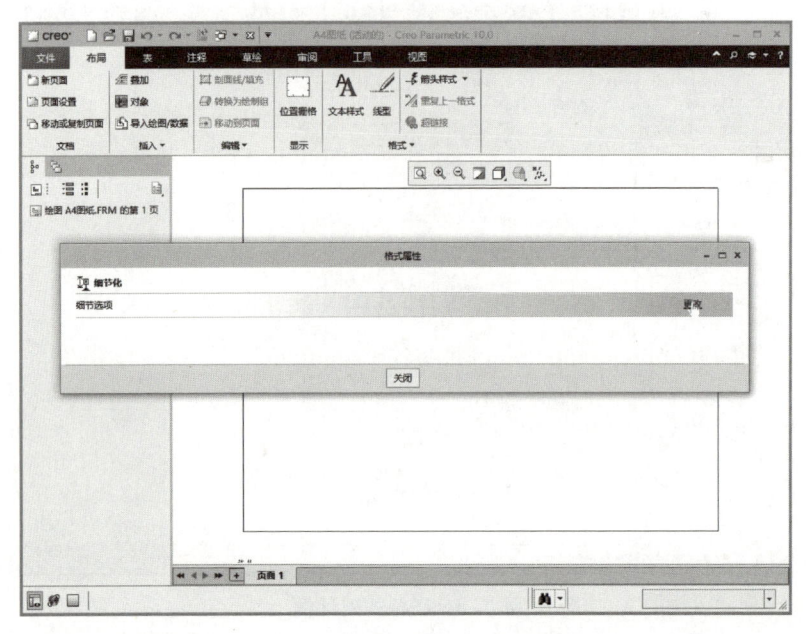

图 7-6　更改

选择［text_height］选项，在下方的文本框中将该选项的值改为 5，单击右侧的［添加/更改］按钮，如图 7-7 所示。

图 7-7　更改选项值为 5

用同样的方法将［drawing_units］选项的值改为 mm，如图 7-8 所示。

图 7-8　更改选项值为 mm

2. 创建图纸边框

单击［草绘］选项卡中的［偏移边］工具，如图 7-9 所示。

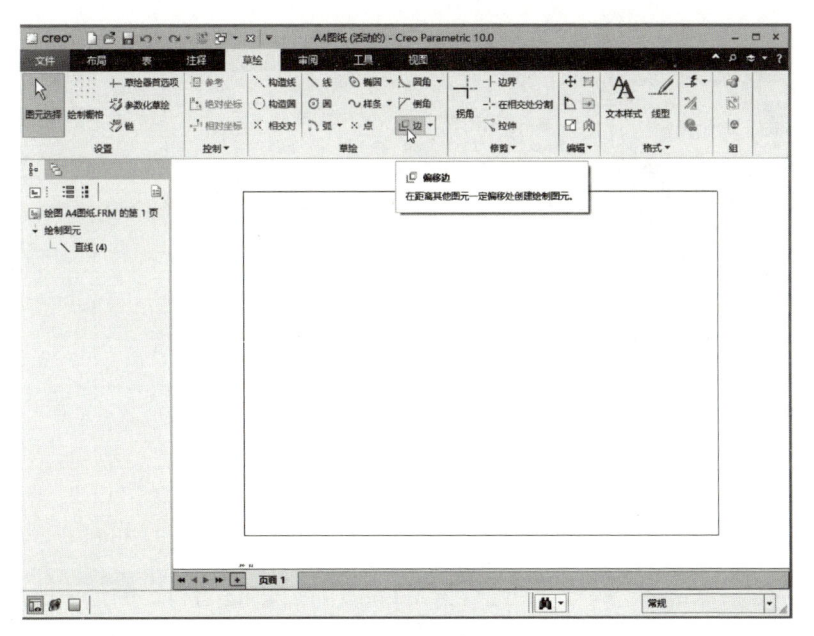

图 7-9　偏移边工具

选择图纸的四条边界，向内侧偏移 10 mm 形成图纸边框，如图 7-10 所示。

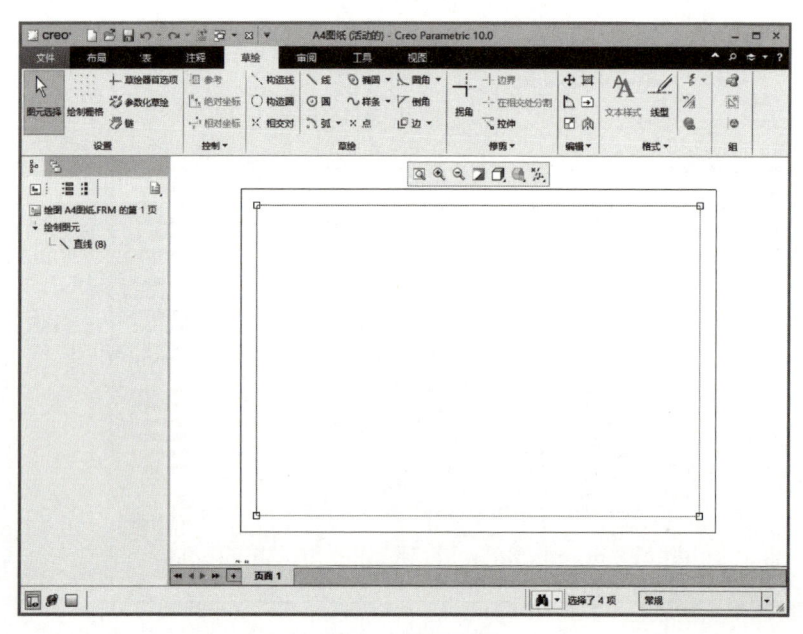

图 7-10　图纸边框

3. 创建标题栏表格

单击［表］选项卡中的［表］工具，选择［插入表］，如图 7-11 所示。

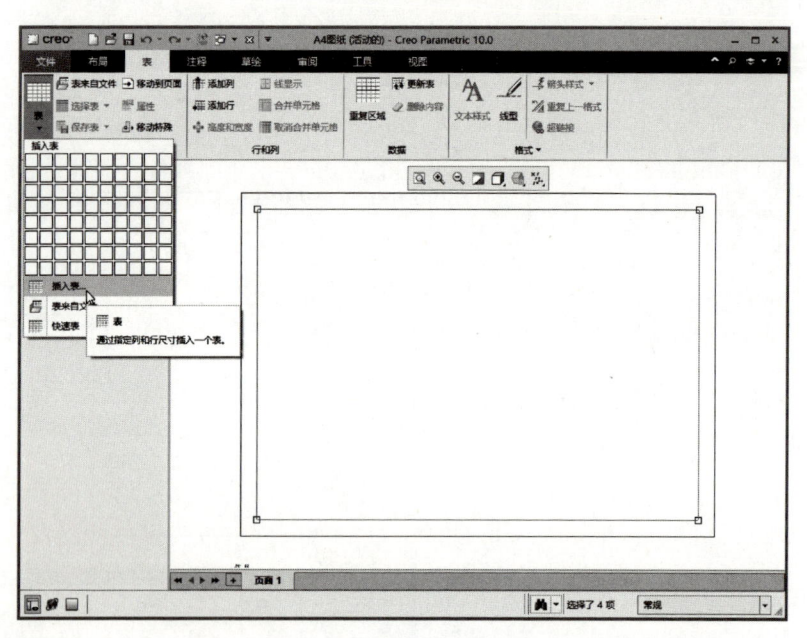

图 7-11　创建标题栏表格

［方向］设置为从右下至左上，［列数］为 6，［行数］为 5，取消勾选［自动高度调节］前方的复选框，设置行高度为 7，列宽度为 12，单击［确定］按钮，如

264　■　Creo 三维设计项目教程

图 7-12 所示。

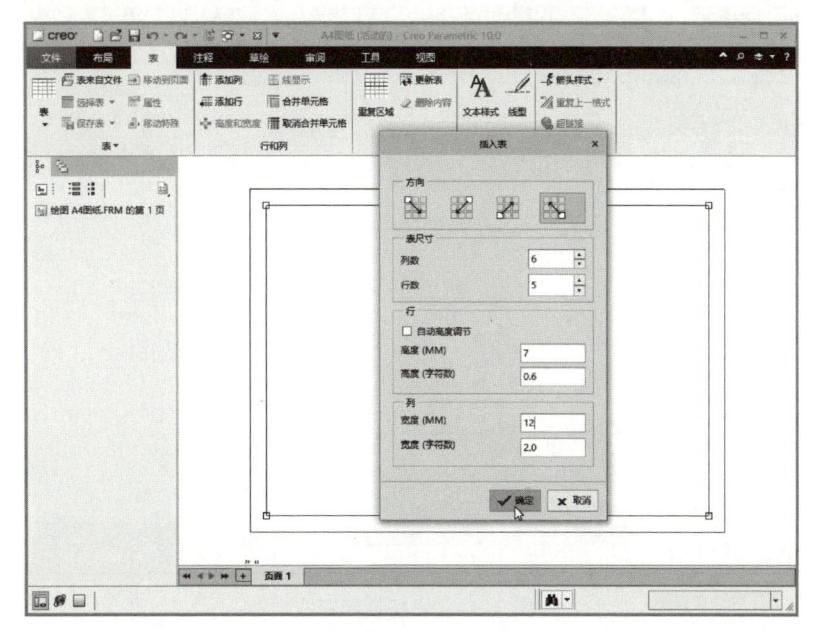

图 7-12 设置插入表

软件弹出［选择点］对话框，单击［选择顶点］，如图 7-13 所示。

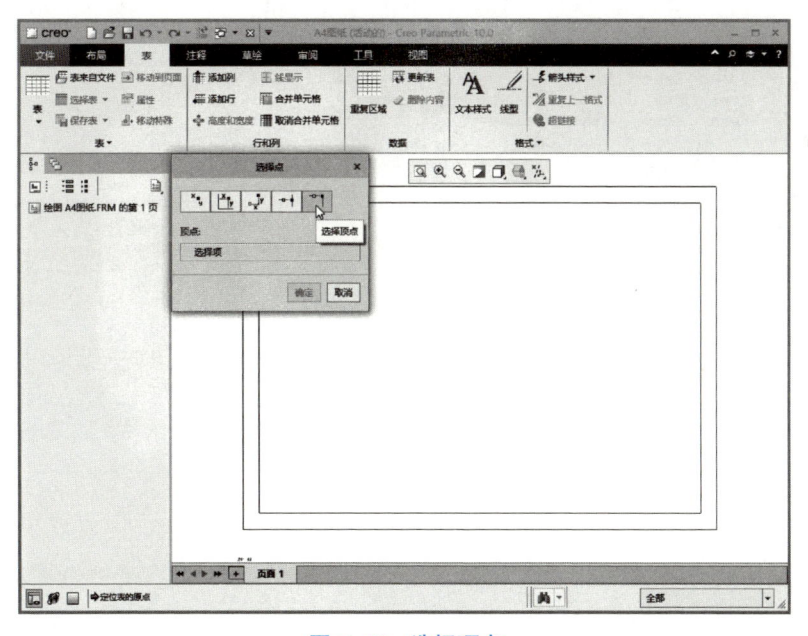

图 7-13 选择顶点

选择右侧边框与下侧边框形成的顶点，单击［确定］按钮完成表格的创建，如图 7-14 所示。

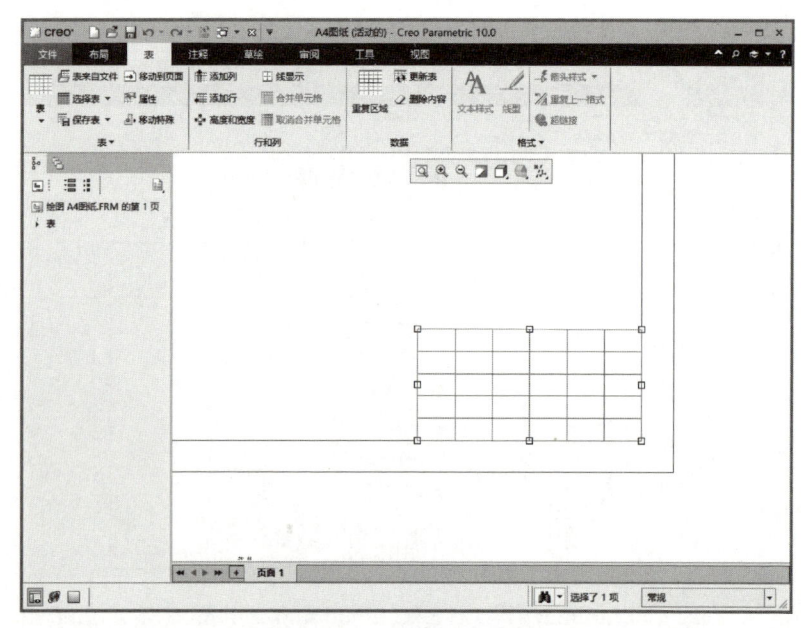

图 7-14 表格创建完成

框选第二列所有的单元格，长按鼠标右键，在弹出的快捷菜单中单击［宽度］，如图 7-15 所示。

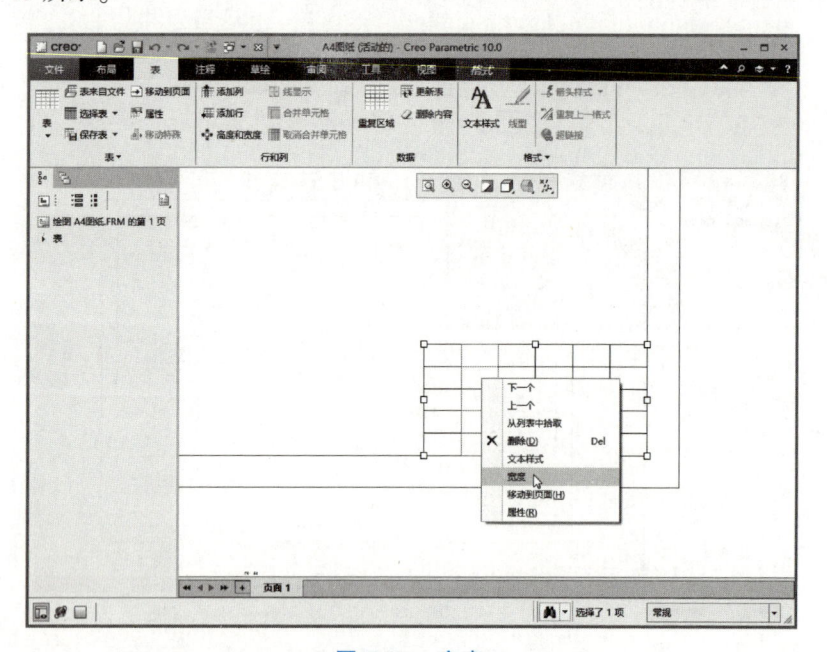

图 7-15 宽度

将［宽度］设置为 28，单击［确定］按钮，如图 7-16 所示。

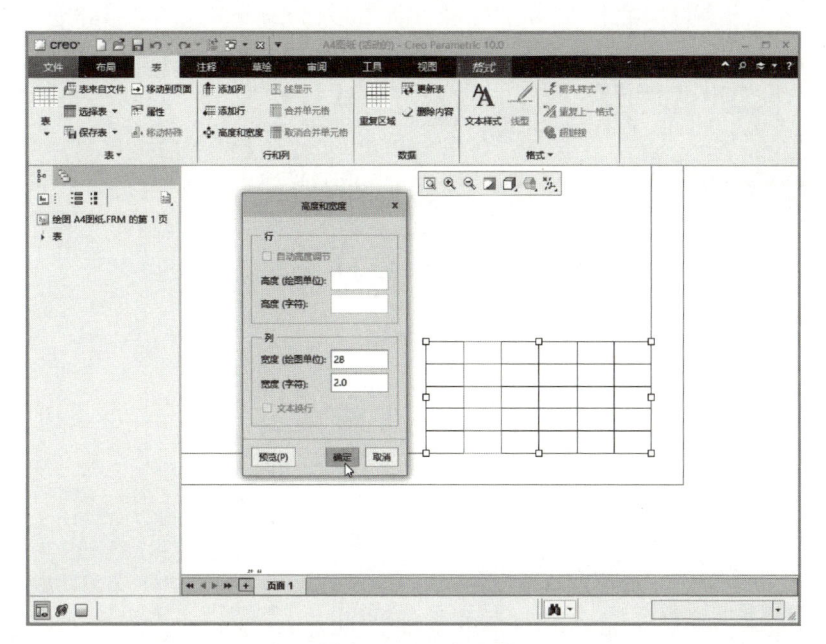

图 7-16　宽度设置

用同样的方法将第四列、第六列的列宽设置为 28，如图 7-17 所示。

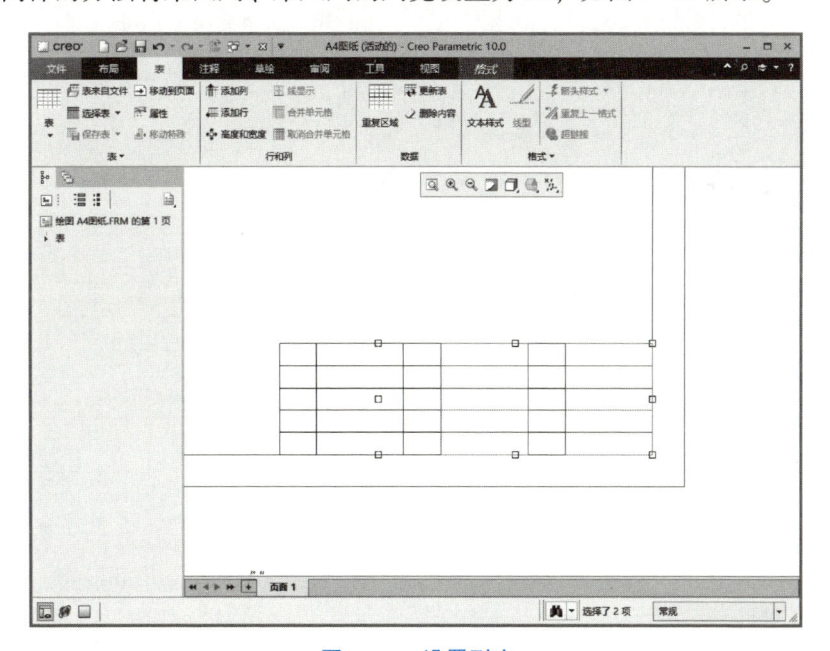

图 7-17　设置列宽

框选如图所示的八个单元格，单击 [表] 选项卡中的 [合并单元格] 工具，如图 7-18 所示。

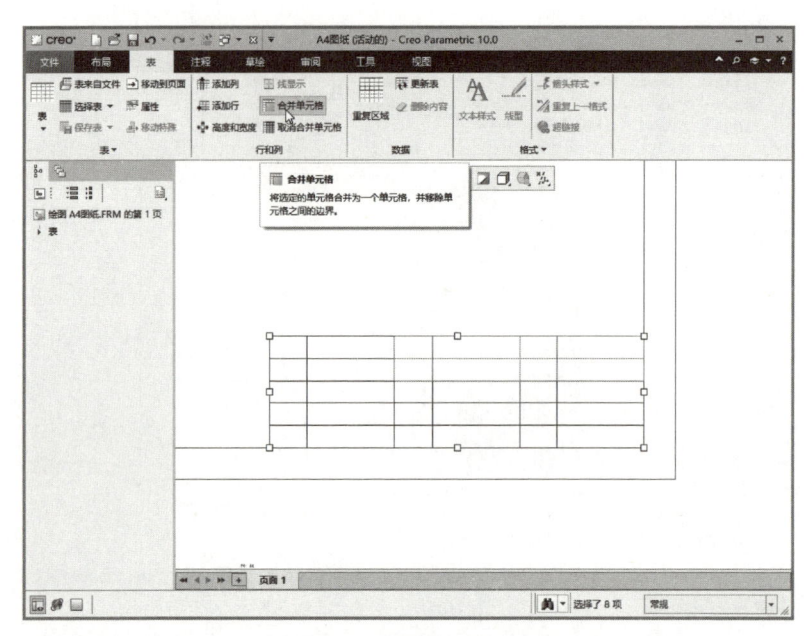

图 7-18 合并单元格工具

将选定的单元格被合并为一个单元格（图 7-19）。

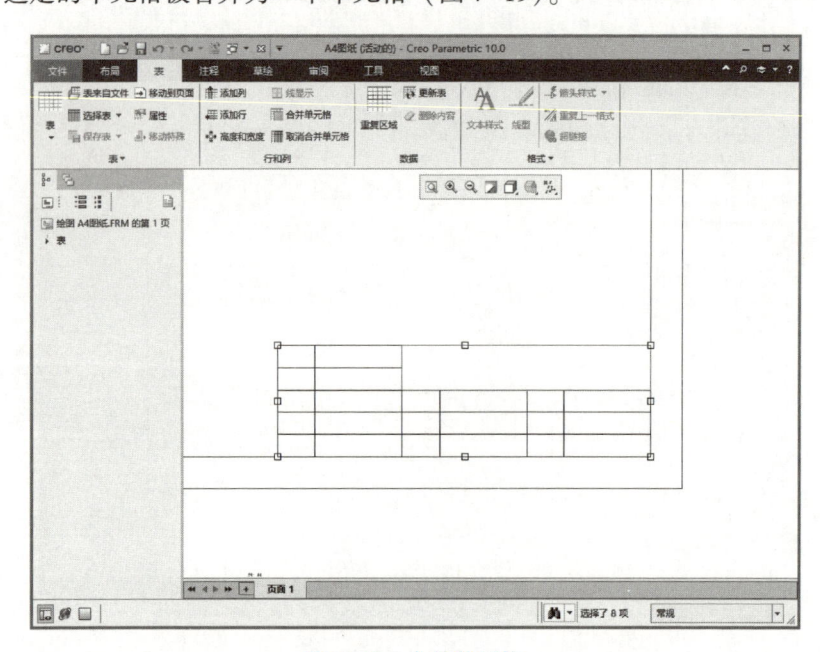

图 7-19 合并单元格

用同样的方法合并如图所示的两处单元格，如图 7-20 所示。

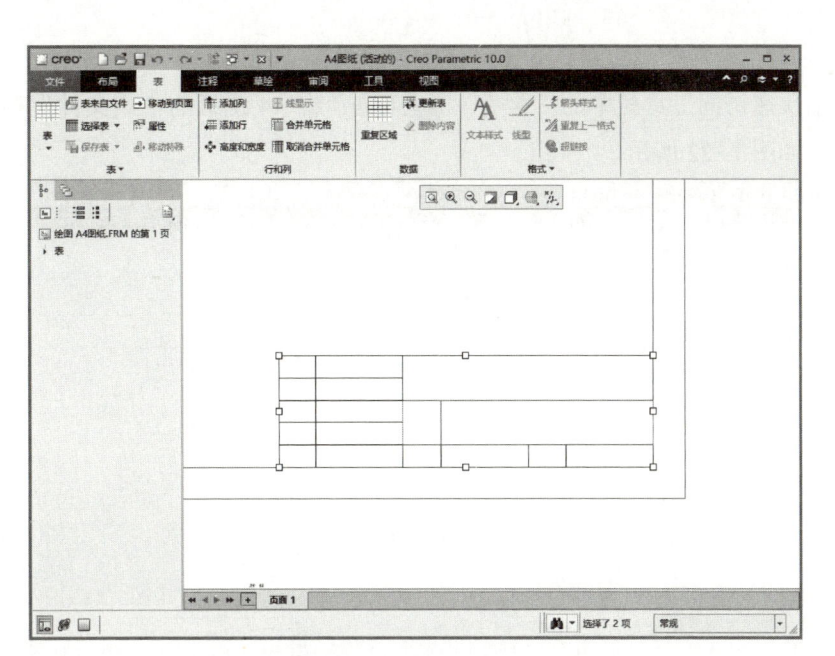

图 7-20　合并两处单元格

双击第一行、第一列的单元格，在［格式］选项卡中将文字高度改为 5，在该单元格中输入"比例"。将该单元格的文本对齐方式改为水平方向居中≡，竖直方向中间对齐≡。用同样的方法，填写标题栏表格模板的其他单元格，如图 7-21 所示。

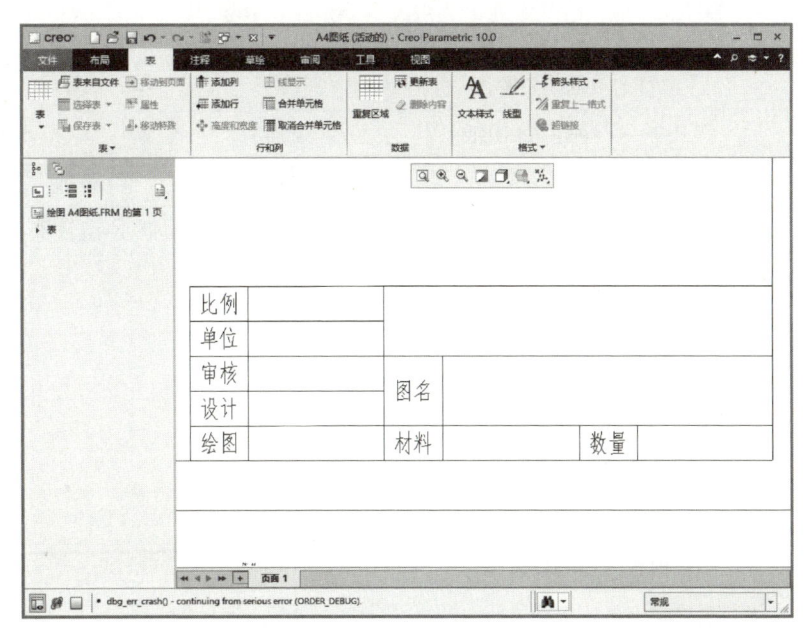

图 7-21　填写标题栏表格

项目七　创建工程图　269

4. 保存格式文件

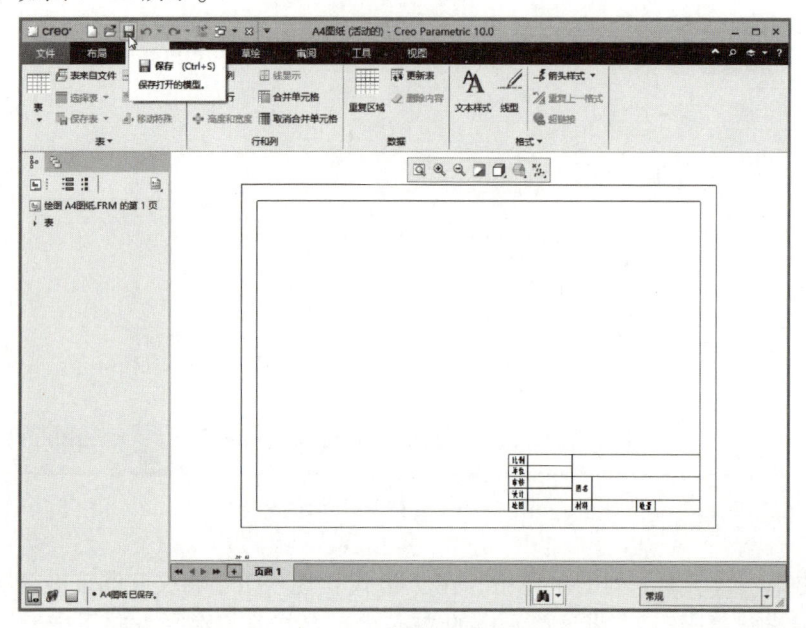

单击快速访问工具栏中的［保存］工具，将 A4 图纸的格式文件保存在工作目录下，如图 7-22 所示。

图 7-22　保存格式文件

任务评价

项目	项目七　创建工程图		日期	年　　月　　日		
任务	任务一　创建 A4 图纸		组别	第　　　小组		
班级			组长	教师		
序号	评价内容		分值	学生自评	小组评价	教师评价
1	敬业精神		10			
2	正确地选择工作目录		10			
3	正确地设置文件名、文件类型		10			
4	选择正确的图幅大小和方向		10			
5	图纸边框完整准确		20			
6	标题栏表格行高、列宽正确		10			
7	标题栏表格模板内容填写完整		10			
8	标题栏表格文字格式正确		10			
9	及时保存文件		10			
10						
合计			100			

续表

遇到的问题	解决方法
心得体会	

任务二　创建阀体零件图

任务下达

为项目三中的"阀体.prt"模型创建如图 7-23 所示的零件图。要求文件保存在路径"D:\Creo 实体建模\项目七"下，文件名为"阀体.drw"。

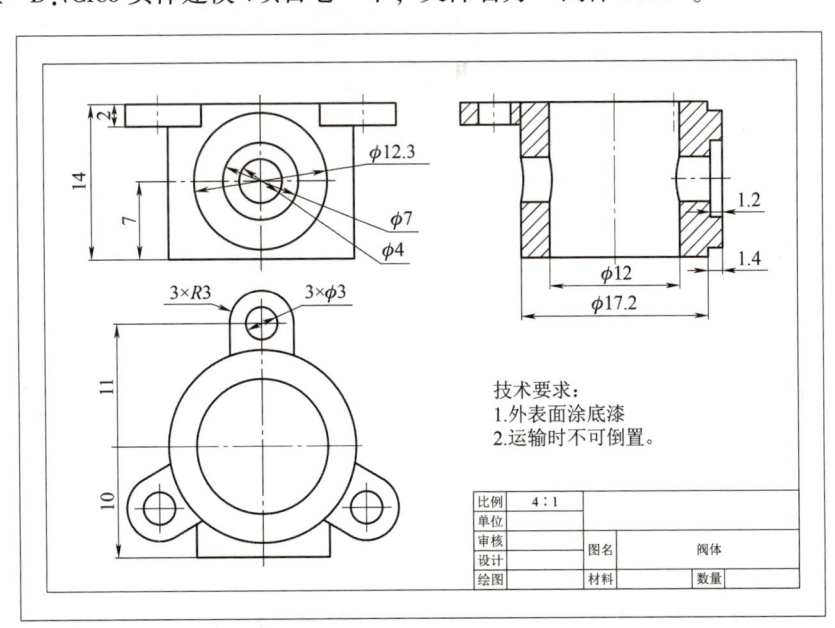

图 7-23　阀体零件图

任务解析

创建该阀体零件图的基本步骤如下。
1. 设置工作目录，选取绘图格式，新建绘图文件。
2. 使用绘图视图工具生成阀体的主视图。
3. 使用投影视图工具生成阀体的俯视图、左视图。
4. 调整视图的比例、显示样式，使其符合制图国家标准。
5. 显示尺寸基准，标注尺寸。
6. 使用注释工具书写零件图的技术要求。
7. 填写标题栏表格。
8. 保存文件。

创建阀体零件图

任务实施

1. 准备工作环境

启动 Creo Parametric 10.0，选择"D:\Creo 实体建模\项目七"路径作为工作目录。单击[新建]工具，新建文件类型选择[绘图]，取消勾选[使用默认模板]前方的复选框，勾选[使用绘图模型文件名]前方的复选框，单击[确定]按钮，如图 7-24 所示。

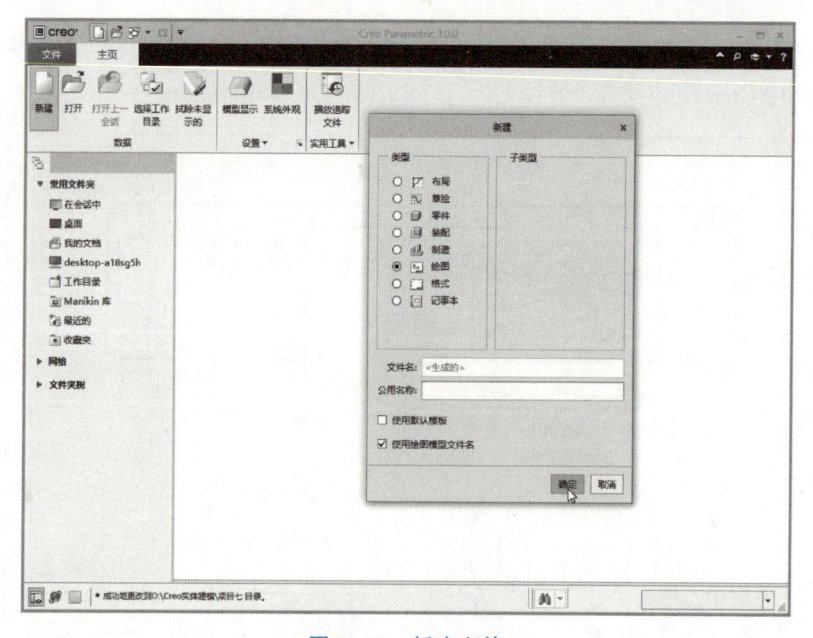

图 7-24　新建文件

选择默认模型为"D:\Creo 实体建模\项目七\阀体.prt"，在[指定模板]选项中选择[格式为空]，将格式选择为"D:\Creo 实体建模\项目七\a4 图纸.frm"，如图 7-25 所示。创建该图纸格式的方法参阅项目七—任务一—任务实施。

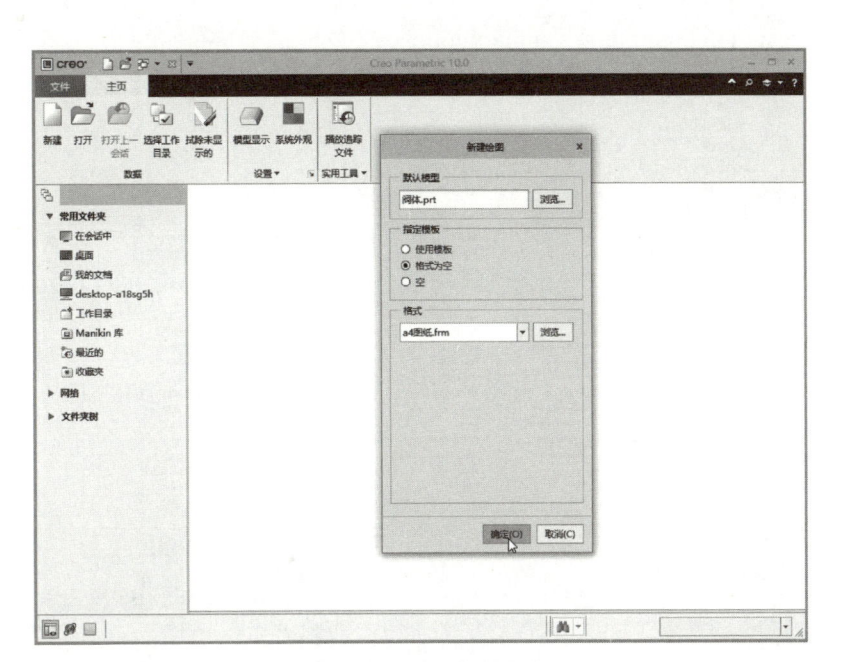

图 7-25 创建图纸格式

单击［文件］菜单，单击［准备］菜单下的［绘图属性］。单击［细节选项］右侧的［更改］，如图 7-26 所示。

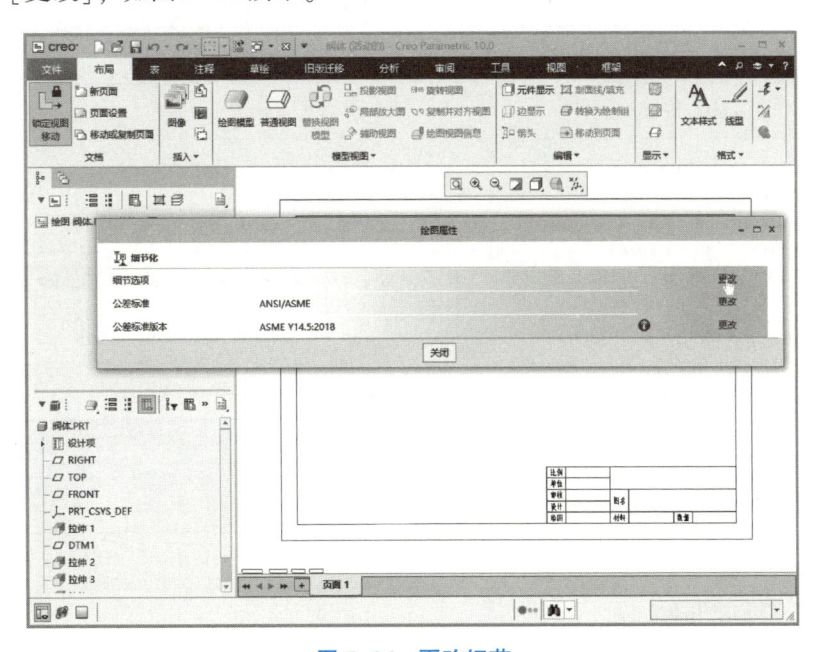

图 7-26 更改细节

选择［text_height］选项，在下方的文本框中将该选项的值改为 5，单击右侧的［添加/更改］按钮，如图 7-27 所示。

项目七 创建工程图 ■ 273

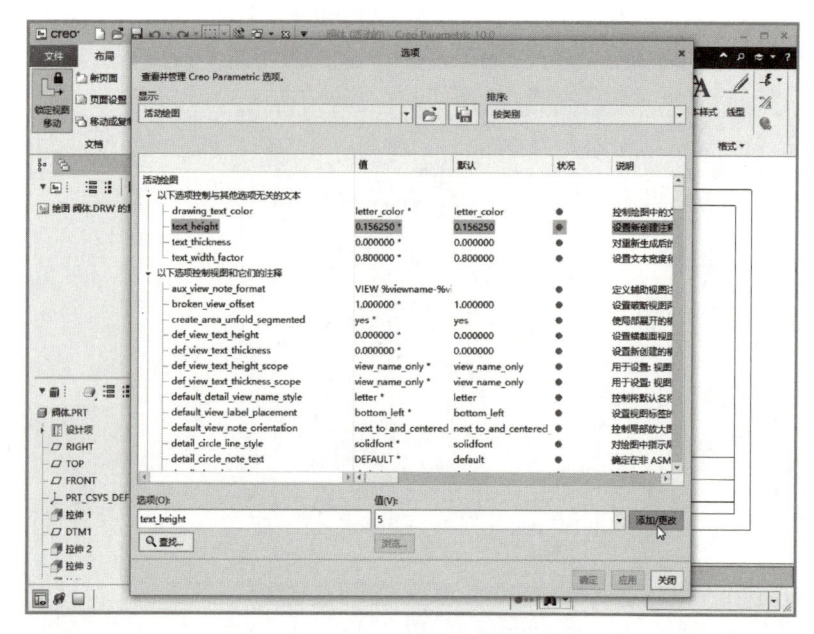

图 7-27　text_height 的添加/更改

同理，将以下选项按照给出的值更改（表7-1）。

表 7-1　选项更改值

选项	更改后的值
text_height	5
projection_type	first_angle
default_diadim_text_orientation	above_extended_elbow
default_lindim_text_orientation	parallel_to_and_above_leader
default_raddim_text_orientation	above_extended_elbow
dim_leader_length	1
witness_line_delta	1
draw_arrow_length	5
draw_arrow_width	1
axis_line_offset	3
circle_axis_offset	3
drawing_units	mm

单击［确定］按钮。随后单击［关闭］按钮，完成绘图属性的配置，如图 7-28 所示。

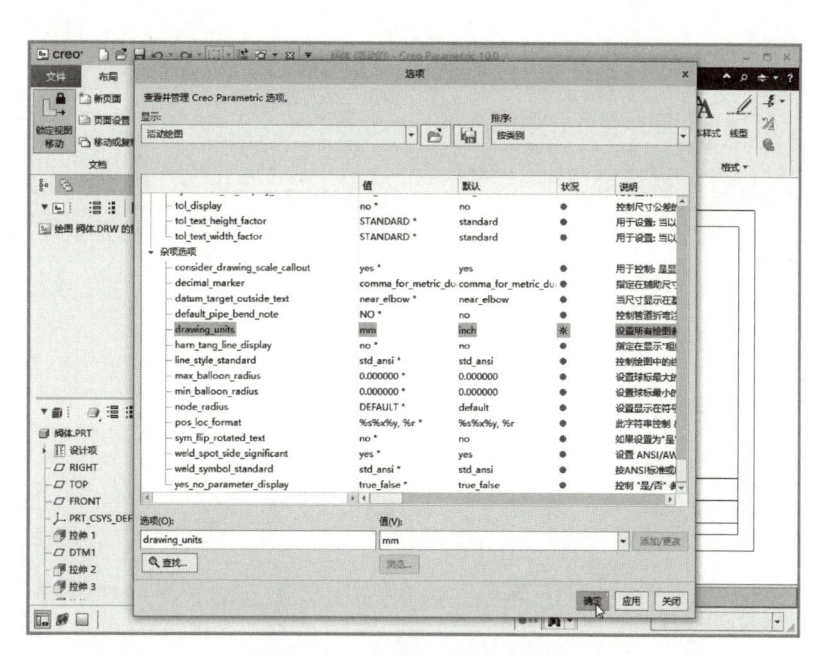

图 7-28　完成绘图属性的配置

2. 创建普通视图

单击［布局］选项卡中的［普通视图］按钮。软件弹出［选择组合状态］对话框。选择［无组合状态］，单击［确定］，如图 7-29 所示。

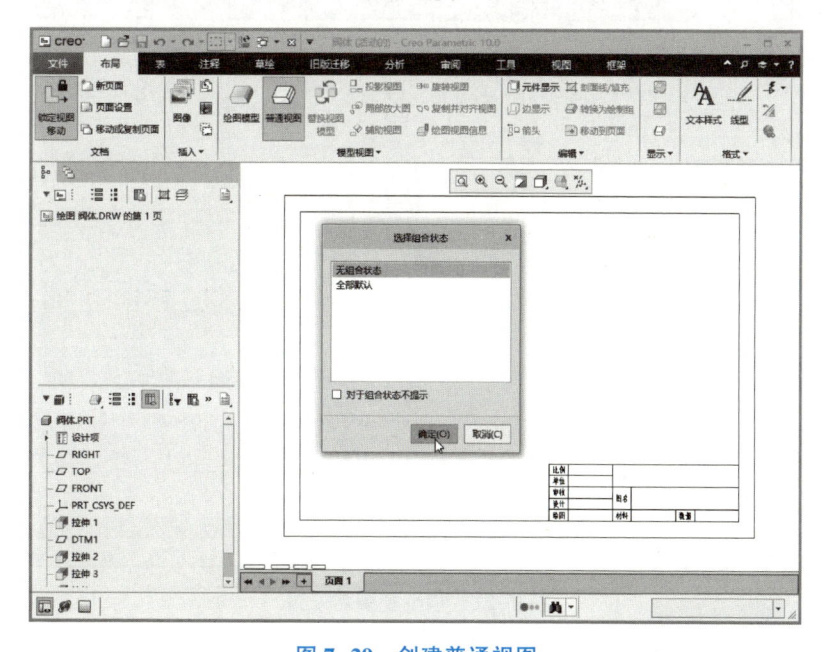

图 7-29　创建普通视图

将鼠标指针移动至适当的位置作为绘图视图的中心点，单击鼠标左键，如图 7-30 所示。

项目七　创建工程图　275

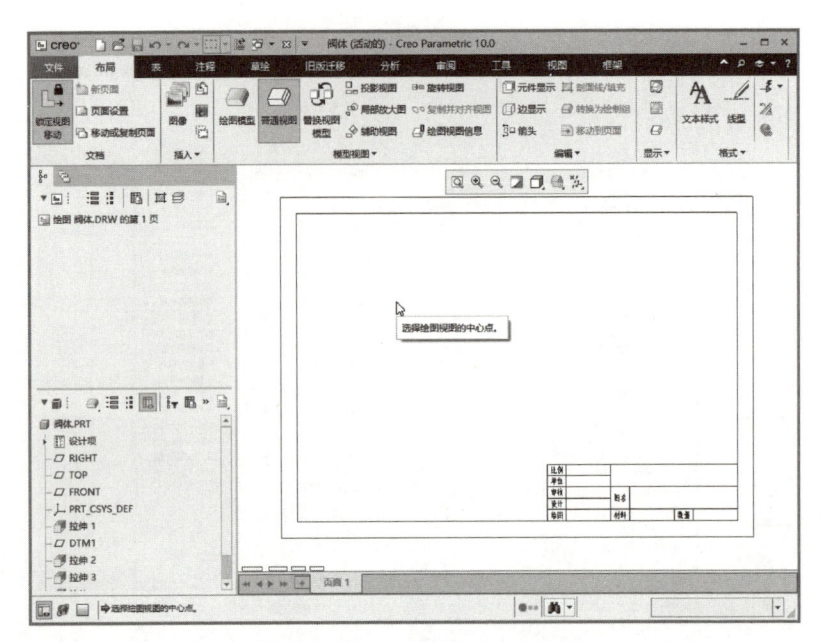

图 7-30　选择绘图视图的中心点

软件弹出［绘图视图］对话框。在［视图类型］选项类别中将［模型视图名］选项设置为［FRONT］，单击［应用］按钮，如图 7-31 所示。

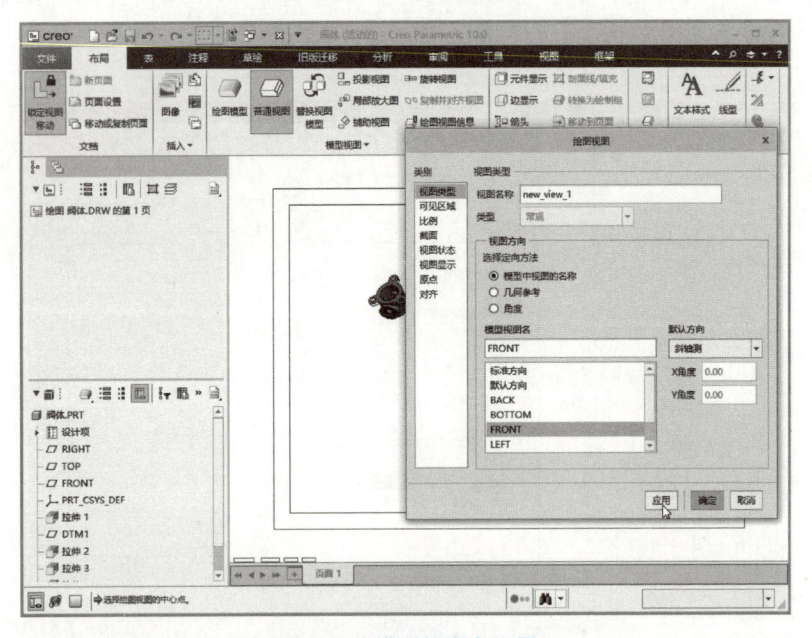

图 7-31　模型视图名设置

单击选项类别中的［比例］，选择［自定义比例］，输入"4"，单击［应用］按钮，如图 7-32 所示。

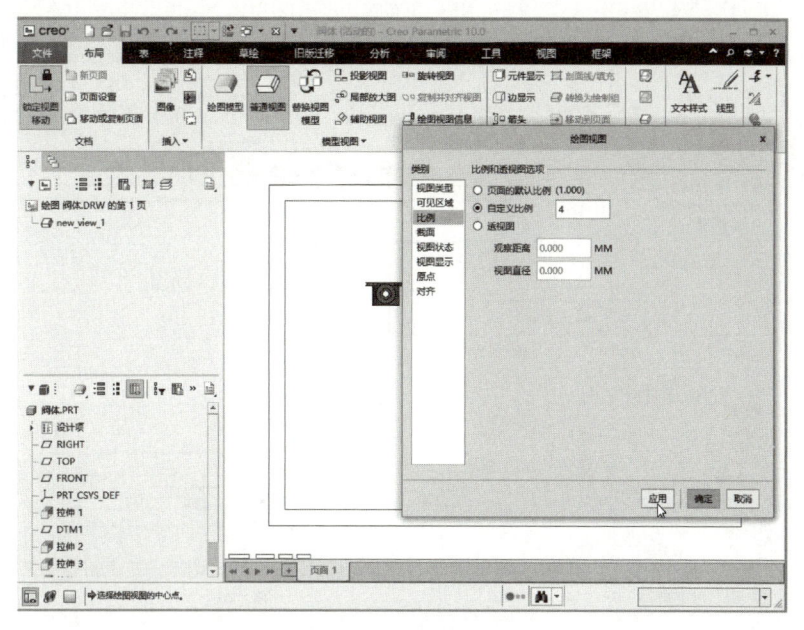

图 7-32　设置比例

单击选项类别中的［视图显示］，将［显示样式］设置为［消隐］，将［相切边显示样式］设置为［无］。单击［确定］按钮，如图 7-33 所示。

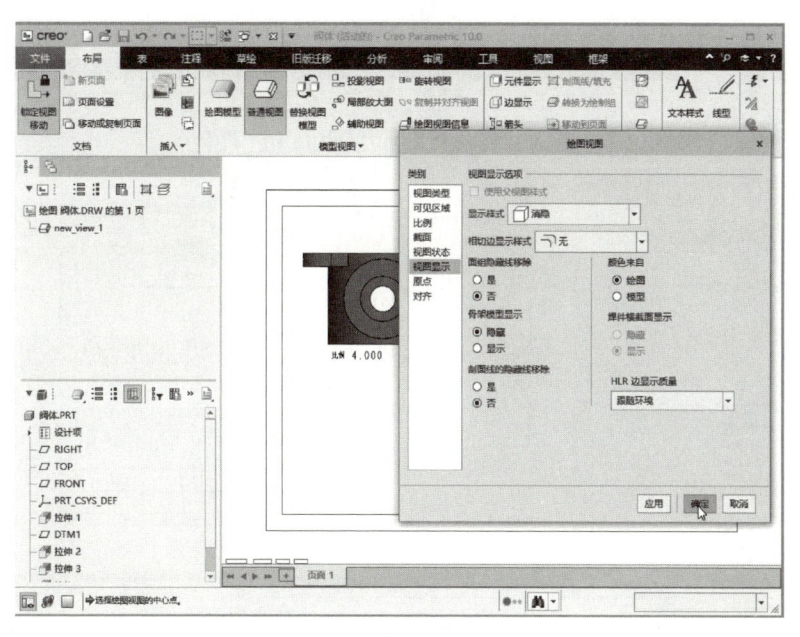

图 7-33　视图显示设置

单击［布局］选项卡中的［锁定视图移动］按钮，使其切换为弹起状态。选择刚创建的普通视图，将鼠标指针放在该视图上，指针变为拖拽移动符号。按住鼠标左键将视图移动至合适的位置（图 7-34）。

项目七　创建工程图　277

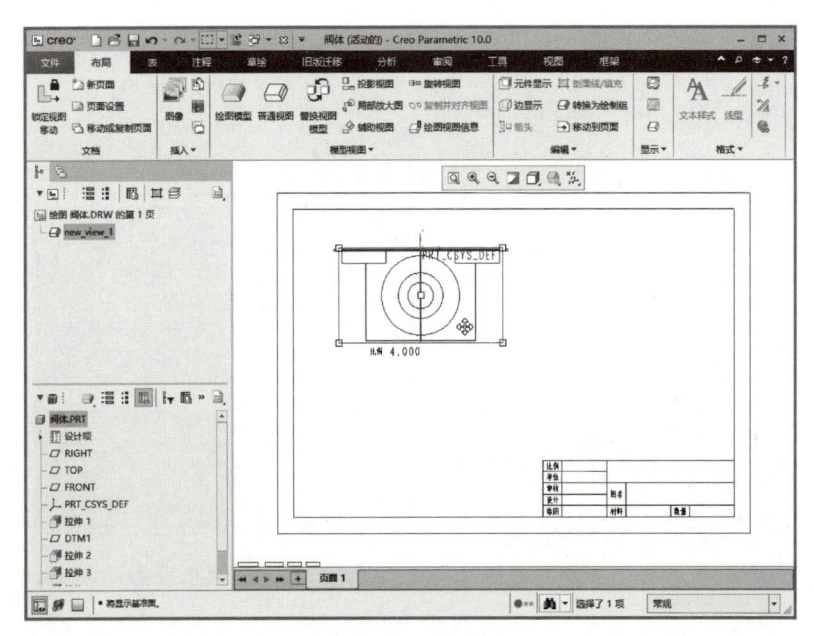

图 7-34 视图移动

单击快捷工具栏中的 [基准显示过滤器] ，取消显示所有的基准，如图 7-35 所示。

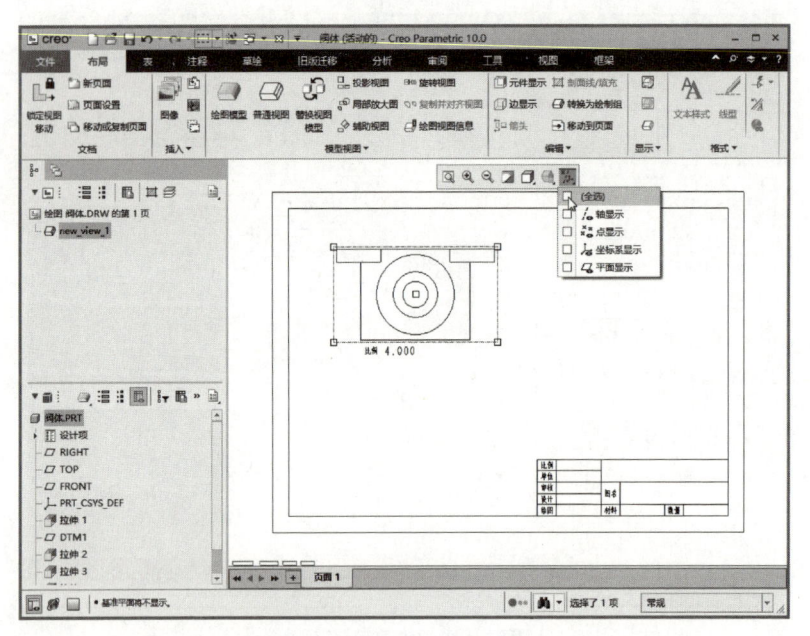

图 7-35 取消所有的基准

选择视图下方的比例注释，单击 [删除] 按钮 ✕ 将其删除。也可按下 [Delete] 键删除所选注释，如图 7-36 所示。

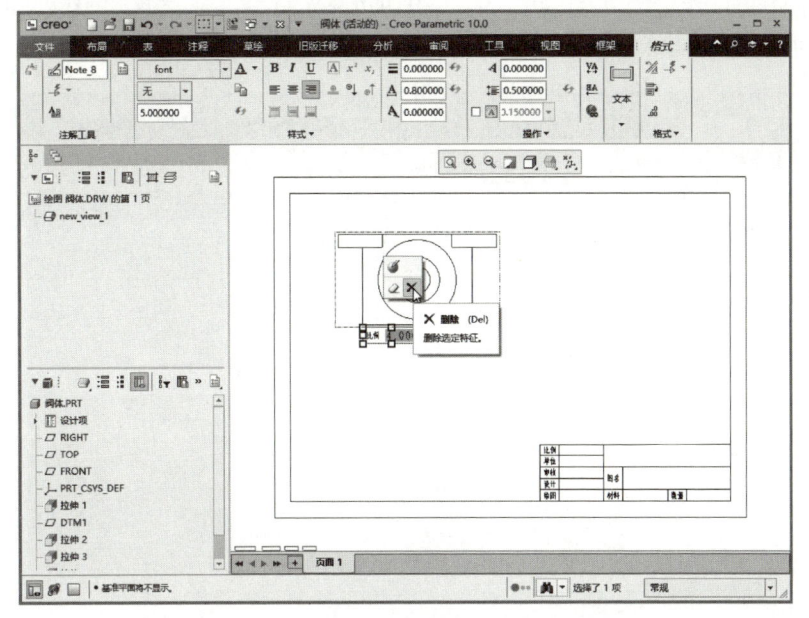

图 7-36 删除注释

3. 创建投影视图

选取主视图，单击［布局］选项卡中的［投影视图］工具。在主视图下方的适当位置单击鼠标左键，放置俯视图。同理，在主视图的右侧放置左视图，如图 7-37 所示。

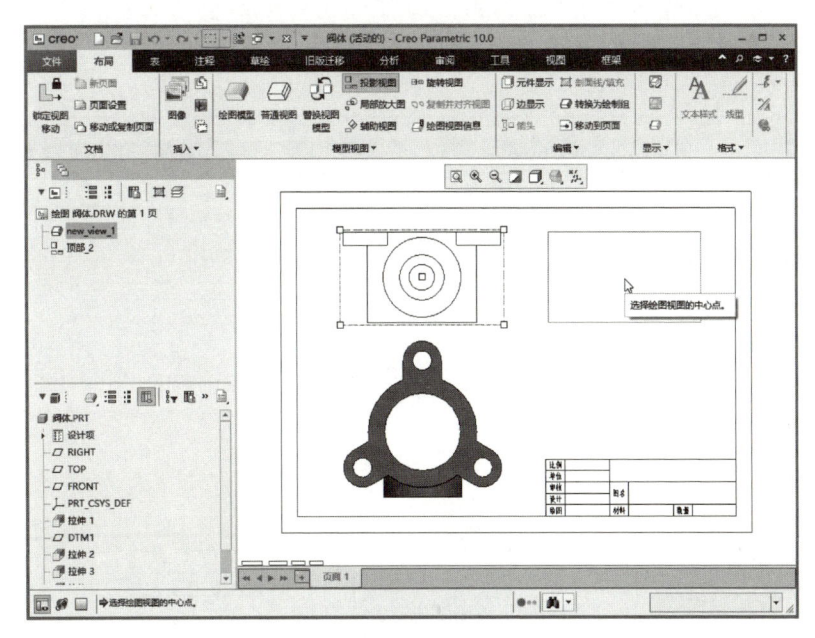

图 7-37 创建投影视图

双击俯视图，软件弹出［绘图视图］对话框。单击选项类别中的［视图显示］，

学习笔记

将［显示样式］设置为［消隐］，将［相切边显示样式］设置为［无］。单击［确定］按钮，如图 7-38 所示。用同样的方法设置左视图的视图显示样式。

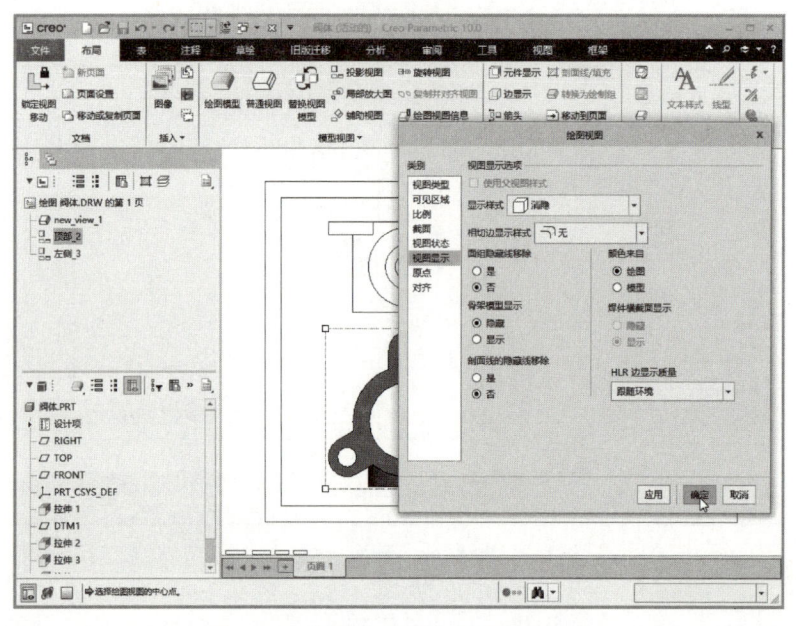

图 7-38 设置左视图的视图显示样式

4. 创建剖视图

双击左视图，软件弹出［绘图视图］对话框。单击选项类别中的［截面］，将［截面选项］选择为［2D 横截面］，单击［加号］按钮 ➕ 为视图添加横截面，如图 7-39 所示。

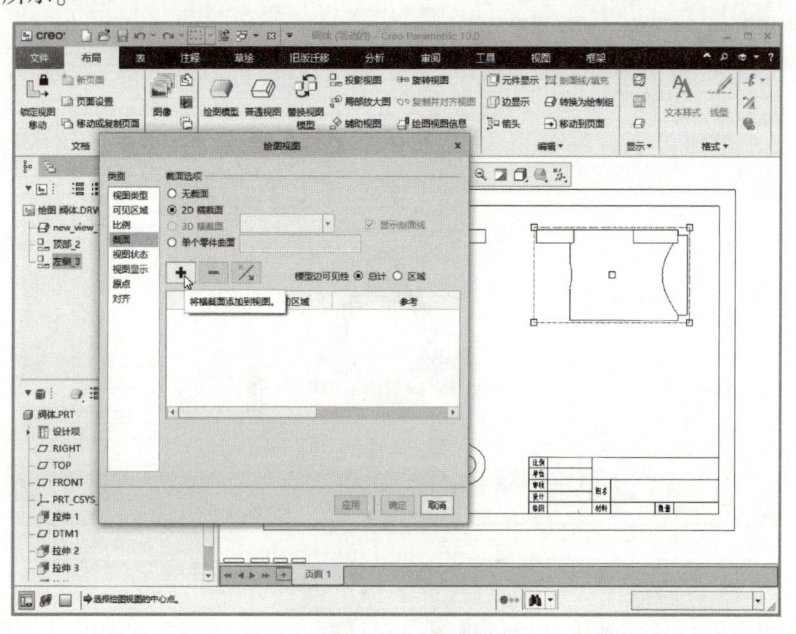

图 7-39 创建剖视图

280 ■ Creo 三维设计项目教程

软件弹出菜单管理器。选择［平面］→［单一］，单击［完成］。在弹出的文本框中输入截面名称"A"，单击右侧的［确认］按钮✔接受这一截面名称（图7-40）。

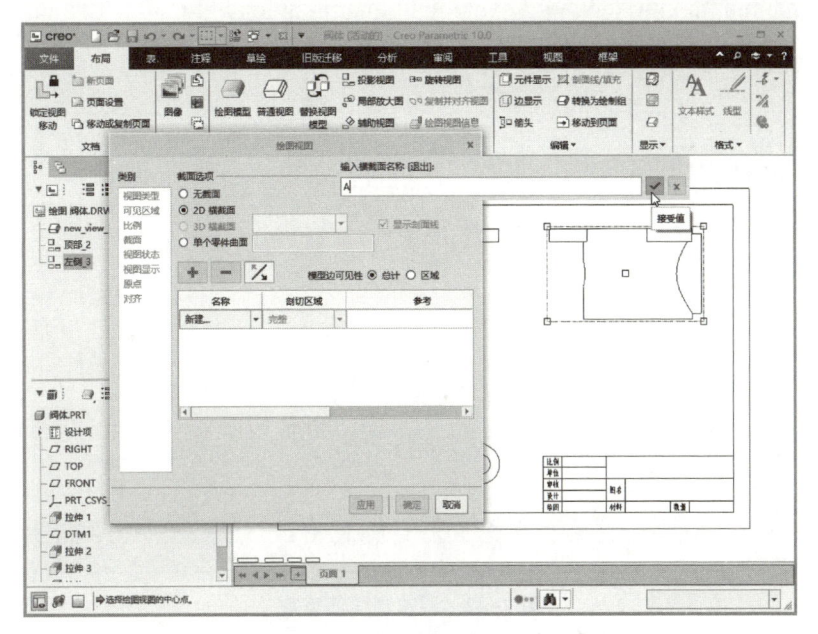

图 7-40　设置横截面名称

单击菜单管理器中的［平面］，随后在模型树中单击［RIGHT］将其作为截面平面，单击［确定］按钮，如图7-41所示。

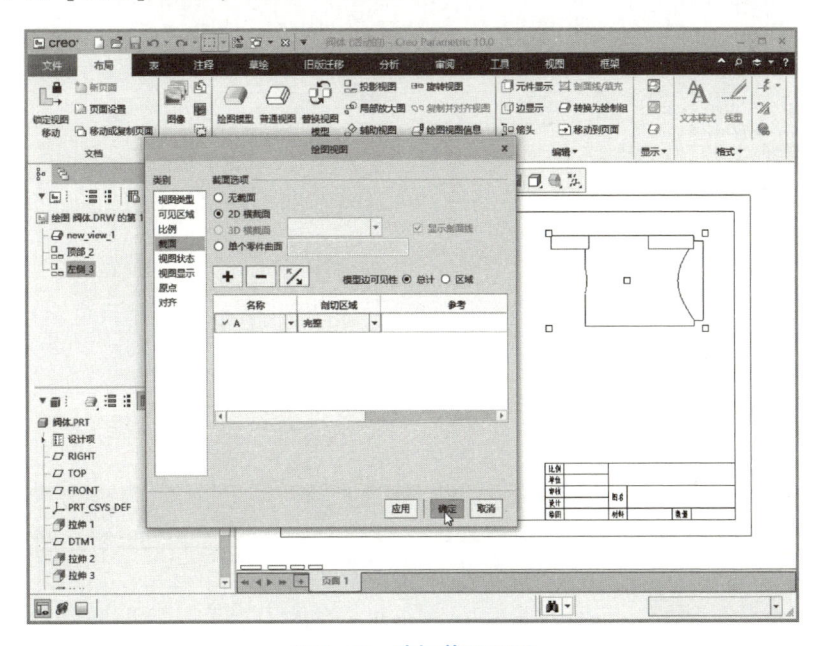

图 7-41　选择截面平面

单击选择生成的剖面线，通过单击［将图案大小加倍］和［将图案大小减

项目七　创建工程图　281

半] ￼ 按钮将剖面线调整为合适的密度，如图 7-42 所示。

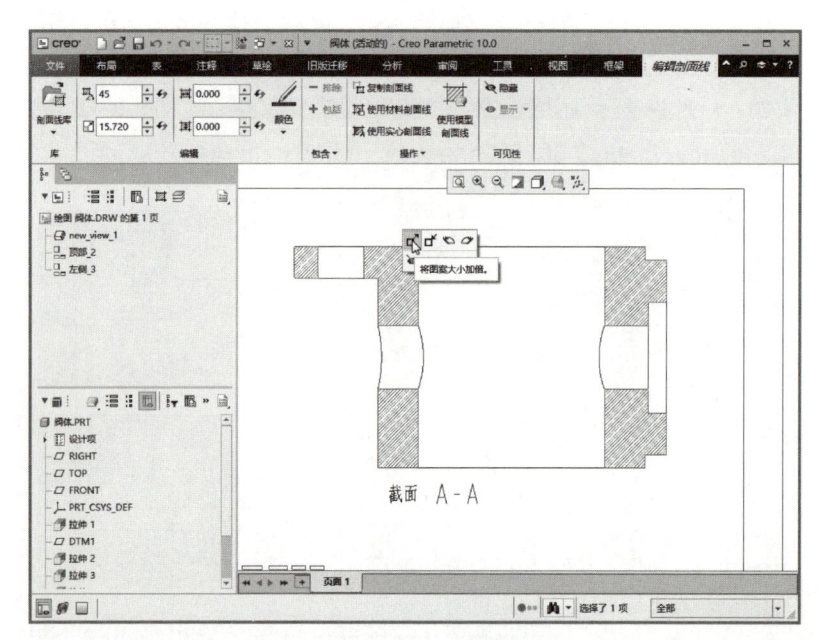

图 7-42 调整剖面线密度

删除左视图下方"截面 A-A"的注释，如图 7-43 所示。

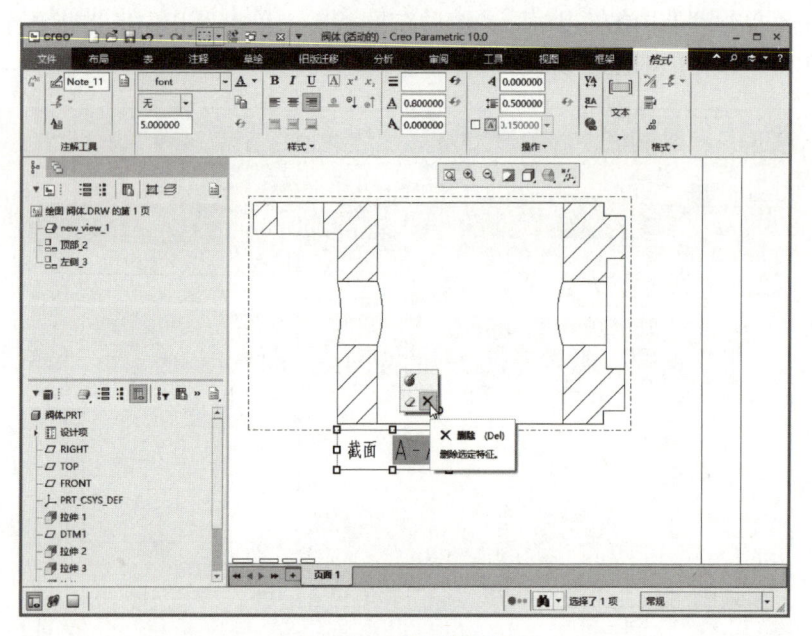

图 7-43 删除截面注释

5. 显示尺寸基准

选择所有视图，单击［注释］选项卡中的［显示模型注释］￼工具。单击［显示模型基准］￼。单击［全选］按钮￼勾选所有基准，单击［确定］按钮，如图 7-44 所示。

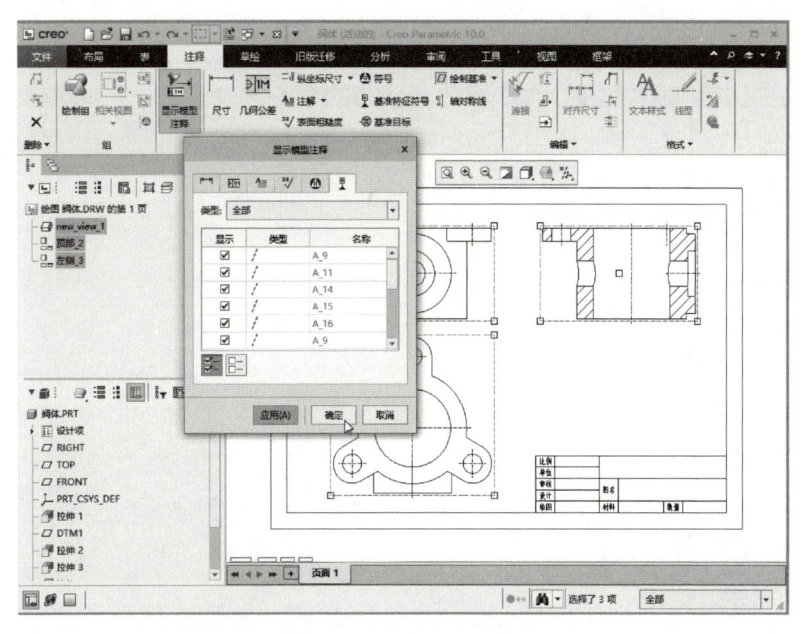

图 7-44　显示尺寸基准

6. 标注尺寸

如图 7-45 所示，单击 [注释] 选项卡中的 [尺寸] ⊢⊣工具。选择参考图元添加尺寸标注。单击鼠标左键选择图元，单击鼠标中键放置尺寸。注意：与草绘器中添加尺寸约束的操作方法不同，绘图文件中选择多个图元作为尺寸参考时，需要按住 Ctrl 键。

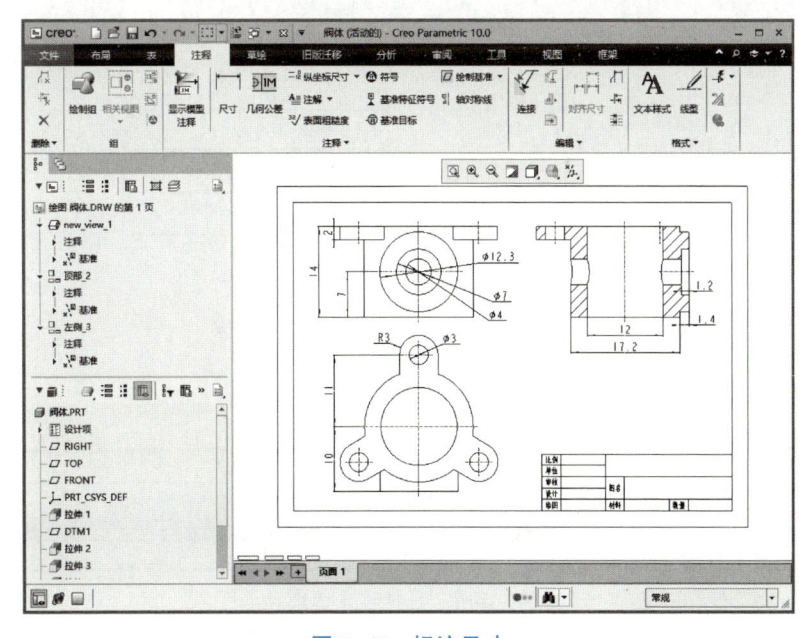

图 7-45　标注尺寸

项目七　创建工程图　283

选择需要添加前缀或后缀的尺寸，单击［尺寸］选项卡中的［尺寸文本］工具，为尺寸添加前缀或后缀，如图7-46所示。

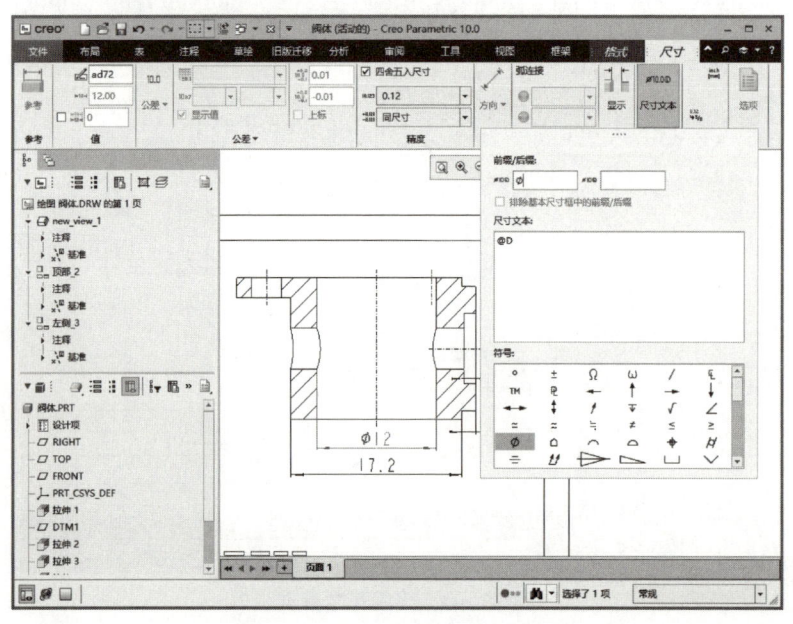

图7-46　添加尺寸前缀或后缀

7. 标注技术要求

单击［注释］选项卡中的［独立注解］工具，在适当的位置单击鼠标左键放置注解。在［注解］文本框中输入技术要求文本，如图7-47所示。

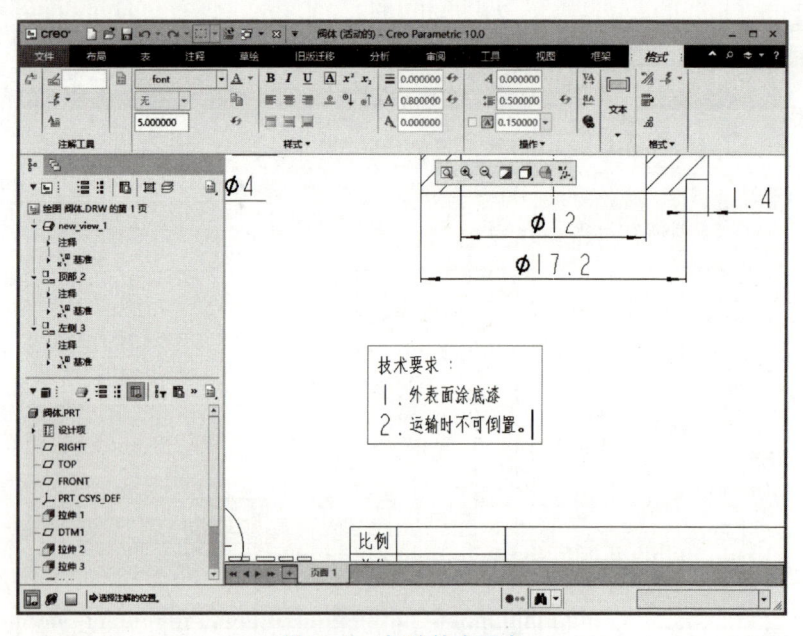

图7-47　标注技术要求

双击需要填写的标题栏单元格，将文本高度改为 5，输入单元格内容。在［比例］右侧的单元格中输入"4∶1"，［图名］右侧的单元格中输入"阀体"。文本样式水平方向［居中］，竖直方向［中间对齐］，将文本定位在单元格中央。

8. 保存文件

单击［保存］工具，将零件图纸保存在工作目录下，如图 7-48 所示。

图 7-48　保存文件

任务评价

项目	项目七　创建工程图		日期	年　　　月　　　日	
任务	任务二　创建阀体零件图		组别	第　　　小组	
班级			组长	教师	
序号	评价内容	分值	学生自评	小组评价	教师评价
1	正确地选择工作目录	10			
2	正确地设置文件名、文件类型	10			
3	选择正确的图纸格式	10			
4	绘图视图投影方向正确	10			
5	绘图视图比例正确	10			
6	绘图视图显示样式正确	10			
7	正确地创建左视图截面	10			
8	尺寸标注完整准确	10			
9	技术要求、标题栏填写完整	10			
10	及时保存文件	10			
合计		100			

续表

遇到的问题	解决方法
心得体会	

拓展任务

1）为项目三中的"底座"模型（图7-49）创建零件图纸，要求图幅、比例合理，尺寸标注完整。

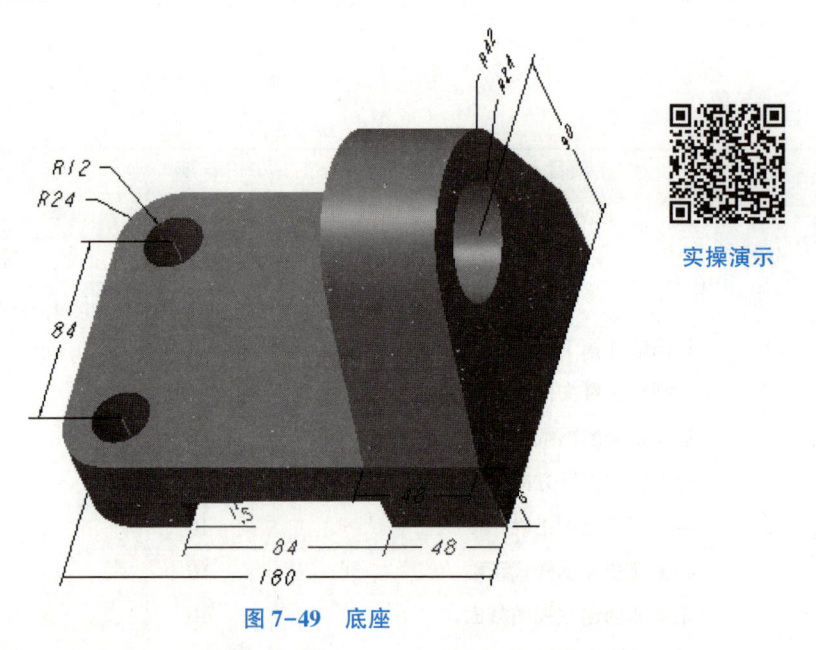

图 7-49　底座

2）为项目三中的"连杆头"模型（图7-50），创建零件图纸，要求图幅、比例合理，尺寸标注完整。

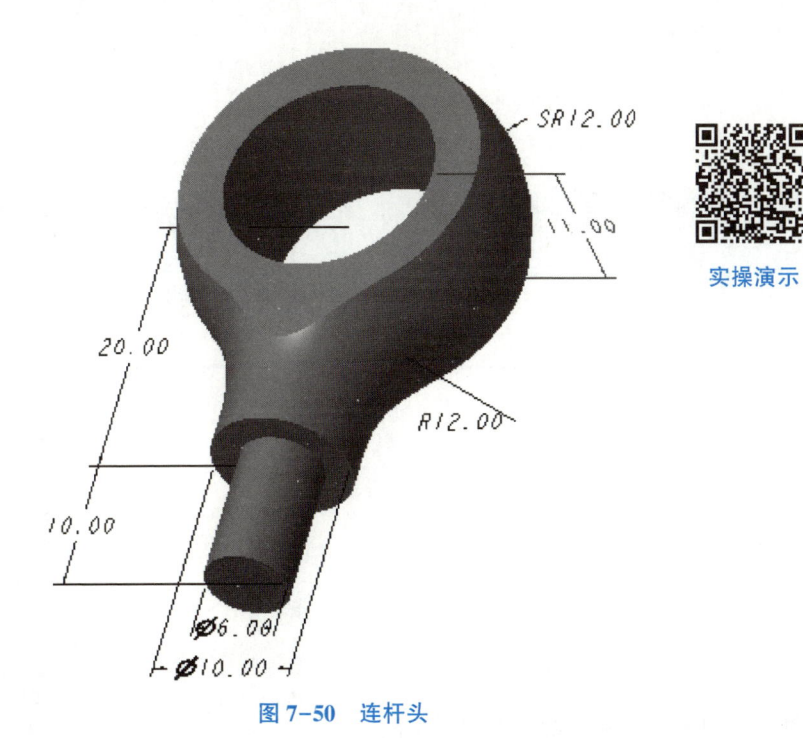

实操演示

图 7-50 连杆头

附　录

附录 A　机械产品三维模型设计职业技能等级标准	
附录 B　机械工程制图职业技能等级标准	
附录 C　三维数字建模师考评大纲	

参考文献

[1] 黄志刚，杨士德. Creo Parametric 6.0 中文版从入门到精通［M］. 北京：人民邮电出版社，2022.

[2] 何世松，贾颖莲. Creo 三维建模与装配［M］. 北京：机械工业出版社，2022.

[3] 庄竞. AutoCAD 基础与实训案例教程［M］. 4 版. 北京：化学工业出版社，2022.

[4] 蒋洪平，刘彩霞，陈晓红. CAD/CAM 软件应用技术［M］. 北京：北京理工大学出版社，2021.

[5] 北京兆迪科技有限公司. Creo 6.0 产品设计实例精解［M］. 北京：机械工业出版社，2021.

[6] 魏峥，乔骞. Pro/E 基础教程与上机指导［M］. 北京：清华大学出版社，2015.

[7] 占金青，贾雪艳. Pro/E 5.0 从入门到精通［M］. 北京：人民邮电出版社，2021.

[8] 蔡冬根. Pro/E 5.0 应用教程［M］. 北京：人民邮电出版社，2014.

[9] 魏峥，段彩云，刘民杰. 机械 CAD/CAM［M］. 2 版. 北京：高等教育出版社，2020.

[10] 钟日铭. Creo 6.0 中文版完全自学手册［M］. 北京：机械工业出版社，2020.

[11] 钟日铭. Creo Parametric 6.0 中文版从入门到精通［M］. 北京：清华大学出版社，2020.

[12] 詹友刚. Pro/ENGINEER 野火版 5.0 机械设计教程［M］. 北京：机械工业出版社，2018.

[13] 机械产品三维模型设计职业技能等级标准［S］. 广州：广州中望龙腾软件股份有限公司，2021.

[14] 机械工程制图职业技能等级标准［S］. 北京：北京卓创至诚技术有限公司，2021.